酒铸史钩

周嘉华 ● 著

海天出版社（中国·深圳）

图书在版编目（CIP）数据

酒铸史钩 / 周嘉华著. — 深圳 ：海天出版社，
2015.7

　（自然国学丛书）
　ISBN 978-7-5507-1399-4

　Ⅰ．①酒… Ⅱ．①周… Ⅲ．①酒—文化史—中国
Ⅳ．①TS971
　中国版本图书馆CIP数据核字(2015)第140103号

酒铸史钩
Jiu Zhu Shi Gou

出 品 人　聂雄前
出版策划　尹昌龙
丛书主编　孙关龙　　宋正海　　刘长林
责任编辑　秦　海
责任技编　蔡梅琴
封面设计　风生水起

出版发行　海天出版社
地　　　址　深圳市彩田南路海天大厦（518033）
网　　　址　www.htph.com.cn
订购电话　0755－83460293（批发）　83460397（邮购）
设计制作　深圳市同舟设计制作有限公司　Tel：0755－83618288
印　　刷　深圳市新联美术印刷有限公司
版　　次　2015年7月第1版
印　　次　2015年7月第1次
开　　本　787mm×1092mm　　1 / 16
印　　张　16.25
字　　数　247千
定　　价　39.00元

总 序

　　21世纪初，国内外出现了新一轮传统文化热。人们以从未有过的热情对待中国传统文化，出现了前所未有的国学热。世界各国也以从未有过的热情学习和研究中国传统文化，联合国设立孔子奖，各国雨后春笋般地设立孔子学院或大学中文系。显然，人们开始用新的眼光重新审视中国传统文化，认识到中国传统文化是中华民族之根，是中华民族振兴、腾飞的基础。面对近几百年以来没有过的文化热，这就要求我们加强对传统文化的研究，并从新的高度挖掘和认识中国传统文化。我们这套《自然国学》丛书就是在这样的背景下应运而生的。

　　自然国学是我们在国家社会科学基金项目"中国传统文化在当代科技前沿探索中如何发挥重要作用的理论研究"中提出的新研究方向。在我们组织的、坚持20余年约1000次的"天地生人学术讲座"中，有大量涉及这一课题的报告和讨论。自然国学是指国学中的科学技术及其自然观、科学观、技术观，是国学的重要组成部分。长久以来由于缺乏系统研究，以致社会上不知道国学中有自然国学这一回事；不少学者甚至提出"中国古代没有科学"的论断，认为中国人自古以来缺乏创新精神。然而，事实完全不是这样的：中国古代不但有科学，而且曾经长时期地居于世界前列，至少有甲骨文记载的商周以来至17世纪上半叶的中国古代科学技术一直居于世界前列；在公元3世纪至15世纪，中国科学技术则是独步世界，占据世界领先地位达千余年；中国古人富有创新精神，据统计，在公元前6世纪至公元1500年的2000多年中，中国的技术、工艺发明成果约占全世界的54%；现存的古代科学技术知识文献数量，也超过世界任何一个国家。因此，自然国学研究应是21世纪中国传统文化一个重要的新的研究方向。对它的深入研究，不仅能从新的角度、新的高度认识和弘扬中国传统文化，使中国传统文化获得新的生命力，而且能从新的角度、新的高度认识和弘扬中国传统科学技术，有助于当前的科技创新，有助于走富有中国特色的科学技术现代化之路。

本套丛书是中国第一套自然国学研究丛书。其任务是：开辟自然国学研究方向；以全新角度挖掘和弘扬中国传统文化，使中国传统文化获得新的生命力；以全新角度介绍和挖掘中国古代科学技术知识，为当代科技创新和科学技术现代化提供一系列新的思维、新的"基因"。它是"一套普及型的学术研究专著"，要求"把物化在中国传统科技中的中国传统文化挖掘出来，把散落在中国传统文化中的中国传统科技整理出来"。这套丛书的特点：一是"新"，即"观念新、角度新、内容新"，要求每本书有所创新，能成一家之言；二是学术性与普及性相结合，既强调每本书"是各位专家长期学术研究的成果"，学术上要富有个性，又强调语言上要简明、生动，使普通读者爱读；三是"科技味"与"文化味"相结合，强调"紧紧围绕中国传统科技与中国传统文化交互相融"这个纲要进行写作，要求科技器物类选题着重从中国传统文化的角度进行解读，观念理论类选题注重从中国传统科技的角度进行释解。

由于是第一套《自然国学》丛书，加上我们学识不够，本套丛书肯定会存在这样或那样的不足，乃至出现这样或那样的差错。我们衷心地希望能听到批评、指教之声，形成争鸣、研讨之风。

《自然国学》丛书主编

2011年10月

目 录

前　言

在当前国家实行改革开放政策，国人纷纷走出国门、走向世界，中国经济、科技获得迅速发展的背景下，研究和认识中国传统文化有着重要意义，这对于提高人们素质、树立民族的自信心是十分必要的。"数典忘祖"不仅是"不忠""不孝"，而且将会对国人的形象造成严重的损害。熟悉历史的人都知道，在17世纪上半叶以前，中国古代科学技术一直位居世界前列，从公元前6世纪至公元16世纪间的2000多年中，中国先民在技术、工艺上有诸多发明创造，对世界文明的进步产生过巨大影响。这就是说，在中国传统文化中，自然国学占据不容忽视的地位。自然国学是指国学中的科学技术及其自然观、科学观、技术观，是国学的重要组成部分，也是传统文化中较为突出的内容。

酒作为一种特殊的物质元素，几乎渗透传统文化的大多数领域，构成酒文化的丰富内容。酿酒技艺作为古代科学技术的分支之一，过去和现在一直位于科技发展的前沿。中国的酒和酿酒技艺在世界酒林中独树一帜，中国先民采用曲蘖发酵的技术是微生物工业的雏形和先导，也是当今生物技术的最早演练。由此可见这是一项伟大的科技发明。对酒的科学认识，对酿酒的技术剖析，以及人们饮酒的自然感悟都应是自然国学的研究课题之一，也是一块值得为其躬身劳作的土地。

基于上述的认识，本书拟从历史的视野、科学的角度来讨论中国酒和酿酒技术的演进历程，同时客观地评介酒在历史和现实生活中的映象，特别是它与多种文化形态的不解缘分。其中也简略地谈点好酒识别，以及科学饮酒及名酒的常识。力求用通俗的语言、多棱的视角、新颖的观念介绍大家都熟知的酒和酿酒技艺，使之成为学术性的科普读物。

对于酒的科学内涵和饮酒中的科学奥秘，人们至今还在探索研究，其内容丰富而深邃，欲完全讲清楚并能读懂，实属不易。酒文化的内容则更为博大、精彩，仅关于酒的诗词歌赋就洋洋数万言，关于酒的传说神话也可以喋喋不休，而本书主要以自然国学为主题，故有的内容只能割舍，粗略地提个线索，祈求大家见谅。总之本书的不足乃至错误，衷心希望得到读者的指教和批评。

第一章

天地人和之产物：酒

一、酒与天地并

什么是酒？不同的人可能有不同的答案，这很正常，因为每个人都有自己不同的视角。东汉学者许慎在《说文解字》中是这样定义的："酒，就也……古者仪狄作酒醪，禹尝之而美，遂疏仪狄。杜康作秫酒。"1979年商务印书馆出版的《辞源》这样说："用谷类或果类发酵制成的饮料。《诗·大雅·既醉》：'既醉以酒，既饱以德。'《战国策·魏二》：'昔者帝女令仪狄作酒而美，进之禹。禹饮而甘之，遂疏仪狄，绝旨酒，曰：后世必有以酒亡其国者'。"1979年上海辞书出版社出版的《辞海》则是这样说："用高粱、大麦、米、葡萄及其他水果发酵制成的饮料。如：白酒、黄酒、啤酒、葡萄酒。"不同时期，人们的认识是不一样的。从上述许慎的定义，可以看出，他当时对酒是什么并不清楚，从而只讲了仪狄、杜康酿酒及夏禹对酒的态度。《辞源》《辞海》是近代工具书，对酒的认识就清楚多了。因为有了近代的科学知识，人们不仅能讲清酒是怎样酿制的，还知道酒是一种有机物，具有某些物理和化学性能，酒有什么用途和饮酒过度有什么危害等等。从东汉到当代，人们经历了近2000年的探索，才有今天的认识。在这漫长的过程中，人们对酒的认识又是怎样逐步提高的呢？

（一）中国的酒神

在中国古代，对酒的认知主要是伴随着酿酒技术溯源的讨论而展开的。关于酿酒技术在中国的起源一直有许多说法。有历史的传说，有某些文人墨客的猜测，也有学者的科学推理。由于各人所处的历史背景不同，生活阅历不同及认知基础的差异，出现争论恰好说明了人们的认识在进步。直到近代科学知识的传播，以及考古发掘提供了愈来愈丰富的资料，对酒的认知才开始有了实质性的进展，逐渐明朗和清晰。

首先，从古代留下来的文献来进行分析。

3

1. 仪狄、杜康何许人也

　　成书于公元前3世纪的《吕氏春秋·卷十七·勿躬》中提出了"仪狄作酒"一说。汉代刘向（约公元前77－前6年）整理的《战国策·魏策二》中写道："'昔者帝女令仪狄作酒而美，进之禹。禹饮而甘之，遂疏仪狄，绝旨酒，曰：后世必有以酒亡其国者'。遂疏仪狄而绝旨酒。"《吕氏春秋》《战国策》都只是说仪狄作酒，并没有肯定说仪狄发明酒或掌握酿酒术。后来的文献在叙述上有点变化。东汉许慎在《说文解字》给酒作的定义中，关于杜康这句话，据清代段玉裁考证，出于《世本》。宋代李昉等撰的《太平御览》则引自《世本》明确说："仪狄始作酒醪，变五味，少康作秫酒。"还有其他一些著作也有类似的内容。从文中增加一个"始"字，就说明他们认为夏禹时代的仪狄发明了制造酒醪的技术，杜康则创造秫酒的技术。这是古代流传最广的一种看法，至今仍有个别学者持这种看法。仪狄应是夏禹时期主管后勤的官员，承帝女的命令，他将自己酿制的美酒奉呈给夏禹，没想到碰了一鼻子灰。这一故事是无法验证的，是个传说，编述这故事的作者不管出自什么原因，表明他是主张禁酒的，才塑造出一个生活节俭而对酒不感兴趣的君王夏禹。据《说文解字》的"巾部"里说："帚，粪也……古者少康初作箕帚、秫酒，少康，杜康也，葬长恒。"这里并没有指出杜康是哪个时代的人。有说是黄帝时人，有说是夏禹时人，有说是周朝人。到底是什么时代的人，实在搞不清。所以宋朝人高承在《事物纪原》一书中带着疑惑口气说："不知杜康何世人，而古今多言其始造酒也。"分析《说文解字》的记载，他除了发明造酒外，还初作箕帚。作箕帚应是很早的时代。秫应是指黏高粱，也是高粱的统称，是中国古代的"五谷"之一，在北方地区广为种植。其果实为粮食，也是最佳的酿酒原料。其秸秆也有多用，除作结构材料，例作床垫，作围墙外，还可当作燃料。用它作帚把也是很合适的。把作箕帚与制秫酒联系起来，造出什么酒也就明确了。可以认为制秫酒把仪狄变五味作酒醪的技术提高了一步，明确是用谷物制酒了。

　　杜康到底是何许人？"少康，杜康也，葬长恒"倒是一条线索，因为夏朝的第五世君王叫少康。那么杜康就是一个发明造酒的君王。杜康所葬的"长恒"不知在何处，当代在陕西白水县的"康家卫"村庄的村东一条大沟旁，发现有个直径五六米的大土包，外有矮砖墙围护，当地群众相传这即是"杜康墓"。查清代乾隆年间重修的《白水县志》中也说：杜康，字仲宁，白水县康家卫人。县志上的地形略图上也标有"杜康墓"三字。问题是这个杜康究竟是夏代的杜康，还是在西汉做酒泉太守的杜康，实难辨别。杜康是怎样发明造秫酒的呢？很可惜，没有记载。但是在民间倒是有不少"杜康酿酒遗址"。

一处遗址就在陕西白水康家卫。在村东被水冲出来一条长约10千米的大沟，当地人称其为杜康沟。沟的起点处有一眼泉，当地人称其为杜康泉。泉水清冽，四季汩汩不竭。县志上说："俗传杜康取此水造酒"，"乡民谓此水至今有酒味"。泉水涌出地面，沿着沟底流淌，形成一条涓涓细流，当地人称其为"杜康河"。沟、泉、河的命名都挂上了杜康之名，这是为传说中的杜康造势而已。在河南的汝阳也有一处杜康造酒的"遗址"。民间相传，周朝有位天子喝了杜康（成了周朝人）酿的酒，食欲大振，心旷神怡，于是封杜康为"酒仙"，赐他酿酒之村庄为"杜康仙庄"之名。这个"杜康仙庄"就位于今汝阳境内，相伴的也有"杜康泉""杜康河"等"杜康酿酒遗址"的传说。传说中还说，自杜康善酿之名声大振，上达天庭，终于被玉皇大帝召去酿造御酒。到了晋代，杜康又奉旨下凡，在洛阳龙门山附近开了酒店，专等本来是王母娘娘瑶池酿酒小童而下凡的刘伶。刘伶嗜酒，闻香而至，仅喝了杜康酿制的三碗酒，竟醉倒不醒，过了三年方醒。玉皇让杜康点化刘伶，一是为了传授酿酒技艺，二是告诫人们酒的利害。这就是"杜康醉刘伶"的民间故事。编纂这个故事的动机大概是为了宣扬本地出好酒。河南伊川县的皇得地村，相传也是杜康当年的酿酒处。它的位置恰好与汝阳的"杜康仙庄"遥遥相望。村里有一眼古泉名"上皇古泉"，传说是杜康酿酒的取水处。这泉水与汝阳的杜康泉很可能是同一水脉，水质确是甘甜清冽。关于杜康造酒的观点，后来因三国时代曹操的一句名言"何以解忧，惟有杜康"，而得到了强化。后人不仅把杜康当作一种美酒的替名词，甚至把杜康奉为酿酒的祖师爷。在某些酿酒作坊或名酒的

图1-1 河南汝阳杜康遗址上的杜康塑像

产地设立杜康的牌坊加以敬奉，杜康成了中国的酒神。例如，在陕西白水县和河南汝阳县，当地群众自发地修建了"杜康庙"，供奉杜康像。据《白水县志》记载：每年"正月二十一，各村乡民赴杜康庙"敬献祭品、演戏娱乐，直到日落西山，方尽兴而归。可见杜康在当地人们心目中的地位。

图1-2 陕西白水县的杜康祠

2.猜测和造神

在古代不认同仪狄和杜康为酿酒技术发明者的大有其人。现存我国最早的医学论著《黄帝内经·素问》中有一段黄帝与岐伯讨论醪醴（即造酒）的对话：

> 黄帝问曰："为五谷汤液及醪醴，奈何？"岐伯对曰："必以稻米，炊之稻薪。稻米者完，稻薪者坚。"

清代学者王冰校注："五谷，黍、稷、稻、麦、菽，五行之谷，以养五藏者也。醪醴，甘旨之酒，熟谷之液也。帝以五谷为问，是五谷皆可为汤液醪醴，以养五藏。而歧伯答以中央之稻米稻薪，盖谓中谷之液，可以灌养四藏故也。"

且不论王冰的注释是否准确，但是有一个观点是显见的，那就是这段对话即暗示在黄帝时期，人们已能造酒。可能是汉代人写的《孔丛子》也有一段话："平原君与子高饮，强子高酒，曰：'昔有遗谚：尧舜千钟，孔子百觚，子路嗑嗑，尚饮十榼。古之圣贤无不能饮也，子何辞焉。'"尧、舜都是夏禹之前氏族社会的首领，可见酿酒技术的出现似在夏禹之前。这是流传于民间关于酿酒起源的第二种说法。在传说中，黄帝为中国古代各氏族共同的祖先。黄帝应该不是指一个人，而是一个时代的族群的代表，被神化和帝王化的象征。他竟然与臣下讨论醪醴这种食材，则肯定当时已存在醪醴。尧、舜是夏禹之前两任氏族部落的首领，他们都能饮酒千盅？这显然是夸大的说法，是平原君为了劝子高饮酒而信口胡诌。但

图1-3 三位传说中的中国帝王：
伏義、神农、黄帝

是有一点是明确的：《孔丛子》一书的作者认为酿酒技术是在夏禹时代之前。

上述两种说法都把酿酒的发明归功于某个人，这是可以理解的。古人认为只有把某些发明创造归功于某个圣人或伟人，才有说服力。这种情况不仅在古代中国是这样，在世界其他民族的古代也是这样。

在古代的学者中，也有不信神的，他们认为酒与"天地并存"。这种认识是一种进步，接近客观。《后汉书·孔融传》记载："时年(献帝建安十二年，207年)饥兵兴，（曹）操表制酒禁，(孔)融频书争之，多侮慢之辞。"孔融当时身位北海太守之职，作为好酒者的代表，他强烈地反对曹操推行的禁酒令，斗胆上书争辩。他在《与曹操论酒禁书》中提出了"酒与天地并也"的观点。他说：

> ……夫酒之为德久矣。古先哲王，炎帝種宗，和神定人，以济万国，非酒莫以也。故天垂酒星之曜，地列酒泉之郡，人著旨酒之德。尧不千钟，无以建太平。孔非百觚，无以堪上圣。樊哙解厄鸿门，非豕肩钟酒，无以奋其怒……

他不仅搬出了尧、孔夫子等老前辈能饮善饮而成大器的典故来辩驳，甚

至于还提出了酒与天地并存的观点，指出有了天地就有酒，酒的出现是上天的安排，岂能随便废之。曹操当时禁酒是因为连年的征战，影响了农事收成，而酿酒与民争口粮，势必加剧粮荒带来的社会动荡。他无法也无暇驳斥孔融的观点，但是政治上的需求，他必须杀掉孔融。

在孔融之后，有更多的人对圣人造酒之说表示了怀疑。晋代学者江统（？—310年）就是一个代表。大概不用担忧被杀头，他在其所著的《酒诰》中对酒的发明率直地说："酒之所兴，肇自上皇，或云仪狄，一曰杜康。有饭不尽，委余空桑，郁积成味，久蓄气芳，本出于此，不由奇方。"他明确怀疑上皇、仪狄、杜康的造酒之说，提出了自然发酵的观点。另一位晋人庾阐也说："盖空桑珍味，始于无情。灵和陶酝，奇液特生。圣贤所美，百代同营，故醴泉涌于上世。"这观点也属自然发酵的见解。他们的见解来自对生活中酿酒实践的仔细观察，但是在当时仍难以为多数人所接受。

3. "智者作酒"和为"酒"作传

随着社会的发展，愈来愈多的人对酿酒的起源有了新的认识，其中宋代的窦苹就是一个代表。窦苹在其撰写的《酒谱》中首先讨论了"酒之源"：

> 世言酒之所自者，其说有三。其一曰：仪狄始作酒，与禹同时。又曰尧舜千钟，则酒始作于尧，非禹之世也。其二曰：《神农本草》著酒之性味。《黄帝内经》亦言酒之致病，则非始于仪狄也。其三曰：天有酒星，酒之作也，其与天地并矣。予以谓是三者，皆不足以考据，而多其赘说也。况夫仪狄之名，不见于经，而独出于《世本》。《世本》非信书也。其言曰："昔仪狄始作酒醪，以变五味，少康始作秫酒。"其后赵邠卿之徒遂曰，仪狄作酒，禹饮而甘之，遂绝旨酒，而疏仪狄，曰："后世其有以酒败国者乎！"夫禹之勤俭，固尝恶旨酒，而乐谠言，附之以前所云，则赘矣。或者又曰："非仪狄也，乃杜康也。"魏武帝乐府亦曰："何以解忧，惟有杜康。"予谓杜氏本出于刘累，在商为豕韦氏，武王封之于杜，传国至杜伯，为宣王所诛。子孙奔晋，遂有杜为氏者。士会亦其后也。或者，康以善酿得名于世乎？是未可知也。谓酒始于康，果非也。尧舜千钟，其言本出于《孔丛子》，盖委巷之

说，孔文举遂征之以责曹公，国已不取矣。《本草》虽传自炎帝氏，亦有近世之物……

窦苹这段论述颇具新意，观点十分鲜明。他认为，流传下来关于仪狄作酒、酒始于尧舜、酒与天地同时产生3种观点都是证据不足的赘说。说仪狄作酒，而禹疏远仪狄，是后人为了赞美禹之勤俭而编造出来的。说杜康造酒，是因为曹操曾说过"何以解忧，惟有杜康"，但考究杜康的生平，充其量只是一个因善酿而有名的人。"尧舜千钟"，也属委巷之说。孔融说"酒与天地并也"仅仅是为了驳斥曹操禁酒。《神农本草经》虽传自炎帝，但辨其药所出地名，皆为两汉地名，足见它实际上不是炎帝时的书。至于《黄帝内经》，考其文章，大概皆出于六国秦汉之际。之后，窦苹提出了"智者作之"的推测。能如此详细地考证酒的起源，在这之前的古籍中是没有的。现在看来，窦苹的见解明显高于前人，在当时的社会背景下，也是颇有见地和难能可贵的。他的观点在当时和以后都产生了积极的影响。例如，比窦苹稍后的酿酒实践者朱肱在《北山酒经》中就直接地说："酒之作尚矣，仪狄作酒醪，杜康作秫酒，岂以善酿得名，盖抑始于此耶？"

最有趣的是明代有个名叫周履靖的学者，他非常喜欢喝酒，自以为对酒很有研究，写了一本名为《狂夫酒语》的书。书中收录了他创作的大量有关酒和饮酒的诗文。其中有一篇题为《长乐公传》，是他以第一人称的文笔，饶有风趣地为酒作传。他称酒为"长乐公"，"长乐公"自述说：

> 先生姓甘名醴，字醇甫，宜城新丰人。生于上古，不求人，知乐与天乔者并秀于原野，始见知于神农氏，弃为兄时，即大爱幸，及为农官，遂荐之与黍氏、梁氏并登于朝。后值岁祲，黎民阻饥，遂逃于河滨，获遇仪狄，得配曲氏。然素性和柔，遇事不能自立，必待人斟酒而后行，尝自道曰，沽之哉。我待贾者也，后寓杜康先生家，得禁方法浮粕存精华，数千年间长生久视，与时浮沉……

从上述生动、形象的叙述中，不难看出作者力图把历史上与酒相关的名人串起来，又要把制曲酿酒的工艺要术糅进去，才成全了这篇"酒－酒史"的自述。他认为酒很早（上古）就存在于大自然中，是自然发生的事。将谷物（黍、粱）有意识地酿制成酒则始于神农时期。神农氏即炎帝，是传说中农耕技术的创始人。用曲（曲氏）酿酒始于仪狄，杜康则是在制取清酒上作出贡献。仪狄、杜康都因为善酿而闻名。周履靖的上述认识大致上是将人们的推测和历史上的典故进行了加工，使之自圆其说而已，似乎有点新意。但是人们对酒的认知仍很模糊。只知道酒是由谷物酿造的，它能喝，还很好喝，有一种特殊的魅力。

（二）酿酒的自然属性

从上述古人有关酿酒技术发明的见解不难看到，尽管随着社会的发展，技术的进步，人们对酿酒技术的起源逐渐剥去了神奇的外衣，认知在逐步提高，但是，由于缺乏必要的科学知识，古人还是把自然界存在的天然酒或某些含糖物质自然发酵成酒，与人工将谷物酿造成酒等基本观念混淆起来，故得到的结论仍然是不够科学而显得模糊。下面就是以科学常识的目光来看酿酒技术是如何被发明和掌握的，再通过阐述酿酒技术原理来认识酒的本质。

1. 果浆变酒的故事

从地球上生命进化历程来看，乙醇（酒精）作为一种基础的有机化合物，与各种生命和物质共存于自然界。特别是在生命繁衍的过程中，某些含糖物质演化为酒而普遍存在于自然界是一种自然现象。

在自然界中，凡是含有糖（葡萄糖、麦芽糖、乳糖、蔗糖等）的物质，例如水果、兽乳等含糖丰富的物质，受到酵母菌的作用就会生成乙醇。所以在自然界中一直存在着酒或含酒的物质。正如古人所讲的"酒与天地并也"。宋代周密在《癸辛杂识》中记述了他经历过的一则农家故事："有所谓山梨者，味极佳，意颇惜之。漫用大瓮储数百枚，以缶盖而泥其口，意欲久藏。旋取食之，久则忘之。及半岁后，因至园中，忽闻酒气熏人。疑守舍者酿熟，因索之，则无有也。因启观所藏梨，则化之为水，清冷可爱，湛然甘美，真佳酿也。饮之辄醉。回回国葡萄酒止用葡萄酿之，初不杂以他物，始知梨可酿，前所未闻也。"农家收获的山梨，因味极佳，舍不得一时都吃掉，就将其数百枚储藏于大瓮中，加了缸盖，而用泥封口，意欲久藏，留着慢慢地吃。没想到主人忘了这事，半年后，还是闻到酒香才发现山梨久储变成酒了。金代元好问曾记述了一则发生在山西安邑的葡萄自然发酵而成酒的故事："贞祐中，邻里一民家，避寇自山中归，见竹器所贮蒲桃，在空盎上者，枝蒂已干，而汁流盎中，薰然有酒气。饮之，良酒也。"水果在储存中，一旦环境条件适宜，即在一定的温度、湿度和无腐败杂菌的条件下，会自行发酵而变成酒。当然在多数的情况下，因腐败细菌的作祟，水果会腐烂。这种偶尔出现的水果自然发酵变酒的现象，只有细心地观察才能发现。周密和元好问的记载恰恰说明古代早有人观察到这一现象。

观察到这种自然现象，并模仿这种现象，就发明了酿酒技术，这是人类智慧的体现。酿造技术的发明无疑对提高人们的生活质量是大有裨益的。

2. 猿猴也会造酒

人类究竟是何时掌握酿酒技术呢？下面的史实对此有所启示。明代李日华在《蓬拢夜话》中曾提到："黄山多猿猱，春夏采杂花果于石洼中，酝酿成酒，香气溢发，闻数百步。"清代陆祚藩也在《粤西偶记》中记载说："粤西平乐等府，山中多猿，善采百花酿酒。樵子入山，得其巢穴者，其酒多至数石，饮之，香美异常，名曰猿酒。"这一发现并不稀罕，但是它喻示一个事实，猿猴尚知模仿水果自然发酵而制得酒，人类掌握这一方法显然是不难的，应该在远古时期。人类最早能获取饮用的酒就是自然发酵而成的水果酒。水果中多汁液的浆果，其汁中所含的糖分常渗透于皮外，是酵母菌良好的繁殖处所，所以浆果皮外总附有滋生的酵母菌。当它偶尔落入石凹处，或人工有意识地采集它于某种容器中，就会自然发酵成酒。

3. 葡萄酒的起源

古希腊神话中的酒神狄俄尼索斯，首先是水果神，发明了葡萄的种植技术和酿制葡萄酒的技术，因此他才成为酒神。在西方最早的饮料中有葡萄酒、蜂蜜酒、麦芽酒。葡萄变成葡萄酒是个自然的过程。蜂蜜变成蜂蜜酒虽然也可以是个自然过程，但是，一是蜂蜜极其有限，二则蜂蜜变酒对环境的要求颇高，故蜂蜜酒普及程度远不如葡萄酒。麦芽酒倒是有较多的原料可提供，但是，它最初的发酵还是借助于葡萄酒酿制中的酵母。即麦芽酒起始于面包和水在酵母菌帮助下的发酵。由此可见，最早酿造的酒应是葡萄酒。酵母菌天生就喜欢葡萄汁，每当成熟的葡萄被摘下来，它的外皮总会附着酵母菌，葡萄外皮一旦破裂，酵母菌就会侵入，在适宜的温度和没有杂菌的干扰下，葡萄汁就在酵母菌的帮助下迅速发酵变成葡萄酒。

图1-4 古埃及壁画：3500年前的葡萄酒技术示意图

在世界许多地方都生长着葡萄类的水果，只是野生的葡萄品种不同，有的不仅适宜采摘生吃，并可用于酿制葡萄酒；有的则是皮厚果小味道也不佳，人们只在饥荒年代用它来充饥。在北非和欧亚大陆，特别是地中海沿岸就生长有较好的葡萄品种。较好的葡萄品种才能酿造出口味较好的葡萄酒，因此，人们才会主动地将那些优秀品种的野生葡萄引进种植和驯化。葡萄和无花果一样首次结果需要3年，到25年后才丰产。与种植谷物和豆类不一样，果农栽下葡萄后，几十年或几代人都可以享用收获的成果。据考古发现近东地区的先民早在公元前5000年－前4000年已种植驯化较好品种的葡萄。葡萄除能提供新鲜的果实外，还可以制成葡萄干、葡萄酒及葡萄醋而贮存。种植葡萄有这么多好处，因此在中亚、地中海沿岸、北非等广大区域得到推广和发展。葡萄酒成为这些地区居民最重要和最普及的饮料。

葡萄酒是一种既有益于身心，又能贮存的饮料，有着广阔的市场，在人们生活中占据一个很特殊的地位。从古希腊到古罗马，葡萄酒产业都在经济中有着不容忽视的作用，皇家贵族都以拥有自己的葡萄酒庄园而自豪。到了中世纪宗教统治的黑暗时期，天主教堂、基督教堂、修道院大都拥有较大的葡萄园，葡萄酒的经济和葡萄酒的文化也很自然地成为宗教活动的内容，这从一个侧面反映了葡萄酒产业在欧洲的发展。

4. 畜奶与奶酒

人类制作并饮用的第二类酒可能要数奶酒。奶酒的制作技术或许比果酒要复杂些。当人们开始养殖较多家畜时，即某些部落进入以畜牧业为主的游牧生活后，驯养的牲畜不仅提供了肉食，而且畜奶也是重要的食材。当一时未喝完的畜奶放在皮质的容器（皮囊）中久了，容器里以乳糖为营养而繁殖存活的酵母菌就可能将这些畜奶自然发酵成奶酒。由天然奶酒到人工制作奶酒，过渡是自然而简便的。而人工制备奶酒的操作也是十分简单：将马奶、牛奶等畜奶放入特制专用的皮囊或木桶中，不断地用木棍在其中搅拌，加强其发酵能力。过段时间，奶酒或酸奶就制成了。每次倒出奶酒后残留在皮囊内的剩液就很自然地成为下次制作奶酒或酸奶的发酵剂。在无污染的环境下，畜奶的发酵主要由容器中存在的乳酸菌和酵母菌所主宰。乳酸菌强势，则酿成酸奶；若酵母菌强势，则酿得乳酒。通常情况下，在乳酸菌和酵母菌的共同作用下，酿得的是带酸味略有甜感的奶酒。后来为了保证奶酒不变味和不变质，人们还要对奶酒作进一步的煮熬加热处理。酿得的产品的质量和风味由畜奶的酿造环境和发酵程度所决定。与牛奶相比，马奶含有较少的脂肪、蛋白质和较多的乳糖，在酸性条件下不会像牛奶那样形成凝乳。再加上加工中，人们有意识地提前把部分脂肪作为奶油分离出来，马奶酒的制作更易成功而得到人们的赏识。马奶及马奶酒在中亚游牧民族的生活中的重要性是不言而喻的。生活在中国北方地区的游牧民族很早就掌握了奶酒和酸奶的制备方法。

大约在公元1253年，一位在时间上与意大利的马可·波罗几乎同时到中国的名叫鲁布鲁克的西方旅行者，记载了他所见到的马奶酒制作过程。

图1-5 酿制马奶酒的皮囊和捣臼
（内蒙古博物馆藏）

13

他说："马奶酒是蒙古人和亚洲其他游牧民族的传统饮料。马奶酒的制作方法如下：取一个大的马皮袋和中空的长棍。将袋洗净，装入马奶，加入少量酸奶（作为接种物）。当它起泡时，用棍子敲打，如此循环直至发酵结束。每一位进入帐篷的访客，在进入帐篷时都被要求敲打袋子几次。三至四天后，马奶酒即成。"这里记载的马奶酒制作技术实际上就是沿袭了数千年的传统技术，当然在操作细节上比远古时期有相当进步，特别在发酵剂的接种上，进步是明显的。上述中的"少量酸奶"实际上是内含经过长期筛选、培育的，有着丰富酵母菌和乳酸菌的优质发酵剂。在马皮袋中，当马奶装满后，只有顶部那层马奶与少量空气有所接触，故整个发酵过程是处在封闭缺氧的生化反应环境。首先乳酸菌水解乳糖，产生葡萄糖和乳酸。乳酸则使马奶发酵液的pH值降低，呈现出弱酸性。这种弱酸性和缺氧的环境有利于酵母菌的繁殖，而将水解反应产生的葡萄糖变成酒精。敲打皮袋则一方面促进发酵，另一方面使马奶中的奶油漂浮到顶部。最后撇去奶油，剩下的就是马奶酒了。由于马奶中乳糖含量较牛奶高，在6.2%左右，即使乳糖全部转化为乙醇，酿成的马奶酒的酒精度也只有3.3%。这样的酒精度与当今的啤酒酒精度差不多，因而酒精度较低的马奶酒喝起来很柔和。由于部分乳糖实际上会被乳酸菌转化为乳酸，故略有点酸味，并有乳香。马奶酒是很受欢迎的，在古代成为蒙古族、藏族和西北地区少数民族最常饮用的饮料。

据科学的推理，许多人类学家和发酵专家都认为，人类在远古即旧石器时代业已掌握水果酒和奶酒的制取。当然这种原始的酒只能说是乙醇含量极低的水果浆或畜奶而已，闻起来可能别有风味，吃起来口味就难讲了，要看各家制酒的技巧。

由于环境和资源状况的差异，奶酒在世界各地区的情况各不相同。在中国古代，奶酒的制作和饮用主要在西北和北方某些地区中流传。在中原地区及南方广大地区，由于以种植业为主的农业社会，奶酒不仅不入酒品之列，甚至很少见闻。这种状况在古籍中可见一斑。在西汉司马迁的《史记·匈奴列传》中提到匈奴人自古"食畜肉，饮湩酪"，"湩酪"即是马奶酒的古代称谓之一。匈奴人当时是过着游牧生活，肉、奶是主要的食材。在西汉时期，匈奴既是汉朝的邻居，又是征战的主要对手。人民的交往互通十分频繁，匈奴人很羡慕汉代人安定的农耕生活。他们的匈奴王单于曾表示欲"变俗好汉物"，即学习汉人且改变包括饮食在内的生活习俗。结果遭到部分匈奴人，特别是上层官吏们的强烈反对，他们胁迫匈奴人把家里的汉物都丢掉，以示抗议，并扬言"汉朝食物不如潼酪之便美也"。与匈奴人不同，汉人并没有拒绝匈奴的"潼酪"等乳制食品。在汉代班固的《汉书·百官公卿表》中就记载说："西汉太仆，下设家马令一人，丞五人，尉一人，职掌酿制马奶酒；武帝太初元年（公元前104年），更名家马为桐马。"这就是说，汉朝在设置百官中，沿袭前朝设立了"太仆"之职。此一职位列九卿之一，掌管皇家部分后勤工作，养马用车、起居饮膳都在他的管辖之内。在他的手下有一专门职掌酿制马奶酒的官员，名"桐马"。"桐马"这一职名，后人较难理解。据汉人应邵的解释："主乳马，取其汁桐治之，味酢可饮，因以名官。"一位名叫如淳的人也说："主乳马，以韦革为夹兜，受数斗，盛马奶，桐取其上，因名曰桐马。"这里不仅明确指出桐马这一官职是做什么的，还介绍了制马奶酒的工艺过程，"桐"即是主要操作方法。东汉许慎在《说文解字》中明白说："汉有桐马官，作马酒。"既然汉代宫廷有专制马奶酒的官员，则说明制作马奶酒是有一定技术难度，需要专门人才，同时生产也应有一定规模。当时马奶酒的制作除皇宫之外，则主要在北方游牧民族的部落家庭中。在广大的中原地区和南方诸郡，以种植业为主的农业社会中，饮奶的有，但制奶酒的少。故从《齐民要术》到《天工开物》，从《神农本草经》到《本草纲目》等一系列古籍中即便提到奶酒，也没有详细叙述其生产工艺。唯有元朝的诗文中有较多赞美马奶酒的篇章，因为蒙古的骑士自幼就有马奶酒的滋润，当他们征战在辽阔的中国和西亚及欧洲的疆域时，在马背上陪伴他们的除了弓箭就是醇香的马奶酒。

（三）模仿自然现象的发明

应季的水果，产量有限，鲜吃尚不够，哪能想到用它来酿制成酒。葡萄的种植，由于品种、地域，特别是文化传统的原因，在中国古代的发展一直没有形成气候。以畜奶为原料的奶酒也只是在西北地区的游牧部落流行，很难形成社会的、规模的生产。在古代中国只有采用谷物酿酒才能为人们提供大量的酒，所以人们讨论中国的酿酒起源，主要是指谷物酒的起源。用谷物酿酒，其过程较之果酒或奶酒就复杂多了，因为谷物中的主要成分是多糖类高分子化合物：淀粉、纤维素、蛋白质。它们不能被酵母菌直接转化为乙醇，而必须先经过水解糖化分解为单糖才能被发酵成酒。而淀粉糖化的技术，人们的发现和掌握难度就较大，所以从水果、畜奶酿酒到谷物酿酒的发展又经历了很长的时间。

在中国古代，凡是饱含淀粉的谷物都曾被尝试着用来制酒。北方盛产的黍（在古代，黍有很多种，其中黏糯的黍又称为"稷"，即今天的黏黄米）、稷（古代又名"谷"，其种实称作"粟"，即今天的小米、糜子等）、菽（豆类总称）、麦，南方主产的稻，都曾是酿酒的原料。就以稻米为例，它除去谷壳后的大米中含淀粉在70%以上，小麦含淀粉为60%。淀粉不能被酵母菌直接转化为乙醇，它必须经过多个步骤才能被转化为乙醇。简单地说，将淀粉转化为乙醇（酒精）主要有两个步骤：

第一步是先将淀粉分解为可被酵母菌利用的单糖和双糖，即糖化过程。

$$\text{淀粉} \xrightarrow{\text{多种方法}} \text{糖分}$$

第二步是将糖分转化为乙醇，即酒化过程。

$$\text{糖分} \xrightarrow{\text{酵母菌}} \text{乙醇}$$

水果、畜奶酿酒只需酒化过程，而谷物酿酒则需先糖化后酒化两个过程。两个过程依次进行，后人称之为单式发酵；假若两个过程同时进行，则称之为复式发酵。在谷物发酵的过程中，谷物中含有的蛋白质、脂肪等营养成分也会被相关微生物所利用而有以下生化反应伴随进行：

$$\text{有机酸的生成} \quad \text{糖分} \xrightarrow{\text{醋酸菌、细菌}} \text{有机酸}$$

$$\text{蛋白质分解} \quad \text{蛋白质} \xrightarrow{\text{霉菌}} \text{肽} \quad \text{氨基酸} \xrightarrow{\text{霉菌}} \text{高级醇}$$

$$\text{脂肪分解} \quad \text{脂肪} \longrightarrow \text{甘油} + \text{脂肪酸} \xrightarrow{\text{霉菌}} \text{酵母菌酯}$$

用现代的科学知识来看，谷物酿酒的糖化、酒化过程远比上述的几个方程式要复杂得多。谷物中包含以淀粉为主体的碳水化合物，还有含氮物、脂肪及果胶等。这些成分在谷物用水浸润和加热中就会发生一系列化学变化。例如谷物中的淀粉颗粒，它实际上是与纤维素、半纤维素、蛋白质、脂肪、无机盐等成分交织在一起。即使是淀粉颗粒本身，也因具有一层外膜而能抵抗外力的作用。淀粉颗粒则是由许多呈针状的小晶体聚集而成，淀粉分子之间是通过氢键联结成束。即如下式：

$$淀粉分子链 \xrightarrow{\text{氢键}} 针状晶体 \xrightarrow{\text{聚集}} 淀粉颗粒$$

据现代科技手段的测试，1千克玉米淀粉约含1700亿个淀粉颗粒，而每个淀粉颗粒又由很多淀粉分子所组成。淀粉是亲水胶体，遇水时，水分子渗入淀粉颗粒内部而使淀粉颗粒体积和质量增加，这种现象称之为淀粉的膨胀。淀粉的膨胀会随着温度的提高而增加，当颗粒体积膨胀达50～100倍时，淀粉分子之间的联系将被削弱，最终导致解体，形成均一的黏稠体。这种淀粉颗粒无限膨胀的现象，称之为糊化。这时的温度称之为糊化温度，不同的淀粉会有不同的糊化温度。例如高粱淀粉为68～75℃，大米淀粉为65～73℃。淀粉初始的膨胀会释放一定的热量，之后进一步的糊化过程则是个吸热过程。在淀粉糊化后，若品温继续上升至130℃左右，由于支链淀粉已接近全部溶解，原先淀粉的网状结构被破坏，淀粉溶液就变成黏度较低的易流动的醪液。这种现象称之为淀粉的液化即溶解。用现代的科学知识来解释，则是淀粉颗粒在水解中，当品温上升后，其大分子之间的氢键被削弱，造成网状结构破坏，从而使几乎是全部支链淀粉颗粒被解体而分散（溶解）。就在淀粉的糊化和液化过程中，体系中的酶被激活（50～60℃起），这些活化了的酶就会将淀粉分解为糊精和糖类。与此同时，还会进一步发生己糖变化、氨基糖反应及焦糖生成。原先谷物原料中含糖量最高只有4%左右，经过糊化、液化之后，各种单糖就有很大增加。

在糊化、液化过程中，谷物中的纤维素一般只会吸水膨胀而不会发生明显变化。而主要由聚戊糖、多聚己糖构成的半纤维素，其中的聚戊糖会部分地分解为木糖和阿拉伯糖，并均能继续分解为糠醛。这些产物都不能被酵母所利用。多聚己糖则部分被分解为糊精和葡萄糖。谷物中的含氮物，因为蛋白质发生凝固和部分变性，从而发生胶溶作用，且有20%～50%的谷蛋白进入溶液（若谷物已先经粉碎，则有更多谷蛋白进入溶液）。谷物中的脂肪只有5%～10%会发生变化。谷物中的果胶质则在水解之后会进一步分解产生甲醇，其产生甲醇的多寡因谷物的品种而异。总之，在谷物加水加热的糊化、液化中，淀粉等成分的化学变化是复杂的。由于谷物中淀粉是主要成分，所以这样复杂的化学反应中最关键的反应是淀粉分解为单糖的反应即俗称的糖化反应。糖化反应中真正起作用的是淀粉酶的催化作用。其总的反应式如下：

$$淀粉+水 \xrightarrow{\text{淀粉酶}} 葡萄糖$$

淀粉酶实际上包括 α-淀粉酶、糖化酶、异淀粉酶、β-淀粉酶、麦芽糖酶、转移葡萄糖苷酶等多种酶，这些酶在糖化中同时起作用，因此产物除可发酵性糖类外，还有糊精（淀粉糊精、赤色糊精、无色糊精）、低聚糖（四糖、三糖、双糖、单糖）等。通常，单糖（葡萄糖、果糖等）、双糖（蔗糖、麦芽糖、乳糖等）能被一般酵母所利用，是最基本的发酵性糖类。

在糖化反应阶段，谷物内含的其他物质成分在氧化还原酶等酶类作用下，蛋白质水解为胨、脒、多肽及氨基酸等中、低分子含氮物，为酵母菌等微生物及时提供了营养。脂肪的酶解也产生了甘油和脂肪酸。部分甘油则是微生物的营养源。部分脂肪酸则生成多种低级脂肪酸。果胶的酶解变成了果胶酸和甲醇。有机磷酸化合物的酶解可释放出磷酸，为酵母菌等微生物的生长提供了磷源。部分纤维素和半纤维素的酶解作用，也能水解得少量的葡萄糖、木糖等。总之整个糖化过程的物质变化是错综复杂的，过程的环境和操作都有可能影响其变化。

接下来的发酵过程实质是由酵母菌、细菌及根霉主导，将糖、氨基酸等成分转化为乙醇为主的一元醇、多元醇和芳香醇的过程。酵母菌通过酒化酶将葡萄糖等糖分变成了酒精和二氧化碳。其反应式如下：

$$葡萄糖+ADP+磷酸 \xrightarrow{\text{酒化酶}} 乙醇+二氧化碳+ATP+10.6kJ$$

反应式中的ADP是二磷酸腺苷的缩写，ATP是三磷酸腺苷的缩写，它们是生物体内能量利用和储存的中心物质。它们在酶的催化下可以相互转换。即ATP移去离腺苷最远的磷酸基，则生成ADP，同时释放大量能量，这能量则可帮助其他化学反应的进行。反过来，无机磷与ADP结合形成ATP，可将细胞内营养物质氧化所释放的能量以化学能的形式储存在ATP分子的高能磷酸键中。酒化酶实际上是从葡萄糖到酒精一系列生化反应中各种酶和辅酶的总称，主要包括己糖磷酸化酶、氧化还原酶、烯醇化酶、脱羧酶及磷酸酶等。这些酶均为酵母的胞内酶。从上述的反应式来看，酒化反应中没有氧分子参与，故是个无氧的发酵过程。这过程主要包括葡萄糖的酵解和丙酮酸的无氧降解两大生化反应过程，其中葡萄糖的酵解分四个阶段十二步才逐步变成乙醇。伴随着酵母菌将葡萄糖变成乙醇的过程，某些细菌也进行同样的工作。即在葡萄糖被磷酸化后，某些细菌也能通过自身的渠道将其变成乙醇。但是细菌的酒精发酵能力不如酵母菌，而且会同时生成一些如丁醇之类杂醇和多元醇及甲酸、乙酸等有机酸。无论是糖化过程还是发酵过程，醅中的生化反应均需在一定的pH范围内进行。过高或过低都将不利于糖化和发酵。

综合以上发生的生化反应可以清楚认识到，谷物发酵过程是个很复杂的化学反应，除淀粉水解糖化生成单糖，单糖酒化生成乙醇外，还会产生氨基酸、高级醇、脂肪酸、多种脂类、糊精、有机酸等及没有被酒化而剩余的糖分。总之发酵后制得的酒实际上是一类以酒精为主体的，包括许多营养物质的水溶液。这就是用现代的科学知识来认识的酒。酒中的各种成分在人体的新陈代谢和体能变化中将发挥各自的生理功能，这就会产生饮酒后的各种效应。

二、天工神力

谷物酿酒的第一道生化反应是淀粉的糖化。在自然界中，淀粉糖化有许多途径。人们最早实践并有较多经验的主要有三种途径。

（一）淀粉糖化的三种途径

谷物酿酒不同于水果、兽奶、蜂蜜等原料酿酒，其最大特点是它必须经过一个复杂的糖化过程。表面看来，谷物糖化很简单，只要有糖化酶的存在并参与反应，淀粉就能被分解为单糖、双糖。实际上由于参与糖化过程的微生物很多，有时能分泌大量糖化酶的霉菌或其他细菌并不占优势，那么酸败或腐败的情况就会发生。最常见的例子就是剩饭剩粥，放置久了，不一定能变成酒，绝大多数情况是变馊变臭了。因此，让谷物糖化也是讲究技巧的。

水解淀粉的糖化酶在自然界存在于多种物质之中，因而使淀粉完成糖化过程的方法有很多种，古代最常见的途径有三种：一是将谷物加水加热糊化而促使淀粉分解变成糖分；二是让谷物生芽，谷芽会分泌出糖化酶，促进淀粉分解变成糖分；三是利用某些可分泌糖化酶的霉菌使谷物中的淀粉转化为糖分。这是人们在生活中可观察且模仿到的自然现象，先民正是模仿这些自然现象，实现谷物的糖化，然后进一步让酵母菌完成糖分物质的酒化而造出酒。恰恰是不同的糖化技术导引出不同的酿酒技艺，从而制造出各有特色的酒品。故此有必要对这三种源于远古的糖化技术进行一番剖析。

　　第一种方法，谷物加水加热而糊化。这一过程中，谷物中的部分淀粉会因其本身存在的淀粉酶而分解产生糖分，熟软的谷物在适宜条件下，会被无处不在、飘游在大气中的酵母菌发酵而生成乙醇。晋代学者江统所说："酒之所兴，肇自上皇。或云仪狄，一曰杜康。有饭不尽，委余空桑，郁积成味，久蓄气芳，本出于此，不由奇方。"就是观察到这一现象而得出的结论。宋代酿酒专家朱肱在他的《北山酒经》中也说："古语有之，空桑秽饭，酝以稷麦，以成醇醪，酒之始也。"朱肱的观察较之江统的更细心，说得也较科学，这里的秽饭实际上已被当作酒曲了。这种现象在远古时期就可能存在，观察到它而制得酒也不奇怪。问题是用这种方法酿酒，要依赖酵母菌的积极活动，因为在谷物加热蒸煮之中，大部分的酵母菌被灭杀，仅靠游离在空气中的酵母菌，发酵能力有限。假若环境条件没有为酵母菌的繁衍创造条件而让其他类型的杂菌抢先占领饭醅，结果就是酿不出酒，而且饭馊酸败。由此可见这种方法的掌握是要有一定的技术条件。在古代曾出现过这样一种办法：人们加热糊化谷物不是靠灶火，而是人的咀嚼。每个人都可以发现，在咀嚼淀粉类食物时，只要是慢慢咀嚼，就会感到甜味。这是因为人的唾液中包含了专门消化淀粉的糖化酶，就是它帮助人把食物中的淀粉分解成单糖而被吸收，成为人体能量的补充或储备。这种用口嚼谷物再发酵制酒的方法不是凭空捏造，而是在历史上真实存在过。据《魏书·勿吉国传》记载："勿吉国嚼米酿酒，饮能至醉。"在勿吉国，人们是将米通过咀嚼后，再封储在容器里，过段时间(这也需要一个适宜的温度和环境)酒就制成了，饮这种酒也能醉人。这种口嚼酒曾以美人酒之名出现在《真腊风土记》中。这种方法在古代的日本和世界许多地区被采用过。该方法是可行而不可靠。可行的是这种方法的确可以制得酒，不可靠的是由于口腔唾液既能分泌糖化酶，还可能引入其他功能的酶，更重要的是口嚼后的米醅的进一步发酵必须在一个无其他杂菌污染的，温度、湿度适宜的环境下进行。故此这种方法酿酒的成功几率有多少就要靠运气了。更何况经过别人的口嚼，难免有点不卫生的心理作用。因此口嚼糖化的技术很难被接受而流传下来。当然加水加热使淀粉糖化的方法很多也很简单，除非是某种信仰或风俗，否则是不会采用口嚼糖化的方法。加水加热既可煮，又可蒸，甚至可以热水浸。这种方式进行糖化由于谷物本身的糖化功能有限，糖化的速度在一般情况下就较慢，所以制酒中常需其他方法来催进糖化。

第二种方法，利用谷物发芽使淀粉糖化。这是先民观察到的一种自然现象：谷物发芽后，在煮食时，它变甜了。这是因为谷物发芽时，自身会产生糖化酶，使淀粉变成糖分以供作物生根发芽成长的需要。由于发芽的谷物存在着糖分，将它浸在水中，在合适的温度条件下，酵母菌落入其中并迅速繁殖，发酵后就会生成乙醇。用谷芽酿酒也是最古老的酿酒方法之一。在古代中国，谷芽酒就是最原始的酒品之一，下面有专节讨论。在世界古代文明的其他发祥地，西亚两河流域、古埃及和古希腊盛产大麦、小麦，长期以来，那里的人们一直沿用麦芽发酵制酒。麦芽酒即原始的啤酒，不仅是最早的酒品，而且还一直流传下来成为主要的酒品。在当时，啤酒和面包、葡萄酒、蜂蜜酒可能是西方民族发酵食品中最古老的品种。古埃及、巴比伦人大约在公元前4000年已经生产上述发酵食品了。

第三种方法，是利用酒曲将谷物酿制成酒。所谓的酒曲实际上就是一类以谷物为原料的多菌多酶的生物制品，它是专职繁殖霉菌的培养基。在其培育出的霉菌中既有能使淀粉糖化的曲霉、根霉及毛霉(霉菌在繁殖中分泌糖化酶，就像人分泌含糖化酶的唾液一样)等，又有使糖分酒化的酵母菌、细菌等。当在生或熟的谷物中加上预先制好的酒曲后，在相应适当的条件下，就能酿造出酒。采用酒曲酿酒出自东方，是中国先民的伟大发明。西方各国各民族大都是采用先糖化后酒化的单式发酵，而中国自5000年前就开始实践糖化、酒化同时进行的复式发酵。相比之下，复式发酵的效率显然会比单式发酵高，更重要的是以酒曲为发酵剂的复式发酵中，除了糖化、酒化外，还同时进行蛋白质、脂肪等有机物及无机盐的复杂的生化反应，因此酒的内质特别丰富，不仅有醇和的口感，而且还有诱人的芳香，造就出在世界酒林中独树一帜的中国的发酵原汁酒(黄酒)和蒸馏酒(白酒)及其精妙的酿造技术。

以上三种谷物糖化的方法就是先民在模仿自然现象而探索掌握的酿酒技术的关键部分。在实践摸索中，先民相继对上述各种方法进行了实践和探索，对其条件、利弊等有所识别和判断，有所取舍和综合，终于在经验不断继承和积累的前提下，创造出一整套较先进的酿酒工艺。这套工艺一方面是利用微生物帮助做工，另一方面是人们为微生物做工创造了适宜的环境，就像人们创造了条件，让微生物发挥了神力，共同努力完成了发酵制酒的成果，真可谓"天工神力"造出了酒。

在中国，由古代至近代所流行的主要酿酒技术，就是在上述方法中（1、3两种）取长补短、择优汰劣而形成的多种多样的用酒曲酿酒的独特技术。

（二）啤酒的发明

第二种淀粉糖化技术在西方许多国家得到发展，而后发明了啤酒。尽管关于啤酒在西方的起源有很多说法，但其核心技术，正如著名的英国化学史家帕廷顿（J.R.Partington，1886－1965年）在研究啤酒起源后总结所说，啤酒可能最先是由面包酿制的，就像至今仍在埃及、苏丹农村生产"布扎"（啤酒）一样，其加工方法大致是："将谷物浸湿，使其发芽，然后放入臼中碾捣，用水湿润，和酵素一起揉成块状，轻微焙烤成内部是生的面包。将面包揉碎，放在一盆（水）中发酵约一天，挤压的液体用滤网过滤，即得谷芽酒。"

这里使用谷芽是因为人们发现由发芽的谷物制得的生面团较容易被酵母菌所利用；一般谷物制成的面团，酵母菌就缺乏兴趣。酵素的引入也是一种发明。可能是浸泡生面块采用了酿制过葡萄酒的容器或碾磨和焙烤操作时离酿制葡萄酒的大桶很近时，产生奇特的效果，经总结经验发明了酵素。至于为什么要轻微焙烤面团，很可能一方面是要灭杀外面的杂菌，另一方面是要促使内部面块中的酵母菌更快地繁殖。总之，制造谷芽酒必须先制得谷芽，通过发芽使之部分淀粉糖化，从而为发酵准备充足的可发酵的糖分。当时的这种酒在古埃及、古希腊和中亚很流行，并有多种称谓。严格来说，这是一类没有啤酒花的啤酒，应叫谷芽酒，喝起来不像我们所熟悉的啤酒的味道。有的是甜的，有的是酸的，不同的类型有不同的口味。当时的人们都认为啤酒不如葡萄酒好喝。为了改善谷芽酒的口味，有人曾试验着在发酵过程中加入很多不同种类的香料和草药，特别是在德国，用得最多。古代埃及可能已经知道了啤酒花，但是直到公元736年，德国南部一所修道院里有一位叫希尔德加德（H. Hildegad）的女院长，总结并介绍了使用啤酒花(亦名忽布，属荨麻科，为多年草木蔓性植物)酿制啤酒的经验。她酿制的啤酒不仅口味好，而且还具有一种特殊的芳香，很受欢迎。于是使用啤酒花酿制啤酒的技术很快得到推广。从14世纪和15世纪起，将啤酒花用于啤酒酿造流行于德国，英国酿制这种名副其实的啤酒大约在16世纪。此后真正的啤酒广泛流行于欧洲乃至亚非一些地区。

图1-6 制作面包和啤酒的作坊：有的 图1-7 一位妇女在搅拌生面团的发酵醪，
　　　妇女在磨面，有的在揉面。　　　　　　 她的面前就是酒发酵罐。

图1-6和图1-7都是古埃及制作面包和啤酒的木制模型，前者出自公元前2050年，后者出自公元前1900年(转录自李约瑟《中国科学技术史》第六卷第五分册：《发酵与食品科学》)

当今人们已非常熟悉啤酒的酿造过程：先浸麦生芽制得麦芽，再将其焙烤至含水3%～4%后除根粉碎，随后将其和作为辅料的淀粉(如来自大米、玉米的淀粉)、水、啤酒花及酵母共同混合酿造。在这个过程中，麦芽中的糖化酶将其本身和辅料中的淀粉转化为麦芽糖和糊精，由此产生的糖类溶液(可称其为麦芽汁，当今啤酒标示的度数是指麦芽汁的浓度，而不是指酒度)再与啤酒花一起煮沸、冷却，再由酵母菌发酵成为含有酒精、二氧化碳和残余糊精的啤酒。在现代的啤酒工艺中，麦芽的制造是关键技术之一。图1-8就是其生产流程。

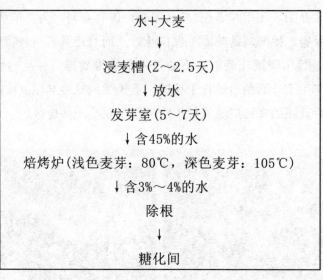

图1-8 麦芽制作工艺流程

　　麦芽制作的质量直接关系到啤酒的质量，其焙烤的温度还决定啤酒的品种。若在发酵过程中不加啤酒花，而只加淀粉类的辅料，生产的应是麦芽酒，即原始的啤酒。由于酵母菌的活动受酒精浓度的限制，当醪液中酒精浓度为18%左右，酵母菌的活动就停止了。为了突破这一限制而生产酒精度更高的酒品，通常的做法是利用蒸馏技术。即通过蒸馏发酵醪液而得到酒精度较高的烈性酒。例如威士忌，其主要原料就是麦芽（苏格兰威士忌：全麦芽；黑麦威士忌：麦芽和黑麦；爱尔兰威士忌：麦芽和小麦、黑麦；波旁威士忌：麦芽和玉米、黑麦）。综上所述，在西方无论是啤酒还是威士忌之类蒸馏酒，其制酒过程都是按先糖化、后酒化两个步骤进行的。糖化靠麦芽，酒化靠筛选培育的酵母。两个过程都可以在液态状况下完成，这就是西方传统酿酒技艺的路线和特色。

　　在古代中国，人们也利用谷芽变淀粉为糖的现象生产过酒，但是它不叫谷芽酒，而称之为醴（先秦时期的酒品之一）。醴在商代曾是祭祀神坛上必有的祭品，可见在当时它是很珍贵的。到了春秋战国，人们开始把醴从祭祀用品中下架了，"酒"取而代之，因为嫌醴酒味薄，甚至在日常饮食中也很少饮用醴。但是人们为谷芽找到了新出路，即是运用谷芽来制造饴糖。人们熟悉的麦芽糖等饴糖食品就是以麦芽为主要糖化剂制造的。

（三）中国发明的关键技术

中国先民创造的酿酒技术，其最重要的特色即是使用了酒曲。尔后，制醋、做酱等工艺也使用了曲，使用曲已成为中国酿造业的特色。在酿酒行业中，流行说"曲是酒之骨"或"曲是酒之魂"，说明酿酒技术的关键即在酒曲的质量。因为酿酒过程既然是微生物参与的生物化学反应过程，那么，微生物的品种菌系及其酶系质量当然就会起着举足轻重的作用，而酒曲则是参与酿酒的菌系的载体。这一精辟的认识是人们长期实践的结晶。

对曲的认识和利用还得从远古说起。当时人们称酒曲为曲蘖。在古代的许多文献中，特别在南北朝以前，人们往往将曲和蘖联在一起来称谓，似乎它们是不可分割的。古代的曲蘖究竟是指什么？它们又是怎样发明的？过去，人们在认识上并不很清楚，甚至还存在着争议和存疑。

许慎在《说文解字》中记载："曲，酒母也；蘖，牙米也。"东汉刘熙在《释名》中进而解释说："蘖，缺也；渍麦覆之，使生芽开缺也。"由此可见，当时已明确曲和蘖是两种物质。明代宋应星在《天工开物》中指出："古来曲造酒，蘖造醴，后世厌醴味薄，遂至失传，则并蘖法亦亡。"宋应星也认为曲和蘖是两种东西。曲是用于酿酒的酒曲，蘖是一种发酵能力较弱的酒曲，由蘖酿造醴的方法，由于醴的味薄而早已失传。中国化学史家袁翰青（1905－1994年）在其《中国化学史论文集》中也认为：曲蘖从来就是两种东西，曲是酒曲，蘖是谷芽。他的观点与宋应星是一致的。日本学者山崎百治在他所著的《东亚发酵化学论考》中也主张，曲蘖从来都是两种东西，曲主要指饼曲，饼曲后来发展为大曲、酒药等；蘖为散曲，后来发展为黄衣曲（《齐民要术》中称麦皖，是酿造酱、豉常用之曲）和女曲（清酒曲）。

上述看法似乎都有其根据和道理，但是从逻辑推理来分析，似乎实际情况要复杂得多。

中国微生物学家方心芳（1907－1992年）认为，曲蘖的概念有个发展的过程，即人们对曲蘖有个认识过程。在新石器时期，秋季收获的谷物要储存，当时虽已有陶器制作，但制出的陶器件小，容量有限，尚不能满足贮粮之需，谷物大多贮存在特别挖成的地窖中。假若遇上大雨或其他异常情况，谷物受潮受热的情况时有发生，结果是谷物发霉或发芽，视环境条件的不同，有时可能是同一窖中，部分谷物发芽，部分谷物发霉。发霉谷物中的霉菌菌丝及孢子柄与发芽谷物的芽混在一起，在当时粮食尚很珍贵的情况下，人们是不会抛弃这些发霉或发芽的谷物，而会继续食用。假若把它们泡浸在水中，在一定条件下就会发酵成酒。这些发霉发芽的谷物就是最原始的曲蘖。在当时人们也分不清发霉的和发芽的谷物在发酵过程中有什么不同，怎么称呼它们，可能有一个名词，可惜当时文

图1-9 中国微生物学家方心芳

字尚未发明，现在也就无记录可考。后来经过很长年代，实践使人们认识到发霉的谷物与发芽的谷物虽然都可以酿酒，但是有区别的。在技术进步的前提下，人们可以专门生产出发芽的谷物和发霉的谷物，并分别用于酿酒，这时才开始专称发芽的谷物为蘖，发霉的谷物为鞠。至于"鞠"字从革，很可能是在制曲中常用皮革来包裹受潮的谷物发霉成鞠，故造字时出现鞠。后来人们又掌握了更多造曲的方法，而制曲的原料都是原粮，这个"鞠"就被曲所取代。堆积在一起的谷物制曲时，由于发霉所产生的菌丝和孢子柄相互绕缠在一起，有时就不成颗粒状，而成块状。当人们认识到颗粒状的曲与块状的曲在发酵后有不同的效果时，人们进而分别生产出块曲和散曲，前者用于酿酒，后者主要用于制酱做豉。

以上是根据科学知识推测的古代人们认识曲蘖和使用曲蘖的大致过程。由于当时它们主要被用于酿酒，故常被联在一起使用。《尚书·商书·说命》里说："若作酒醴，尔惟曲蘖。"表示商代人就认为制作酒醴，关键在曲蘖。后来由蘖制醴的技术被淘汰后，人们仍习惯用曲蘖来泛指酒曲。

其实在远古时期，人们促使谷物糖化的几种方法中，发芽的谷物在干燥后，碾碎了也可以成为酒曲。熟饭发霉了，晾干了也可以作为酒曲。正如晋代学者江统所说的："有饭不尽，委余空桑，郁积成味，久蓄气芳。"人们获取酒曲的途径很多，后来在实践中不断有所取舍和发展。这应该是中国先民发明

酒曲的大致过程。首先是发现并模仿了谷物在储存中发芽发霉的自然现象，有意识地生产曲蘖。在实践中通过进一步观察，又将原先常混杂的曲和蘖区分开来，并掌握了它们各自的生产方法。有了酒曲，并用它来酿酒，从而在中国开辟了广阔、独特的酿酒天地。

（四）酒曲里的奥秘

在以农耕生产为主的聚居生活，发酵技术广泛应用于日常生活，例如加工谷物、制造美食、渍菜腌肉等食品加工，已是司空见惯。殊不知这里面有着很大的奥秘。直到17世纪，荷兰科学家列文虎克（A.van Leeuwenhoek，1632－1723年）用自制的显微镜

图1-10 德国植物学家施莱登(左)和
德国动物学家施旺(右)

观察并发现了多种微生物，人们才知在身旁还存在着一个肉眼看不到的微生物世界。1837年德国科学家施莱登（M.J.Schleiden，1804－1881年）和施旺（T.Schwann，1810－1882年）在显微镜下观察到面团中活跃的酵母菌后，把

图1-11 法国科学家巴斯德

人们长期以来知其然而不知其所以然的发酵现象与微生物联系起来，证明发酵是由于酵母细胞繁殖的结果，并提出了生物学的细胞理论，从而揭开了生物学革命的序幕。

1857年法国科学家巴斯德（L.Pasteur，1822－1895年）在研究葡萄酒在陈酿中变酸的问题时，进而发现酵母细胞有好多种，有的促使发酵，变糖为乙醇；有的则让酒变酸（巴斯德当时所指的酵母细胞实际上

27

是包括酵母菌、醋酸菌在内的多种微生物)。巴斯德明确指出，发酵过程是一个与微生物活动相联系的过程。随后他创立灭菌技术，以防酒在储存中变质，并揭示了酿酒的机理。

在科学家的共同努力下，一个崭新的学科——微生物学和一个功效特殊的技术体系——微生物工程诞生了。从此，发酵现象作为大量存在于自然界和人们日常生活中的生命现象而受到关注。发酵技术作为微生物工程的关键技术被广泛深入地开发和研究。通过微生物学，人们开始认识到在地球上，与我们人类相伴的，除了有一个众多动物、植物构成的生物世界之外，还活跃着一个单凭肉眼是看不到的微生物世界。这些微生物无孔不入，弥漫在自然界的各个角落，有的与人类交好，帮助人类做工，改变某些物质的属性，为人类所用，例如某些霉菌。有的则与人类交恶，侵蚀甚至破坏人的某些免疫功能而导致患病，例如病毒和某些细菌。微生物的世界也是错综复杂、千奇百怪。它们长期与人类共处，古代的人们却不知晓。即便微生物给人们生活带来了许多变故，古人都把它归咎于神灵。人类积累了许多与微生物相处的经验。在这一方面，中国先民似乎觉醒得早一点，实践得多一些，经验也多一些。在人类酿造技术的发展中，中国先民不仅利用了酵母菌做馒头、发糕之类发酵食品，还掌握了汇集、培育、驯化霉菌的技巧，用它们来酿酒、制醋、做酱及腌菜。西方的先民也会利用酵母菌制作发酵食品，但是他们认识霉菌、利用霉菌的实践远不如中国丰富和精深。这种实践活动所取得的经验对于微生物学发展十分重要。

难怪西方的传教士在明清时期来到中国后，觉得中国酒跟他们过去所喝的酒不一样，当看到中国酿酒师傅都使用那种方砖形的法宝(酒曲)时，更感到十分好奇。于是就发生了下面的故事。他们想方设法获得这种神秘的砖头，探索其中的秘密。当他们自己无法揭秘时，又费尽心机，把这些秘宝偷偷地捎回欧洲，请朋友帮忙进行分析检测。首先揭开中国酒曲神秘面纱的是一位法国的学者。1892年，法国人卡尔麦特(L.C.A.Calmette, 1863－1933年)不仅注意到中国酿酒的独特方法，还专门研究了传教士带回的中国酒曲，从中分离出毛霉、米曲霉、根霉等一类微生物。在法国巴斯德研究所同事的帮助下，他认识到这些过去没有被注意的霉菌，正是能在发酵中起关键作用的微生物，从而初步揭示了中国酒曲的独特功能。他是第一个认识到中国利用霉菌糖化制酒先进性的科学家。卡尔麦特也是个有商业头脑的科学家，在1898年他将自己这一发现在欧洲申请了应用毛霉于酒精生产的专利。并将这种淀粉霉法在酒精工业中加以推广，极大地促进了世界酿造业的发展和酿造技术的提高。因为模仿中国酿酒技术的淀粉霉法，改变过去酒精生产的单边发酵为复式发酵，不仅提高了生产效率，同时降低了成本，保证了质量。从此，科学家们进一步认识到对霉菌一类微生物的利用是大有作为的，先后在淀粉质原料酒精发酵技术上开发出米曲霉—黑曲霉—液体曲等技术，并完善了以糖蜜、甜菜糖蜜、甘蔗糖蜜为原料生产酒精的技术。在有机酸发酵技术中开发出生产柠檬酸等产品。在氨基酸发酵技术中开发出谷氨酸（味精的主要成分即是谷氨酸钠）、L-赖氨酸、色氨酸等多种氨基酸的生产。最突出的成就是抗菌素药剂的发明和生产。1928年9月，英国科学家弗莱明（A.Fleming，1881－1955年）在实验中发现青霉素及其灭菌功能，不仅验证了微生物中的确存在某些种群微生物攫食另一些微生物的抗生现象，还开创了抗菌素治病的新纪元。从1928年他发现青霉素到1944年制成医用青霉素，是许多科学家和技术人员辛勤劳动的成果。世人普遍认为，青霉素的发现和制造是科学上的一项奇迹，是二次世界大战中堪与原子弹、雷达并驾齐驱的三大发现之一。1945年弗莱明与澳大利亚病理学家弗洛里（H.W.Florey，1898－1968年）和英国化学家钱恩（E.B.Chain，1906－1979年）一起，荣获了诺贝尔生理学及医学奖。

（五）现代生物技术中的发酵工程

酿酒技术属发酵工程，既是最古老的技术，又是现今最前沿的生物工程（现代生物技术）的一部分。说它古老，是因为这项技术出现在八千年前，人们模仿自然发酵的现象掌握了它。尽管沿用发酵酿酒的技术那么绵长，但是直到19世纪下半叶，才对谷物为什么能酿成酒总算有了一知半解的认识。法国科学家巴斯德虽然明确指出，发酵过程是与微生物相关，初步揭开了酿酒的机理，但是进一步深入探讨其中的科学原理，科学家们出现了分歧。围绕着发酵过程究竟是生物过程还是化学过程争论了几十年。巴斯德等科学家认为，上述酵母酿酒的过程（目前通称为生醇发酵）是那些厌氧微生物在其中起了关键作用，糖是在酵母菌体内的新陈代谢而产生酒精的。因此，生醇发酵是一个生物过程，必须有"活体"微生物的存在，发酵才能实现。以德国化学家李比希（J.von Liebig，1803－1873年）为首的一些化学家则有另一种看法。他们认为，发酵是个化学过程，因为糖变成乙醇是化学反应。双方都是科学界的大师，各执己见，谁也说服不了对方，只能通过进一步深入研究才能做出判定。1897年德国化学家布希纳（E.Buchner, 1860－1917年）完成了堪称为判定性的科学实验，为这场争论画了一个句号。布希纳是德国著名化学家拜耳（A.J.F.W.von Baeyer, 1835－1917年）的学生，从1884年就从事有关发酵问题的研究。当时有一些科学家试图从酵母中提取那种具有发酵作用的物质，都未获成功。布希纳的哥哥H·布希纳（H.Buchner, 1850－1902年）是个医生，从事免疫学的研究，他正在试验从破碎的细菌中提取蛋白质的方法。借鉴这种方法，E·布希纳成功地从酵母细胞中提取到能使糖发酵产生酒精的"物质"。这一实验是这样进行的：在酵母中加入一定量的石英碎渣和硅藻土一起研磨，使酵母细胞破碎，再使用加压的过滤技术取得其中的酵母液（即细胞内酶）。为了保存这种酵母液，按当时的惯例采用加浓蔗糖液的方法。结果发现在这酵母液加蔗糖液的混合体中慢慢地产生了气体。布希纳认识到，气体的产生是因为存在发酵反应。这现象表明发酵作用与"生命"不是不可分割。因为在实验的混合体中已没有活体的酵母细胞存在，因此发酵只能是由某种"物质"来促进。这"物质"应该是由酵母细胞里取得的体液。简单地说，实验证明存在着无细胞的生醇发酵。1897年以后，布希纳发表了一系列论文来介绍他的实验和论证无细胞的生醇发酵的存在，并称这一活泼的发酵制剂为"酿酶"。"酿酶"的发现，不仅揭示了发酵本质是一种"酶"促使的化学反应过程，还像一把钥匙解开了生物化学的某些悬念，生物的新陈代谢等研究很快就取得重大突破。酿酶实质上是一种蛋白质一类的物质。我们现在知道动物的唾液、胃液、胰液、胆液等器官都能分泌多种酶：水解淀粉的淀粉酶、水解蛋白质的蛋白酶、水解脂肪的脂肪酶……它们帮助完成食物的消化和新陈代谢等功能。这些酶统称为细胞外酶，它的发现不仅揭开了生物新陈代谢研究的新篇章，而且还把酵母细胞的活力与酶化学作用联系起来，推动了微生物学、生物化学、发酵生理学和酶化学的建立和发展。1902－1909年布希纳进行了一系

图1－12 德国生物化学家布希纳

30

列发酵研究，如乳糖酸、醋酸、柠檬酸、油质等的发酵，进一步证实发酵是一系列酶催化的反应过程。酶化学的应用就构成生物技术上的"酶工程"，酶工程的研究对于酿酒、制醋、做酱、制糖及整个食品工业的发展都有着重要意义。对于医学、卫生学、生物学的某些问题的解难也有特殊的作用。因此，布希纳荣获了1907年的诺贝尔化学奖。

20世纪初，化学家才揭示了发酵酿造的机理在于一种叫做酶的蛋白质在起作用。随后的研究使人们进一步认识到多种酶的化学结构及其作用机制，建立起今天生物工程的又一分支——酶工程。近代的酿酒技术正是在这种科学的认知基础上获得了新的发展。

20世纪40年代，采用深层培养发酵法使青霉素生产工业化，是发酵工程的发展亮点。此后综合微生物学、生物化学、化学工程学的进展，发酵工程日益成熟。60年代以后，固定化酶和固定化细胞等新技术促进了生化技术的发展，加上分析、分离和检测技术的进步及电子计算机的应用，发酵工程又获得革新。1973年重组DNA技术出现，能够按工程设计蓝图定向地改变物种的功能而创立新物种，这就是基因工程。通过细胞融合建立杂交瘤，用以生产单克隆抗体，成为免疫学的革命性进展。通过动植物细胞大量培养，可以像微生物发酵那样大量生产人类需要的各种物质，也可以培育出常规方法无法得到的杂交新品种，从而创立了细胞工程。

从微生物发酵工程到酶工程、细胞工程、基因工程，构成了一个综合体系，就是"生物工程"，又称作"现代生物技术"。它的基础是发酵工程，核心是基因工程。它是21世纪科技的前沿，是新兴的工程技术。自1973年建立以来，在前20年就开拓了蛋白质工程、重组DNA工程等新领域，并在实验中研制了许多高产抗病的植物转基因新品种和利用体细胞克隆技术复制出牛、羊等动物。它的许多技术和成果正逐渐地应用于医学、农业、工业、环境保护等诸多领域。回过头来看，人类几千年来对发酵技术的应用和认知所积累的经验和实践，是人类极其宝贵的文化遗产，中国先民在其中所做的特殊贡献应该被铭记和赞扬。

三、等同饭食的三酒、四饮、五齐

酿酒技术源于人们对自然界普存的发酵现象的模仿，但是人们对何时开始应用、普及推广依然存在不同的见解。有人认为，仰韶文化时期，即"我国原始社会的氏族公社时期，主要的生活资料来自农业生产的谷物，而畜牧业则处于从属地位，尽管有了储备的粮食，但它为氏族所公有，为全民所珍视，要把全体赖于托命的粮食作为酿酒之用，以供很少数人的享受，在当时是大有问题的。只有在生产力提高的情况下，只有在由之而起的阶级分化的情况下，才会有比较多剩余的粮食集中于很少数较富有者之手。只有到了这样一个时期，谷物酿酒的社会条件才够成熟"。所以主张酿酒起源于龙山文化时期。把酿酒起源和剩余产品私有制、阶级产生联系起来，有些牵强，也是不符合实际的，是把酒的缘起、酿酒技术的发明与较大规模的酿酒活动混为一谈了。既然酿酒技术的发明源于谷物发酵的自然现象的模仿，当然就不取决于粮食生产的规模，更不是有了多余的粮食才想到酿酒，而是有了充足的粮食会促进酿酒业的发展。酿酒技术的发明和发展与制陶、纺织等技术一样，都是为了满足人们的生活需求和生活质量的提高，是直接服务于每一个社会成员的生活需求，而不是为少数人的专门享受。

（一）清醠之美，始于耒耜

通过上述对发酵自然现象的模仿和曲蘖发明的分析，人们对汉代刘安主撰的《淮南子·说林训》中的名言"清醠之美，始于耒耜"，可以有更深的理解。酿酒技术的起始与农业，特别是种植业的兴起密切相关。

根据考古资料，在我国的新石器时代中期，部分地区的原始氏族社会已由渔猎为主的游牧生活转入以农业生产（种植业和养殖业）为主的定居生活，此时的遗址中曾发现有粮窖和谷物，表明当时已大量种植谷物。谷物的生产为酿酒提供了原料。在南方，浙江余姚河姆渡文化遗址、良渚文化遗址都已出土窖藏谷物和酿酒饮酒的器具，虽然数量不多，但它还是表明当时已有酿酒现象。在北方，河北武安发现的早期的磁山文化遗址，河南新郑发现的裴李岗文化遗址都发现储粮用的窖穴堆积的粮食，其数量是相当大的。现仅就磁山文化遗址的发掘情况做一简介。

河北武安磁山第一文化层遗址，经碳-14法测定年代在距今7355～7235年前。在2579平方米发掘面积中，发现灰坑186个，大小不等，深者达6米，浅者0.5米左右。其中平面呈圆形或椭圆形灰坑22个，深者1.5米，浅者0.5米。从浅者堆积物来看，它们可能是遭到严重破坏的居住遗址。长方形灰坑157个，一般坑壁垂直规整，极少数为袋状。其中62个还有粮食堆积，出土时厚度为0.3～2米，其中超过2米者10个。堆积谷物虽已腐朽，但出土时的谷粒，粒粒可见，不久即风化成灰。经分析，判定为粟。由此可以推测，这里曾是部落聚居地，当时还没有私有财产，谷物为公共所有。结合出土的农具和生活用具来看，当时仍有狩猎，并开始养猪，但农耕生产已占主导地位，粮食较充裕，显然具备了酿酒的物质条件。通过对粮窖的考察，可知当时将粮食入窖后，一般上面用黄土或灰土覆盖，以延长谷物的保存期，覆盖物的厚度约为谷物的3倍。

遗址出土的陶器虽然仍很粗糙和原始，但用于盛水或发酵酿酒是不成问题的。总之磁山新石器遗址的发掘资料表明，在距今约7000年的黄河流域的先民，不仅有了原始的农业，而且食用谷物主要是粟。是否有粟酒是值得进一步研究的。

仰韶文化是我国黄河流域进入母系氏族社会的典型，因最早发掘的该文化遗址是河南渑池县的仰韶村而得名。年代为公元前5000～前3000年。目前仰韶文化遗址的发现和发掘已多达千处。现以西安半坡遗址为例，看看当时的社会，特别是农业生产的状况。

据考，西安半坡遗址定居的先民达到数百人至千人，可以说是一个不小的群居寨落。共发掘出200多个贮粮的窖穴，表明贮粮的数量相当大。在贮粮窖中，115号灰坑有点特别。坑的口径约为115厘米，底径168厘米，深52厘米，坑中尚残存谷物约18厘米厚，已腐朽的谷壳呈灰白色。与发掘出来的其他贮粮窖有明显不同，一是灰坑很浅，不像用于贮粮；二是灰坑壁仅涂有1厘米厚的黄土层，不像其他贮粮窖有厚达10～20厘米的防潮层；三是灰坑底部四边有圈浅沟，这也是其他贮粮窖所没有。根据以上三个特殊点，笔者猜测它很可能是用于谷物发芽。灰坑较浅，显然是便于操作。坑壁涂上黄土薄层，可能是为了防止周围泥土污染谷芽。底部环沟的设置，可能是为了谷物发芽的湿度控制，既要经常洒水，保持谷物必需的水分，又能排除多余的浸渍水，以免因水淹而窒息谷芽。根据上述分析，可以推测当时已在生产谷芽酒（即醴）了。

有人认为，谷物酿酒的起源至少应当具备以下条件才能成立：要有可以用于酿酒的原料；要有可以用于烧、煮原料的设备；要有可以用于酿酒的洁净水；要有可以用于酿酒的曲蘖；要有可以制醪发酵的设备；古人要具有起码的酿酒经验。

姑且暂不讨论这六个条件是否符合酿酒的科学根据，即便根据这六个条件，从上述资料和分析可以认为仰韶文化时期都已具备。尽管人们可能对这六个条件的要求在程度上有不同理解，但是依照历史的眼光，认为仰韶文化时期，在中国的部分地区出现酿酒技术是可信的。

酿酒技术的发明和早期发展还有两个问题必须考虑到：一是酿酒与吃饭的关系；二是酒品与祭祀神祖的关系。历史学家吴其昌根据他对甲骨文、钟鼎文的研究以及对古文献的考证，于1937年曾提出一个很有趣的见解。他认为在远古时代，人类的主要食物原是肉类，至于农业的开始乃是为了酿酒。他说，我们的祖先种植稻和粟黍的目的是做酒而不是做饭，吃饭乃是从吃酒中带出来的。他的这一见解虽然未能为大家所接受，但是这一见地对后人是有启迪的。他所说的远古时代，吃酒是连酒糟一起吃的是合乎历史事实的。

原始的果酒和奶酒，充其量只能说带点酒味的果汁或果浆和发酵奶。远古时期的谷物酒也强不到哪里。当时的人们将发芽或发霉的谷物泡浸在水里，一般只经过很短时间（一宿至几天），发酵的程度是有限的，故酒度很低。假若发酵时间长一点，由于发酵的条件不好掌握，极易酸败。酒度低，人们就可以像喝普通饮料那样大量喝。又由于粮食的珍贵，人们在喝酒液的同时，对略有甜味的酒糟也是要一起吃掉。连酒糟一起吃，在当时不仅节约，而且也较可口。当时烧、烤、煮等谷物加工方式大都是十分简陋，保存熟或半熟的谷物更是乏术。将谷物酿造成酒，可能是简便而有效的方法。客观的条件和环境将吃饭与吃酒统一起来，人们何乐而不为之。再者当时吃酒的目的与当今人们饮酒的观念是有一定差异的，远古的人们吃酒不仅能暖身饱肚，而且还能兴奋精神，舒畅身体。综上所述，远古时期很可能将吃酒当作吃饭的一种方式。当时酿酒技术尚在初始，酿出较好的酒的几率是很低的。这样才能产生像仪狄、杜康这样的酿酒高手。

为了表示对祖先的尊重和对鬼神的敬畏，在祭祀仪式上，人们总是供奉最好的食物。酒很自然成为必不可少的供品。这种社会需求必定也会促进人们对酿酒技术的探索，促进酿酒技术的发展。事实上，作为供品的酒，除部分会被洒在地下，大部分在仪式之后，成为主持祭祀的头人的饮品。这就造就了商周时期出现了事酒、昔酒和清酒。酒作为供品对酿酒技术的推广、交流必定能起促进作用，这也应该是历史的事实。

总之酿酒技术在远古时期的起源和发展，是当时社会生产力发展的必然结果，是人类在改善和提高自己生活质量的奋斗中的重要成果。依据考古发现和科学的推理，中国先民在仰韶文化时期已学会了采用谷物的酿酒技术。他们是模仿自然界存在的水果、谷物的发酵现象而学会的。为了让后人对这一发明过程更加信服和尊重，人们才塑造出像仪狄、杜康一类的发明者。杜康已成后世社会流传的酒神，供人崇敬。

（二）从酒具到"酒"字

一旦酒作为重要的食品或饮料进入人类的生活，饮酒、储存酒的器皿便应运而生。据分析，最早被当作酒具的应是动物的角。古代的酒具，如爵、角、觥、觯、觚等，或在字音上，或在字形上都与动物的角相关，可以说明这种情况。早期的酒大多是酒浆和酒糟的混合体，呈糊状或半流质，使用动物角不仅容量有限，而且也很不方便，所以很快改用陶制酒具。陶器中的盆、罐、瓮、钵、碗都可以当作酒器。在距今五六千年的新石器时代晚期，特意设计作为酒器的陶制品开始出现。发展到铜石并用时代，陶制酒器的种类迅速增加，组合酒器的雏形逐渐形成。罐、瓮、壶、鬶、盂、碗、杯等，有的专司存，有的专司饮。酒具组合群体的发展，也从一个侧面反映了酿酒业的发展和地位，同时也展示了不同的地区的文化特征。商周时期的酒具又发展到一个新的水平，迅速崛起的青铜冶铸业，使精美的青铜酒器成为权贵和财富的象征。贮酒用的尊缶、鉴缶、铜壶等，盛酒用的尊、卣、方彝、觥、瓮、瓿、罍等，饮酒用的爵、角、觚、觯、杯等组合青铜酒器的发展，充分反映了当时酿酒业的发达和饮酒风的炽盛。据分析，这些式样繁多的酒器大致可以分为适用于液态清酒的小口容器和适用于带糟醴酒的大口容器两大类。

35

虽然制陶技术尚在进步，仰韶文化时期还没有较大型的缸、瓮之类陶器，但是在半坡遗址中还是出土了不少质量很好的泥质陶和砂质陶，其中就有盛水的平底瓮、小口壶、漏斗等陶制品。特别是那种小口尖底瓮，其外形整体呈流线型，小口尖底，鼓腹短颈，腹侧有两耳。大者高60厘米，小者有20厘米。

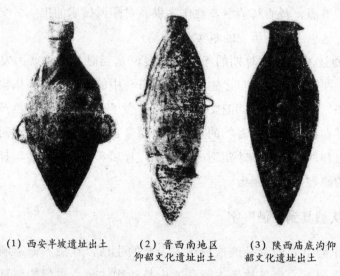

(1) 西安半坡遗址出土　　(2) 晋西南地区　　　(3) 陕西庙底沟仰
　　　　　　　　　　　　　仰韶文化遗址出土　　　韶文化遗址出土

图1-13 仰韶文化遗址出土的小口尖底瓮

许多学者曾认为它是一种盛水器，既方便汲装井水，又便于携带而不洒水出瓮，还可架起来用于煮水。从古巴比伦和古埃及、古希腊酿制葡萄酒和麦芽酒的器具中看到大量的这类小口尖底瓮，笔者得到启示，在仰韶文化时期，中国的先民曾用过这种小口尖底瓮酿酒。从酿酒角度来看，由于早期的酒，酒精度都是极低的，防腐酸败是酿造技术的突出问题，小口尖底瓮可以减少空气的接触面积，即可减少酒精氧化变酸的可能性，当装满酒而加木塞后，则可以杜绝空气的直接接触。再者细长的瓮体便于谷物的发酵和渣滓的沉降，尖底部分可以有效地集中沉淀物而有助于酒的澄清和吸收。有酒共饮是氏族社会的习俗之一，用细管吸饮则是共饮的一种常见方式。中国部分少数民族仍保留的吸饮方式已作为欢度节庆的一种特有的民俗。由此可推测这类小口尖底瓮在中国古代也曾被用作酿酒。

图1-14 古希腊遗址中的酒库和酒缸

图1-15 用吸管饮酒的叙利亚人
（古代壁画）

图1-16 傣族人共饮竹竿酒

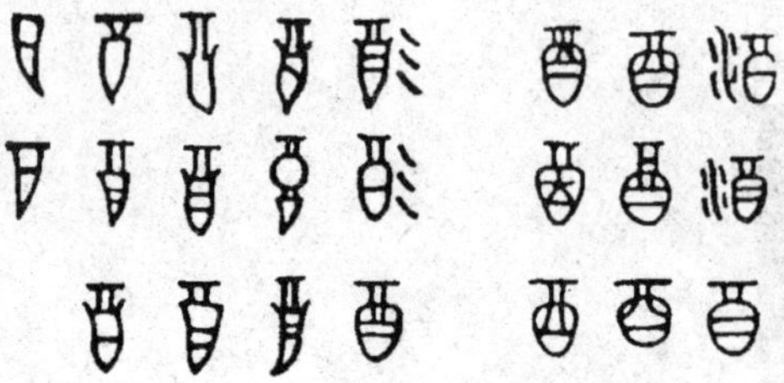

最早出现的文字大多是象形文字，汉字也不例外。甲骨文和钟鼎文属于早期的汉字，甲骨文和钟鼎文的中的"酒"字几乎都是小口尖底瓮的形象，即"酒"字曾用酿酒容器来象形，由此可以推测小口尖底瓮与酿酒的关系。

图1-17 甲骨文和钟鼎文的"酒"字

甲骨文、金文为后人研究商周文化提供了可靠的资料。在已发现的甲骨文或金文中，"酒"可能是一个较常使用的字。它的象形文字如图1-17所示，有多种形式。从这些象形文字的变化来看，当时的酒字还没有最后定形。

金文中不少酒字也都与酋字相近。进一步地比较还可

图1-18 甲骨文和钟鼎文的"酋"字
（摘自袁翰青《中国化学史论文集》）

能看到，酒字又与酋字有着密切的联系，可推测"酋"最初的含义是造酒。《说文解字》对"酋"的解释是："酋，绎酒也。从酉，水半见于上。礼有大酋，掌酒官也。"《礼记·月令》称监督酿酒的官为"大酋"，设官管理表明，在周代酒的生产和供应颇受重视。

从酋字与酒字的关系中已能看到酿酒在古代社会生活中的重要地位。实际上在甲骨文、金文中还有许多与酒相关的文字，它们也都能说明在商周时期，饮酒现象已较普遍，酿酒业也很发达。反映了自西周初年至春秋中叶（约公元前11世纪～公元前6世纪）时代生活的我国第一部诗歌集《诗经》里，有诗305篇，直接写到酒的有20多篇。有的以饮酒表达爱情生活，有的是庆贺丰收的喜悦，有的写祭祀和招待宾客的活动，还有的则描述一些重大的庆典。总之，充分体现了酒在社会生活中的重要地位，也反映了人们对酒的喜爱和尊崇。

（三）先秦时期的醴、鬯、酎

先秦时期通常指中国历史上秦代以前的夏、商、西周、春秋战国时期，

这是中华文明发展的重要时期。中原地区的龙山文化，早期属于父系氏族原始公社，晚期与夏代相映交错。从大量的考古资料可以证明龙山文化时期的社会生产力较之仰韶文化有了新的发展，收获的粮食也增多了，酿酒的物质条件更殷实了，酿酒技术在部落内外也会有进一步的推广。浙江余姚河姆渡文化遗址出土了数量相当可观的稻谷遗物，颗粒完整，较野生稻大些，证明它是人工栽培的籼稻。这些史实表明在7000年前那个时期，稻米已成为南方许多居民的主食之一。

图1-19 浙江余姚河姆渡文化遗址出土的稻谷遗物

稷和黍则是先秦时期北方居民的主食，两者的差异仅在于成熟后籽实的性质不同。不黏或粳性的为稷，黏性或糯性的为黍。黍具有易于分解的支链淀粉和微生物繁殖的各种营养成分，较之稷更适宜用作酿酒原料，因此得到广泛栽培，成为先秦时代北方地区的主要酿酒原料。在夏纪年的范围内，考古工作者还发现了一些有谷物遗留物的遗址都可证明当时已有谷物酿酒了。在殷商甲骨文中，"黍"字出现竟达300次以上，较之"稷"的40余次多许多。

《礼记·明堂位》中写道："夏后氏尚明水，殷尚醴，周尚酒。"表明在不同时期，祭祀等礼仪上必用酒，但酒的内容是不同的。《礼记·礼运》中写道："玄酒以祭……醴盏以献……玄酒在室，醴盏在户，粢醍在堂，澄酒在下。"孔颖达疏云："玄酒谓水也，以其色黑谓之玄。而太古无酒，此水当酒所用，故谓之玄酒。"每祭必设玄酒，但是人们并不喝它。醴盏即是指醴齐和盎齐，陈列在室内稍南的地方。粢醍即缇齐，也是一种酒，以卑之故，陈列靠南近户而在堂。澄酒即沈齐，也是一种酒，陈列在堂下。在祭祀中各种酒的安放位置和作用是不同的。玄酒既然是水，为什么要冠以酒名，并陈列在祀堂的显著位置？《礼记·乡饮酒义》中说："尊有玄酒，贵其质也。""尊有玄酒，教民不忘本也。"其意思是太古时期，有些时候或有些地方没有酒，在礼仪中，人们是以水代酒，并给此水冠以玄酒之称。这样做是因为此水贵在其质，教人们不要忘本。

对玄酒的一段讨论有助于对"夏后氏尚明水"的理解。"殷尚醴，周尚酒"进一步反映了一个基本事实：人们对酒品的要求和祭祀礼仪上用酒一样是向着提高醇度方向而变化的，这正是先秦时期酿酒技术的提高和酿酒业发展的方向。

根据文献资料的大致清理，夏商周至少有以下被归划为酒的名目：醴、鬯、酎、三酒（事酒、昔酒、清酒）、四饮（清、医、浆、酏）、五齐（泛齐、醴齐、盎齐、缇齐、沈齐）及春酒、元酒、醪等。酒名还有一些，因太多重复，这里不一一列出。对这些酒的名目的考察，不难看见人们对酒的认识和酿酒技术的发展，还反映了人们对酒的喜爱和取向。

在商代及之前，醴是最受器重的酒，也是最早用于祭祀的酒。在甲骨文中，豊，就是指醴。《说文解字》谓："醴，酒一宿熟也。"《释名》里说："醴，齐醴体也，酿之一宿而成，体有酒味而已也。"《尚书·商书·说命（下）》明确指出："若作酒醴，尔惟曲蘖。"就是说若要制酒，只能依靠曲和蘖。古代一般情况是用曲造酒，用蘖来制醴。蘖即是谷芽。由此可见，醴应是一种以蘖为主，只经过一宿的短时间发酵，略带有甜味（含少量麦芽糖），酒味很薄的酒。上面介绍的西安半坡遗址中发现的较浅的灰坑，据分析推测它很可能是当时用于制取谷芽的发芽坑。这些谷芽大概主要用作生产谷芽酒即醴的原料。其实古代制作谷芽的方法还有一些，例如把洗淘过的谷物放在皮囊中，不时泼水保持湿度和温度，谷物就会发芽。对于谷物发芽，此方法可能比土坑发芽更好。

制取醴的第一道工序是制造谷芽。谷芽的生长主要掌握好温度和湿度。对此古人在实践中可以体验而逐渐掌握。谷芽的淀粉酶以在30℃发芽者居多，约为22℃发芽的2倍。因此在气温较高的夏天，谷物发芽快而质量好。制造醴的第二道工序是让发芽的谷物发酵制酒。酒化的温度则不能太高，太高了易变酸，还不能广敞在空气中，空气中有杂菌。因此上述小口尖底瓮应是一个很合适的酿酒器具。实际上，当时用于酿酒的器具，开始时主要是陶瓷之类，商周时期又大量使用青铜制的瓮和罐及盆之类的器具。阻绝大量空气接触的办法是器具加盖。此外，人们还可以通过将发芽的谷物风干储存，这样就可以随时（包括冬天寒冷时节）都可以制取醴了。随着酿酒技术的提高，特别是用曲酿酒技术的推广和发展，相形之下，醴较之用曲酿造的酒，酒味太淡了，虽有甜味，吃起来就不如酒那么刺激，而且其他带甜味的酒料也较多。于是到了周代以后，特别是战国时期，人们的发酵技术有所提高，已掌握了较长时间发酵技术，可从容地生产酒，而不再用一宿的短时间酿制酒味淡薄的醴了。这就是宋应星所说的："古来曲造酒，蘖造醴，后世厌醴味薄，遂至失传，则并蘖法亦亡。"宋应星的最后一句话实际上欠考虑。蘖法制醴虽然在许多地区失传了，但是蘖法并没有亡，笔者获知蘖法制酒至今仍在陕北农村存在。汉代起，人们利用制蘖的技术，用蘖为糖化剂来制造饴糖，蘖法逐渐成为生产糖品的主要技术。

《礼记·内则第十二》："饮（饮目，诸饮也），重醴。稻醴清糟，黍醴清糟，梁醴清糟，或以酏为醴。"这段记载的意思是当时的诸多饮料中有稻、黍（即今黏黄米）、梁（可能是糯粟或高梁的一种）为原料而制成的醴。当时称醨（以筐滤酒）者为清，未醨者为糟，以清与糟相配重酿云重醴。酿粥为醴者则叫作酏。由此可见，当时的醴因原料不同，有无过滤加工及加工原料的方式不同而有多种醴。无论是哪种醴都由于发酵时间短而酒味淡。这是醴遂被淘汰出酒品队伍的主要原因。

用曲酿酒的技术与用蘖制醴的技术有点不同。假若用带壳的谷物为原料，在适当的温度和湿度条件下，根据掌握的手段，要么全部生成谷芽，要么生成谷芽和发霉谷物的混合体。两者都可以制酒，不同的是人们将前者制成的酒称作醴，后者制成的称作酒。还有另一种情况，若原料不是带壳的谷物，而是去掉谷壳的臼成米，或生或新的谷物，那么只能是发霉而不会长芽。粟、黍与稻谷、大小麦的情况不一样，因为它们籽实裸露的状况不一样，这些区别使制曲的技术更为多样和复杂，为此人们必定经过了冗长的摸索。

无论是黍还是稻，其加工方法不外乎舂之磨之，以省咀嚼。烹饪方式主要是煮、炒、蒸，以助消化。上述谷物的加工方式都为将谷物制成曲提供了方便。无论是生的或熟的加工过的谷物，在控制一定的温度和湿度条件下都可以制成曲。曲实际上是微生物繁殖后含有糖化酶和酒化酶的粮食。用曲酿制的酒，显然酒精的含量会比醴高。由于在远古时期，制蘖的工艺较制曲的工艺简单，易于掌握，故醴的出现会比曲酒早。可是当人们熟练地掌握了制曲技术后，人们就会生产较多的曲酒以替代醴。

1974年在河北省藁城台西村商代遗址，发现了商代中期的造酒作坊，出土了一批酿酒用食材及酒器。它是一座建在夯土台基上的两间没有前墙的屋子，室内面积约36平方米。作坊中出土了陶瓮、大口罐、罍、尊、壶等酒器，其中一只大陶瓮内存在8.5千克灰白色水锈状沉淀物，经中国科学院微生物研究所鉴定为发酵酒挥发后的残渣，其主要成分为死亡的酵母残壳。这是曲酒中的天然酵母载，由于年代久远，酵母已死而留下的残壳。这些曲酒不是浊酒，否则瓮中的残渣就不会只有8.5千克，但这不等于当时人已大量饮用清酒。因为当时可能还没有榨酒设备。只是舀取酒醪上面清液进行简单过滤而得。这是我国目前发现的最早的酿酒实物资料。在发掘中发现，在另外四件罐中分别存有一定数量的桃仁、李、枣、牵木樨、大麻子等五种植物种子，据推测它们大概也是用于酿酒的原料。在1985年的继续发掘中，又发现在酿酒作坊附近有一个直径在1.2米以上，深约1.5米的谷物储存窖穴。其中的谷物经鉴定为粟。台西村商代酿酒作坊的完整发现，至少给我们三点启示：一是发现的人工培养的酵母和酒渣粉末，展示了商代中期的酿酒工艺和水平；二是根据酿酒的实物资料，可以推测当时除酿制谷物酒外，还可能酿制果酒和药用露酒；三是出土的酿酒设备，表明当时已有相应的酿酒器具的配套组合。

殷商时期，酿酒业有了较快的发展，其主要的表现就是以曲酿酒成为当时酿酒的主要方法。酿酒器具的大型化，特别是贵族已有专用的酿酒青铜器具，都可以证明这点。

（1）大陶瓮（出土时内存8.5千克灰白色酒渣）

（2）将军盔

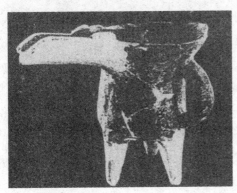

（3）陶爵

（4）陶漏斗

图1－20 河北省藁城县台西村商代遗址制酒作坊出土器物图

　　1976年从安阳殷墟发掘的妇好墓出土的440多件青铜器，有150多件是酒器，约占三分之一，觚、爵就有90余件。商代晚期，青铜酒器的品种和数量之多，在世界古代史中也是少见的。而且出土的酒器多是配套的，如一角二斝，一觚二觯，一卣二爵。最简单的是以爵、觚、斝合成一组，爵是三足有流的杯；觚是容酒器，斝是灌酒器，在这基础上扩大发展，增添了盉、尊、卣、壶、罍等中型或大型的饮酒器和容酒器。此外尚有更高级的方彝、兜觥、牺尊等容酒器。酒器的品种和数量之多，充分展示了商代奴隶主贵族对酒的沉迷，同时也反映了商代农业生产的进步和发展。1953年和1958年在河南安阳大司空村共发掘了217座墓，无论是中型墓，还是小型墓几乎都出土了觚、爵。这说明殷代普通平民墓中，觚、爵也是不可少的殉葬品，确实是富者铜觚铜爵，贫者陶觚陶爵，由此可见殷人嗜酒之一斑。

鬯，在商周时期常用作敬神祭祖仪式上的供品。《周礼·春官》记载说："王崩大肆，以秬鬯渳"，"小宗伯大肆，以秬鬯渳"。东汉学者郑玄注曰："大肆，大浴也。杜子春读渳为泯，以秬鬯浴尸。"能用秬鬯于浴尸，肯定不是一般的场合和普通的人，秬鬯必定具有某种香气或一些药用的效果。既然鬯常用于祭礼等重要礼仪，故在周代就专门设"鬯人"来管理鬯的制造和使用。《周礼·春官》写道："鬯人：下士二人，府一人，史一人，徒八人"。"鬯人掌共秬鬯而饰之"，"……大丧之大，设斗，共其衅鬯。凡王之齐事，共其秬鬯，凡王吊临，共介鬯"。这些话的意思是：鬯人掌握供给鬯酒和彝樽上的饰巾……大丧时洗浴尸体，准备好的勺子，并供给洗尸用的鬯酒。王者斋戒，供给沐浴时倒在浴汤中的鬯酒。王者吊临诸侯诸臣的丧葬，也要供给避凶秽的鬯酒。对于上述鬯，郑玄注曰："鬯，酿秬为酒，芬芳舒畅于上下也。秬如黑黍，以事上帝。"《诗经·大雅·江汉》中有"厘尔圭瓒，秬鬯一卣"的歌词。汉代学者毛亨注曰："厘，赐也。""秬，黑黍也；鬯，香草也，筑煮合而郁之曰鬯；卣，器也。"再根据构词分析，鬯可能是用黑黍加香草而酿制的一类酒，也可以推测它是最早的一类药酒。酒味不一定很浓，但要具备一定的香气，重气而不重味也。

古时的酒酒度较低，由于微生物对淀粉、脂肪、蛋白质的分解作用，酒体的营养成分也很丰富。当人们适量饮食后，由于酒精的作用，会产生浑身发热、精神兴奋、身体舒畅等良好感受。于是人们认为它具有保健医疗的作用，从而不仅把酒当作美味，而且也视作能治病的药。为了提高酒的药效，同时也是为了酿造更好的酒，古人有意识地在制曲和发酵酿酒过程中，往里添加一些药材或香料，从而丰富了药酒的种类和发展了药酒的功效。鬯就显得更加珍贵而被广泛用于某些庄重的礼仪。由于酒与医药这种特殊的关系，繁体"醫"字，从酉字就表明这点。《说文解字》就指出："酒，所以治病也，周礼有医酒。"后来，篡夺汉代皇位的王莽在其诏书中也说："夫盐，食肴之将；酒，百药之长，嘉会之好。"由于鬯酒的制作和使用，特别是它的药用功能的展示，酒被奉为百药之长。制鬯的技术，对后来的制曲和酿酒工艺都有重要影响，曾是酿酒技术发展的一个方向。

图1-21 二里头文化遗址出土的青铜爵

图1-22 青铜罍

图1-23 商代的青铜爵

图1-24 商代的青铜斝

图1-25 商代高柄杯

《礼记·月令》中写道："是月也，天子饮酎，用礼乐。"汉代学者郑玄注："酎之言醇也，谓重酿之酒也，春酒至此始成，与群臣以礼乐饮之于朝。"《左传·襄公二十二年》记道："溴梁之明年，子蟜老矣，公孙夏从寡君以朝于君，见于尝酎，与执燔焉。"《左传》的这段记载是讲述一段史实：溴梁会盟的第二年，子蟜已经告老了，公孙夏跟从寡君朝见君王，在尝祭饮酎的时候拜见了君王，并参与了祭祀。尝酎，即是用新酒于祭祀。晋代学者杜预注："酒之新熟，重者为酎。"以上记载，表明酎在当时是较珍贵的，只有王公贵族和重要的祭祀礼仪中才能饮用到。

关于酎的制法，有两种解释。许慎的《说文解字》说："酎，三重醇酒也。"清代学者段玉裁注说："用酒代水再酿造两遍而成的酒。"这是一种以酒代替水，加到米、曲中再次发酵来提高醇度的方法，从汉代的酿酒工艺中可以证明它的确是存在过。这技术应属酿酒技术的一项创新，后来曾得到推广和发展。关于制酎工艺的第二种解释，《史记·文帝本纪》提到了高庙酎，学者张晏解释说："正月旦作酒，八月成，名曰酎，酎之言纯也。"正月作，八月才成，可见发酵时间长达半年多。延长发酵期是制造酎的第二种手段。宋玉在其《楚辞·招魂》中曾写道："挫糟冻饮，酎清凉些。"可见在战国时酎已开始流行。

（四）三酒、四饮、五齐之辩

进入周朝，随着农业的繁荣，酿酒业更为普遍和发达。鉴于夏商时期因贵族酗酒造成的恶劣影响，周成王登基，辅政的周公旦颁布了禁止酗酒的政令，同时进一步加强酒类生产的管理和销售，在朝廷设置了一套机构从事此项工作。《周礼·天官冢宰》记载："酒正：中士四人，下士八人，府二人，史八人，胥八人，徒八十人。"这是管理酒类生产、政令、销售的机构编制。其中，酒正是酒官之长，酒官隶属天官。中士、下士属于中层管理官员。府是保管文书和器物的官员，史是记载史事和制作文书的官员。胥和徒都是供酒正使唤的工作人员，胥是徒的官长即领队。

关于酒正的职能，《周礼》是这样记载的："酒正：掌酒之政令，以式法授酒材，凡为公酒者，亦如之。"其意是酒正掌管有关酒的一切政令，根据造酒的方法和规格要求，拨给酒人酿酒的材料。凡是因公事饮宴所需的酒，酒正也发给酿酒的材料，让相关的官员自行酿造。酒正还具体地监督管理各种酒的生产和区分。

> 辨五齐之名，一曰泛齐，二曰醴齐，三曰盎齐，四曰缇齐，五曰沈齐。辨三酒之物，一曰事酒，二曰昔酒，三曰清酒。辨四饮之物，一曰清，二曰医，三曰浆，四曰酏。掌其厚薄之齐，以共王之四饮三酒之馔，及后世子之饮与其酒。凡祭祀，以法共五齐三酒，以实八尊。大祭三贰，中祭再贰，小祭壹贰，皆有酌数。唯齐酒不贰，皆有器量。共宾客之礼酒，共后之致饮于宾客之礼医酏糟，皆使士奉之。凡王之燕饮酒，共其计，酒正奉之。凡飨士庶子飨耆老孤子，皆共其酒，无酌数。掌酒之赐颁，皆有法以行之。凡有秩酒者，以书契授之。酒正之出，日入其成，月入其要，小宰听之，岁终则会。唯王及后之饮酒不会，以酒式诛赏。

由以上《周礼》记载可见，"酒正"不仅要注意各类酒的辨别和组织它们的生产，因为每类酒都有自己使用的场所和饮用的对象，而且酒正还要保证大王及其妻妾子女的酒的供给，保证各种祭祀礼仪上供酒的数量和配给，保证款待大王宾客及王宫侍卫和国老遗属之酒的供给。遵王之意赏赐什么酒、多少酒，也由酒正执行。在管理酒库中，酒正必须让下属对每天进出酒的品种数量计量造册。对于王和王后的饮用量不必计较，以造册中的酒的数量和质量来考核酒人的业绩，并以此作为对他们奖惩的依据。

酒人是具体掌管酒类生产的官员，据《周礼·天官冢宰》说："酒人，奄十人，女酒三十人，奚三百人。"奄应是供官吏使役的宦人（即后来的太监，除其生殖能力的男人）。女酒是没入官府的女奴之长，奚即是直接从事造酒的女奴。

酒人的具体职责是："酒人，掌为五齐三酒，祭祀则共奉之，以役世妇，共宾客之礼酒，饮酒而奉之。凡事共酒而入于酒府，凡祭祀共酒以往。宾客之陈酒亦如之。"其意思是酒人负责酿造五齐三酒，祭祀时供给酒品，并让他手下的女奴供仪式上的世妇差遣。凡是供给宾客所需酒，都由酒人派人送上。凡有事所用之酒由酒人交酒正存入酒库中；凡是小型祭祀，酒人派人送酒以保证供给，包括送给宾客之酒也照样派人送上。

另有浆人是掌管王者的六饮。"浆人，掌共王之六饮：水、浆、醴、凉、医、酏入于酒府。"这六饮也入酒库归酒正管。六饮可能是包括某些酒在内的饮料，其中水就不属于酒。此外，有郁人掌握礼仪上的各种器具（包括酒具），鬯人掌管鬯酒，司尊彝掌管祭祀降神的礼器——六尊六彝。可谓是分工明确，各司其职。特别要指出的是司尊彝，他的职责不仅在看管祭神的礼器，而且也与酒的使用有密切关系。"司尊彝，掌六尊六彝之位，诏其酌，辨其用与其实。"意思是司尊彝掌管六尊六彝所陈设的位置，诏告陈放酒品酌的方法，辨明各种尊彝的不同用处和里面所应陈放的酒。说明祭祀敬神仪式上用酒是有讲究的。"凡彝六尊之酌，郁齐献酌，醴齐缩酌，盎齐涚酌，凡酒修酌。"此段话中，对于献酌，汉代学者郑玄注："献读为摩莎之莎，齐语声之误也。（盏）煮郁和秬鬯，以盏酒摩莎之，沛之出其香汁也。"摩莎即是用手搅拌搓揉的意思。因此，郁齐献酌的意思是将煮好的郁草和入秬鬯，再加入盎齐，然后用手搅拌搓揉，使香汁完全渗入酒中，再用竹筐过滤。缩酌的缩是用茅草滤去酒的滓。醴齐缩酌即是将醴齐和进事酒，然后用茅草过滤，去其渣滓。涚酌，郑玄引前人郑众的注云："涚者，挩拭勺而酌也。"因此，盎齐涚酌也是滤酒的一种方法，只是将盎齐和入清酒，再用竹筐过滤。凡酒，郑玄注："谓三酒也。"修酌，郑玄注："修，读如涤濯之'涤'。"因此，凡酒修酌即是三酒都搀入水，再过滤。归纳起来，这段话的意思就是凡是盛在六彝六尊里的酒，尽管它们是不同的酒，但是都是经过特殊调配后，再经过滤才能用。这里不仅表明古代先人在祭祀敬神中对用酒的重视和讲究，同时也表明当时已广泛采用简单的过滤方法而获得无渣滓的酒，以示对神或先祖的尊敬。

从《周礼》的上述记载，不难看出周代酿酒业的兴旺。酒不仅已成为社会活动中重要礼仪的需要和王公贵族日常生活饮品，也开始成为平民生活的饮品。

从科学技术角度来考察，人们不禁会问，三酒、四饮、五齐究竟是不是酒？究竟是什么样的酒？它们又是怎样生产的？

先秦时期虽然没有关于酒类生产的专著，但是通过《周礼》《礼记》等文献，可以推测当时的酒品和它们的酿造技术。

《周礼》中关于三酒四饮五齐的记载中，关于三酒，东汉经学家郑玄和唐人贾公彦及其他一些人都对三酒作过注释。汉人郑司农（郑众）云："事酒,有事而饮也;昔酒,无事而饮也;清酒,祭祀之酒。"所以,事酒指为某件事临时而酿的新酒,主要供祭祀时执事的人饮用。因为它随时可以酿制,所以是新酒。郑玄注:"事酒,酌有事者之酒。"郑众和郑玄的看法是一致的。关于昔酒,唐代学者贾公彦说:"昔酒者,久酿乃熟,故以昔酒为名,酌无事之人饮之。"这无事之人指的是在祭祀时"不得行事者"。由此可见昔酒是一类酿造时间较长的酒。冬酿春熟,酒味较浓厚的酒。事酒的酒度很低,所以供祭祀时执事人饮用,不易醉。而祭祀时不是执事的人,喝酒度稍高的酒,即使醉了也不碍事。清酒,郑众说:"清酒,祭祀之酒。"这酒应该是较好的,一般是头年冬天酿制,第二年夏天才成熟。酿造时间比昔酒更长,酒味也比昔酒更为醇厚、清亮,而且还必须是经过滤去渣滓的酒。三酒明确指酒,后人好理解。它们之间的差别主要在于酿造时间的长短和酒味的厚薄。

"四饮"是不是酒,后人就需要作进一步探讨。当时的饮料肯定有很多,专供给王者的四饮想来必定是有讲究的。它和三酒一样,不归酒正造,但归酒正负责辨别它们的成分厚薄。据分析,清,很可能是五齐之中的醴齐,经过滤去糟后制成的清酒,酒度低得接近于甜水。医,是将蘖曲投入煮好的稀粥里,经短时间发酵而制成的醴。这种醴由于粥较稀,因此较五齐中的醴齐稀而清,无须过滤即可饮用。浆,唐代学者贾公彦注:"浆亦是酒,米汁相载,汉时名截浆。"清代孙诒让进一步注释说:"截浆同物,盖酿糟为之,但味微酢耳。"贾思勰在《齐民要术》中记载一种寒食浆,说它是用熟饭做成的,就是汉代的截浆。综上所说,浆可能是用熟饭为原料,加米汤后发酵而榨取的汁,既有点酒味,又有点酸味。酏,汉代学者郑玄注:"酏,今之粥。"既然是酿酒用的稀粥,有没有加曲蘖发酵,不得而知。但是酏字有酒旁,当时将其列为酒类,肯定与酒有关。由以上分析来看,四饮主要是类似粥一样的发酵液,较稀薄,酒味也较淡,故可作为常用饮料。

关于"五齐"的认识,有两种看法,一是《周礼》的传统注释者。他们认为:古代按酒的清浊及味的厚薄分为五等,叫五齐。五齐都是味薄,有滓未经过滤的酒,大都用于祭祀。汉代学者郑玄就说:"齐者,每有祭祀,以度量节作之。""齐"即是造酒中米、曲、水火的控制状况。郑玄又注:"作酒既有米曲之数,又有功沽之巧。"唐人贾公彦疏:"谓米曲多少及善恶也。""作酒既有米曲之数者,谓此为法式也。云又有功沽之巧者,谓善恶亦是法式也。""法式"，就是指酿酒的方法和技术要领，不仅要知道原料的配给，还要了解酿造过程中的变化，因为掌握法式的好坏，直接影响酒的质量。关于"五齐"，郑玄在《周礼》的注疏中作了以下解释："泛齐，泛者，成而滓浮，泛泛然，如今宜成醪矣。""二曰醴齐者，醴体也，此齐熟时上下一体，汁滓相将，故各醴齐。"三曰盎齐，"盎犹翁也，成而翁翁然，葱白色如今酂白矣。"四曰缇齐，"缇者成而红赤，如今下酒矣。"五曰沈齐，"沈者，成而滓沉，如今造清矣"。据郑玄的解释不难看到，当时的人们是依照发酵醪五个阶段所发生变化的主要特征而将它们分列为五种酒。这一方面展示了他们对发酵酿酒过程的仔细观察，另一方面也表明当时一些糊涂观念。其实，只要仔细观察和剖析我国传统黄酒和日本清酒的生产发酵过程，就会发现，《周礼》所说的五齐完全符合生产黄酒或清酒的复式发酵现象的客观描述。中国化学史家袁翰青曾明确地指出：五齐是指发酵酿酒过程的五个阶段。认为第一段阶泛齐，指发酵开始，醪醅膨胀，并产生二氧化碳，它使部分醪醅冲浮于表面。第二阶段醴齐，是指在曲蘖的引发下，醪醅的糖化作用旺盛，逐渐有了像醴那样的甜味和薄酒味。第三阶段盎齐，是指在糖化作用的同时，酒化作用渐渐旺盛，并达到了高潮。发酵中产生了上逸的二氧化碳气泡，并发出声音，这时的酒醪液呈白色。第四阶段为缇齐，这时发酵液中的酒精含量明显增多，同时，蛋白质生成的氨基酸与糖分反应生成色素，溶解于酒精中，从而改变了发醪液的颜色，呈现出红黄色。我国传统生产的发酵原汁酒大多呈现红黄色就是由此而来，故命名为黄酒。第五阶段沈齐，这时节发酵逐渐停下来，酒糟开始下沉，上部即是澄清的酒液。这是运用近代的酿酒知识来审视五齐，应是合理的。

对照古人和近人的不同解释可以看出，古人对酿酒发酵过程的描述是生动、细微的。酒正的辨五齐之名即是要求熟悉发酵过程的五个阶段的变化现象来掌握、考察酒人是否按法式来组织生产。尽管古人把发酵过程五个阶段的半成品分别称为不同的酒，有欠科学，但是，它还是从一个侧面表明当时的酿酒生产技术已达到一定水平。

从上古时期对上述酒品的介绍分析，不难看出当时酿酒技艺还很不成熟，所以人们还只是根据在酿酒实践中的有限经验，依据原料的不同、加工方法的差异、酿酒发酵的程度和用途的不同，来对酒进行分类和命名，甚至把一些中间产品和加工过程、特征都当作酒品来命名，导致分类和命名有许多重叠，既不规范，也不科学。

四、遵从自然的"六必"

古代人们常饮食的酒主要是醪醴之类。醪，"汁滓酒也"，即浊酒，醴，"未沛之酒也"，沛即酾，意即使清。古代最常用以分离酒液与糟的方法是采用茅草过滤。这种过滤方法显然得不到较澄清的酒。所以饮的酒不是浊酒，就是连酒糟一起吃。《楚辞·渔父》里说："众人皆醉，何不铺其糟而歠（饮也）其醨。"糟和醨皆是酒滓，说明当时吃酒确实是将酒糟一起吃掉。当时的酒大多是醇度极低的，酒精度可能不比当今的啤酒高，所以人们能海量饮酒。在饮酒即是吃饭的观念引导下，人们节制食酒确是较困难，当时制约食酒的关键在于粮食富足与否，对于一般百姓的确是个问题，对于权贵们则不成问题，所以贵族们大多是嗜酒成风。

总之，先秦时期的酒品种类很多，例如三酒、四饮、五齐等，它们都是以蘖或曲为发酵剂而酿成的低度的发酵原汁酒。那时的酒已取代了水作为礼拜神仙或祖先的祭品。当时的王室贵族的饮酒是讲究场合，并有一定的规范和礼仪的。当酒品从祭坛上走下来，从贵族家走出去而进入千家万户后，酒开始从一类神秘的饮品演进为表现民俗的必备之物和许多文化活动或抒张精神状态的载体。伴随着饮酒功能的扩伸，必定会促进酿酒技术的发展。

（一）曲蘖的早期发展

《尚书·商书·说命（下）》里说："若作酒醴，尔惟曲蘖。"表明商代时人们已清楚地认识到曲蘖在酿酒中的决定作用，而且既表明酿酒技术的发展对曲蘖技艺的依赖关系，也表明这时期曲、蘖已分别指两种东西，用于酿酒和制醴。从谷物偶然受潮受热而发霉、发芽形成天然曲蘖，到人们模仿这一自然过程而有意识地让某些谷物发霉生芽制成人工曲蘖，这是制造曲蘖的开始。当人们进而采取适当操作使谷物仅发芽为蘖或仅发霉为曲，分别制得蘖和曲，并了解了它们在酿酒作用上的差别，从而能够将蘖和曲分开并且单独使用，这应是酿酒技术和制曲技术的一大进步，是认识上的一大飞跃。

制曲可以采用不同的谷物为原料，又在不同的工艺条件下制成不同种类酒曲，这就逐渐丰富了酒曲的种类。人们通过实践逐步认识和筛选出制曲的最佳原料及其配方，这当然是制曲技术的又一重要发展。用于制曲的谷物，可以是整粒，也可以是大小不等的碎粒；可以是预先采用水蒸煮或焦炒使之成为全熟或半熟的谷物，也可以是生的谷物。通过实践和比较，对制曲原料的预加工及预加工的方式和程度有了更深入的了解，也进一步丰富了酒曲的品种，并提高了酒曲的质量。以上这些酒曲制造技艺的进步，大体是在商周时期完成的。

《左传·宣公十二年》里记载了一段对话：申叔展（楚大夫）问还无社（萧大夫）："有麦曲乎？"答曰："无。""有山鞠穷乎？"答曰："无。"叔展又问道："河鱼腹疾，奈何？"答曰："目于眢井而拯之。"这段对话表明当时已使用麦曲，而且麦曲还被用来治腹疾。麦曲的利用表明它和蘖在当时已经区分为两种明确不同的物料，而且酒曲也因采用不同的原料而有进一步的区分。麦曲称谓的出现说明当时酒曲已不止一种。

《楚辞·大招》里有"吴醴白蘖"之说，这话一方面表明吴醴在当时已很有名气，另一方面也说明曲和蘖已区分开。蘖中既出现了白蘖，可以推想蘖也有很多种。白蘖的制成又表明当时在制蘖工艺中，人们已能控制使谷芽中只有较少霉菌繁殖，或只使白色蘖芽生成，而在一般情况下蘖必然会呈现黄、白、绿等多种颜色，而不是白色。只有在绝对避光的条件下才能制得白蘖。《周礼·天官·内司服》记载："内司服掌王后六服，祎衣、揄狄、阙狄、鞠衣、展衣、缘衣、素纱。辨外内命妇之服，鞠衣、展衣、缘衣、素纱。"郑玄注曰："鞠衣，黄桑服也，色如鞠尘，像桑叶始生。"这说明当时在制鞠时，从鞠上落下的尘粉也呈幼桑叶的黄色。由此可知，当时的鞠仍是颗粒状的散曲，否则不会落鞠尘；而且那时在鞠上繁殖的霉菌主要是黄曲霉，假若不是当时技术已有一定水平，就会有其它霉菌侵入，就不可能只生成单一的黄色孢子，落下黄色的鞠尘。这些记载部分地反映了当时制曲技艺的进步。而制曲技艺的发展是酿酒技术发展中的重要组成部分。

（二）酿酒技术的古六法

有关先秦时期的酿酒技术的文献很零散，而且不多。王室既然有专门的酿酒机构和管理人员，因此，有关管理的技术规范就集中反映了那时的技术水平。《礼记·月令》主要是按月记载当时天子的活动以及重大农事活动。在仲冬就有一段关于酿酒活动的记述："乃命大酋，秫稻必齐，曲蘖必时，湛炽必洁，水泉必香，陶器必良，火齐必得，兼用六物，大酋监之，毋有差贷。"郑玄注："酒熟曰酋，大酋者，酒官之长也，与周则为酒人。"通过这简短的记述可知王室酿酒生产的季节和技术要求。初冬是酿制发酵酒的最佳季节，我国历来酿制黄酒的最佳季节都选在秋末冬初。在这季节，谷物收成了，气温也较适宜酿酒，于是天子下令掌握酿酒的长官开酿。酿酒的技术要求非常严格，其工艺可概括为上述的六句话。具体解释如下：

"秫稻必齐"是对制酒原料的要求。郑玄曰："秫稻必齐，谓熟成也。"意即选用成熟的秫稻，这里值得探讨的是"秫稻"。这里"秫"字的含义通常有三种：一是如《说文》中所指的"秫，稷之黏者"是指黏谷子；二是指高粱；三是指糯米。笔者认为"秫稻"应是两种谷物：黏谷子及稻米。

"曲蘖必时"，是对曲蘖的要求。"曲蘖必时者，选之必得时"。必，就是曲蘖的生产应按时妥善进行。限于当时科学技术水平，制曲质量受季节、气温影响甚大，因而强调制曲时间是完全必要的。

"湛炽必洁"，郑玄注曰："湛渍也，炊也。谓渍米炊酿之时必须洁净。"即浸渍米，蒸煮成饭，水和用具都必须保持清洁。总之，在原料处理时务必清洁。

"水泉必香"，是对酿酒用水的要求。"水泉必香者谓渍曲，渍米之水必须香美。"当时井水有苦水及甜水之分，苦水即含碱量较高，味苦，不宜用作酿造水，正如《齐民要术》所讲以河水最佳，所以水泉必香这点要求在当时具有重要意义。另外，从"渍曲渍米"可以推知，在周人酿酒时的曲处理方法可能是渍曲法。

"陶器必良"，是对酿酒器具的要求。"陶器必良者，酒陶瓮中，所烧器者必须成熟，不津云"。由此可以看出当时的人们已认识到陶瓮是较好的发酵酿造用容器，直至今日，烧结成熟，而无渗漏现象的高质量陶器仍是较好的贮酒器。例如在周代，印纹硬陶就可以制成贮酒器。

"火齐必得"是对酿造中温度的要求。"火齐必得者，谓酿之时生熟必宜得所也。"意即酿造时火候必须适当，既不能不足，也不能过火。火表现在温度上，品温既不能低也不能过高。现在制曲术语中有"起潮火""大火"

"后火"等叫法，就反映了人们在酿造过程中对掌握温度的重视。

"兼用六物，大酋监之，毋有差贷。"郑玄曰："物事也，差贷谓失误，有善有恶也。"如兼备以上六件要点，在掌管酿酒之官大酋监督指导之下，就不会发生失误，从而保证了酒品的质量。

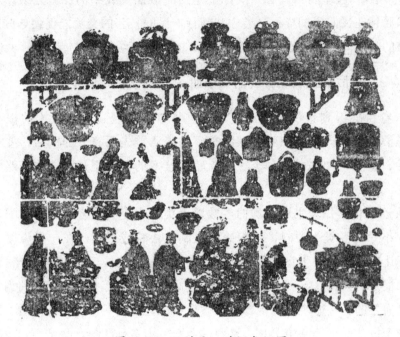

图1-26 石刻画：酿酒备酒图

图分三栏，上栏是一排盛酒的酒瓮，中栏是将酒装入瓮，
下栏是描绘酿酒过程。

(河南密县打虎亭1号汉墓东耳室出土)

总括以上所讲，上述的六项技术元素，确实构成了酿酒技术管理核心，非常中肯。后人尊之为酿酒"古六法"。它不仅是传统酿酒工艺规范，为人们所奉行，而且其细节内容不断地为后人所丰富，促进了酿酒业的发展。近代山西汾酒厂所总结的酿酒七条秘诀："人必得其精，水必得其甘，曲必得其时，高粱必得其实，器具必得其洁，缸必得其温，火必得其缓。"实际是"古六法"的继承和发展。"古六法"不仅反映出当时酿酒技术水平，而且它对后世产生深刻影响。

五、媚奏——一次先进技术的推广

王室酿酒管理的"六必"实际上是当时酿酒实践中的经验之谈。这些酿酒技术要领在民间也同样得到遵守和施行，民间技艺的交流能促使这些规范成为大家的共识，整个酿酒技术就是在这样的背景下缓慢地发展。

（一）从散曲到块曲：大曲和小曲

从春秋战国到秦汉，酿酒技术的进步首先表现在制曲技术的提高。长期的酿酒实践使人们认识到，酿制醇香的美酒首先要有好的酒曲；要丰富酒的品种，就要增加酒曲的种类。中国酿酒技术的发展正是沿着这条路线前进的。

从近代科学知识来看，酒曲多数以麦类（小麦和大麦）为主，配加一些豌豆、小豆等豆类为原料，经粉碎加水制成块状或饼状，在一定温度、湿度条件下让自然界的微生物（霉菌）在其中繁殖培育而成。其中含有丰富的微生物，如根霉、曲霉、毛霉、酵母菌、乳酸菌、醋酸菌等几十种。酒曲为酿酒提供了所需要的多种微生物的混合体。微生物在这块含有淀粉、蛋白质、脂肪以及适量无机盐的培养基中生长、繁殖，会产生出多种酶类。酶是一种生物催化剂，不同的酶具有不同的催化分解能力，它们分别具有分解淀粉为糖的糖化能力，变糖为乙醇的酒化能力及分解蛋白质为氨基酸的能力。微生物就是凭借其分泌的生物酶而获取营养物质才能生长繁衍。若曲块以淀粉为主，则曲里生长繁殖的微生物多数必然是分解淀粉能力强的菌种；若曲中含较多的蛋白质，则对蛋白质分解能力强的微生物就多起来。由此可见，曲中的菌系是靠后天通过逐次筛选而培育成的。不同原料的不同配比会对曲中的菌系乃至曲的功效产生影响。曲的不同功效则会进一步影响酿造过程和结果，因为酒曲的质量决定酒品的质量。

传统酒曲的制造大多是在春末至仲秋，即伏天踩曲。因为这段时间的气候最适宜霉菌的繁殖，而且也比较容易控制培菌的环境。酒曲质量的好坏，主要取决于曲坯入曲室后的培菌管理。在调节好曲坯本身的配料、水分及接入曲母后，调节好曲室的温度和湿度及通风情况是很关键的，它必须有益于微生物的繁殖。制好的曲还应贮藏陈化一段时间，最好要过夏，再投入使用。经过一段时间贮藏的曲，习称为陈曲。在传统的工艺中，非常强调要使用陈曲，这是因为在制曲时潜入的大量产酸菌，在比较干燥的环境中存放时会大部分死掉或失去繁殖能力，所以相对而言，陈曲中糖化与酒化的微生物菌种就较纯，有利于糖化和发酵，而避免酒醪变酸。先民制曲工艺经验的积累正是不自觉地遵循了这些科学道理。

从西汉时起，先民中的酒工已认识到曲和蘖在酿酒过程中有不同的功效，并以此为根据将它们区分开来。随着酿酒技术的发展，人们对提高酒的醇度愈加看重，并且开始意识到蘖与曲的酿酒效果有差异。在周代，醴尚存在。到了西汉，由蘖酿制的醴，就因人们嫌它酒味淡薄而被淘汰。这本身恰好正是制曲和酿酒技术提高的明证。从春秋战国时起，蘖便逐渐专门被用来制作饴糖，而酿酒主要采用酒曲了。

两汉时制曲方法与先秦时期比较，最大的进步反映在饼曲和块曲的制作和运用。在商周乃至春秋战国时期，酒曲主要还是以散曲形式进行生产。所谓散曲是指将大小不等的颗粒状谷物，经煮、蒸或炒等手段预加工成熟或半熟状态后，引入霉菌让它们在适当的温度、湿度下繁殖，制得松散、颗粒状的酒曲。事实上，在制曲过程中，那些发霉的谷物由于霉菌的繁殖，往往由于菌丝和孢子柄的生长繁殖而相互缠混在一起，最终获得的曲大多自然呈团块状，所以制曲生产的结果通常是散曲中裹有许多团块状的曲。这些团块状的曲就是块曲的雏形。在散曲的生产操作中，由于其温度及原料中的水分不易在发酵过程中保持稳定，因而在曲中得以快速繁殖的微生物主要是那些对环境条件要求不很苛刻的曲霉，如黄曲霉、黑曲霉等，而它们的大量繁殖则抑制了其他糖化、酒化能力更强的微生物的生长。块曲的情况则有所不同。由于原料被制成块状，团块内的水分和温度相对来说比较恒定，加上团块内空气少，较适宜酵母菌、根霉类微生物的繁殖，而不适宜于曲霉的繁殖。所以块曲具有比散曲更好的糖化发酵能力。在古代，人们根本就不知道什么"微生物"，当然就不了解酿酒中，块曲为什么比散曲好。人们只能在实践中摸索和体会。现代的微生物知识获知发酵酿酒中起主要作用的霉菌(根霉、酵母菌、曲霉)大多是厌氧微生物，即它们适宜在缺氧环境中繁衍，其代谢过程都是厌氧代谢。从这个视角来看，发酵是厌氧的糖酵解作用。因此，块曲较适宜酿酒。唯有醋酸菌将乙醇氧化为醋酸是个例外。因为醋酸菌的繁殖需要氧气介入。正是人们在酿酒的实践中，逐渐认识到块曲的酿酒能力强于散曲，从而有意识地将酒曲原料制成饼状或块状，以饼曲、块曲取代散曲用以酿酒。从用散曲发展到饼曲、块曲，是制曲技术的一大进步，也是酿酒工艺的重要发展。《说文解字》中所列的曲，大都是饼曲，可见在汉代饼曲的生产已很普遍。从此，饼曲、块曲的制造、使用及其发展成为中国酿酒技艺中的奇葩，也是中国酒（包括后来的蒸馏酒）具有独特风格的奥秘所在。

（二）曹操进呈的春酒法

《礼记·明堂位》说："夏后氏尚明水，殷尚醴，周尚酒。"这段话不见得很确切，但是它反映了一个基本事实：随着酿酒技术的提高和酿酒业的发展，人们的口味向着提高醇度方面而变化。在战国时期，经过重复发酵所得的酎较受欢迎。《礼记·月令》谓："孟夏之月，天子饮酎。"可见天子饮用的是酎，足以表明它是当时最好的酒。宋玉的《楚辞·招魂》中也有"挫糟冻饮，酎清凉些"的话。在其他文献中，酎也较常出现，在一定程度上反映了酎的发展和受欢迎的程度。传为葛洪所撰《西京杂记》谓："汉制，宗庙八月饮酎，用九酝太牢，皇帝侍祠。以正月旦作酒，八月成，名曰酎，一曰九酝，一名醇酎。"这时所记的酿制酎酒所用发酵时间达到了8个月，真若如此，不仅醇度由于多次重复发酵而高些，而且还可能采用了固态醪发酵。

为了提高醇度，汉代在酿制方法上有一项重要发展。这项新技术后来得到推广，这里还要为曹操记一功。几乎尽人皆知的诗句："慨当以慷，忧思难忘。何以解忧，惟有杜康。"这是曹操赞美酒的诗句。从这诗句，后人都认为曹操是个好酒者。事实可能如此，曹操对酒和酿酒还是有点了解。当他还不得势时，为了讨得汉献帝的欢心，曾以奏折的形式向汉献帝推荐当时的先进酿酒新技术"九酝春酒法"。可见曹操也是一个懂酒善酿之人。其实，他作为一位杰出的政治家，能审时度势，为了节约粮食支持统一战争，曾力主实行"禁酒"。为了强力推行禁酒政策，不惜杀掉公开反对禁酒的北海太守孔融。下面就曹操介绍的"九酝春酒法"，拟从酿酒技术的角度作一分析。其奏折如下：

臣县故令南阳郭芝，有九酝春酒法。用曲三十斤，流水五石，

> 腊月二日渍曲，正月冻解，用好稻米，漉去曲滓。便酿法饮。日譬
> 诸虫，虽久多完，三日一酿，满九石米止。臣得法酿之，常善，其
> 上清，滓亦可饮。若以九酝苦难饮，增为十酿，差甘易饮，不病。

"春酒"，指春酿酒。《四民月令》称正月所酿酒为"春酒"，十月所酿酒为"冬酒"。关于"九酝"，一种解释为原料分九批加入依次发酵；另一种解释为原料分多批（至少三次）加入，依次发酵。《西京杂记》则认为"九酝"与"酎"是一样的酒。《说文解字》谓："酎，三重醇酒也。"清人段玉裁解释说，酎为用酒代水再酿造两遍而酿成的酒。"十酿"是相对"九酝"而言的。由此可以认为曹操介绍的这种酿酒法，是在正月酿造，每酿一次，用水5石，用曲30斤，用米9石。三日一批，分几批加入，依次发酵。推算可知，用曲量是较少的，加入的曲主要作菌种用。由于曲中以根霉为主，能在发酵液中不断繁殖，其分泌的糖化酶将淀粉分解为葡萄糖、麦芽糖等单糖，酵母菌又将部分单糖转变成乙醇。在整个发酵过程中，不仅用曲量少，而且只加了五石水，用水量也是很少的，可以认为发酵是接近于固体醪发酵，又是重酿，所以酿制出的酒当然比较醇酽，加上根霉糖化能力强，它较之酵母菌又能耐较高的醇度，从而使酒中能保留住部分糖分，故此酒带甜味。方法的最后一句是："若以九酝苦难饮，增为十酿，差甘易饮，不病。"补充这点很重要，所谓酒"苦"，就像现在称谓的"干"酒，如干葡萄酒、干啤酒，即酒中的糖分都充分地被转化为乙醇，无甜味，会觉得略苦。再投一次米，其中淀粉被根霉分解为单糖，同时由于醪液已具有一定的乙醇浓度，抑制了酵母菌的发酵活力，已无法使新生成的糖分继续转化为乙醇，从而可使酒略带甜味。由此可见，在这种制酒法中，人们已掌握了利用根霉菌在酒度不断提高的环境中，仍能继续繁殖，产生糖化酶的特点，促使发酵醪的糖化功能高于酒化能力，终使酒液具有甜味。

九酝春酒法中，稻米为酿酒原料，所用曲很可能是小曲。因为如此少量的曲能在五石水中产生强的糖化作用，只有小曲才能达到。晋代襄阳（今襄阳市）太守嵇含所著的《南方草木状》记载了这种曲：

> 南海多美酒，不用曲糵，但杵米粉杂以众草叶，冶葛汁滫溲
> 之，大如卵，置蓬蒿中，荫蔽之，经月而成。用此合糯为酒，故剧
> 饮之。既醒，犹头热涔涔，以其有毒草故也。南人有女，数岁即大

酿酒。既漉，候冬陂池竭时，填酒罂中，密固其上，瘞陂中。至春
潴水满，亦不复发矣。女将嫁，乃发陂取酒，以供贺客，谓之女
酒，其味绝美。

唐代刘恂的《岭表录异》也记载：

南中酝酒，即先用诸药，别淘，漉粳米，晒干；旋入药和米，
捣熟，即绿粉矣。热水溲而团之，形如馎饦，以指中心刺作一窍，
布放箪席上，以枸杞叶攒罨之。其体候好弱。一如造曲法。既而以
藤篾贯之，悬于烟火之上。每酝一年（鲁迅按："年"字疑）用几
个饼子，固有恒准矣。南中地暖，春冬七日熟，秋夏五日熟。既
熟，贮以瓦瓮，用粪埽（鲁迅按："埽"字疑）火烧之。

唐人房千里的《投荒杂录》关于"新洲酒"的制曲记载，大致与《南方
草木状》类同。从这些记载可以看到，当时南方酿酒所用的曲确实不同于北方
的块曲、饼曲而别具特色，后来人们习称它为小曲。它们是以生米粉为原料，
拌上某些草叶、葛汁"溲而成团"，再使之发霉而制成。这种草包曲因为是以
米粉为原料，又加入葛汁等，在原料成分上就与北方的块曲不同，加上南方的
气温、湿度等自然环境也不一样，故曲中繁殖的菌系肯定也不同于北方，因而
用这种曲和糯米合酿出的酒，酒力较大，饮后头热出汗。据近人研究，在制曲
中加入某些草药是有其道理的：一是这些草药含有多种维生素，辅助创造了发
霉的特殊环境，能促进酵母菌和根霉的繁殖；二是使酒曲和所酿的酒具有某种
独特的风味。古代的酿酒师虽然不可能明白这些道理，但是他们在实践中，从
简单地用曲直接酿酒，发展到借助于曲同时又把某些草药的风味引进酒中，从
体会到曲中草药成分会给酒增添风味到发现曲中加入草药有助于制出优质曲，
逐步积累了经验，掌握了在制曲中应加入哪些草药，并能使酒具有什么口味等
特殊的技能。这些技术又经长期的实践鉴别和发展，至今已成为许多酒厂生产
名酒的宝贵的科技遗产。

九酝春酒法在技术上有两大特点：一是上面已讨论过的九酝即酿酒的米
饭分几次投入过滤过的浸曲酒母中，在技术上有所创新。稻米，主要是糯米的
黏性较北方酿酒原料谷子、黍米大，用后者生产酎，可用先前酿成的酒，经过
滤后再代替水入缸重复发酵，得到的酒才是酎。而黏性大的糯米在酿成酒后，
欲将酒液从醪醅中分离出来，难度就较大，于是在分批投料中，醪醅无须过

滤，就直接加入米饭，等待整个发酵完成后，才过滤取清酒。这一技术在贾思勰的《齐民要术》中称为"投"。还有一个特点是浸曲技术。文中所说的渍曲即是浸曲，它已不是单纯地将饼曲破碎，加以渍浸，而是在浸出糖化酶、酵母菌后，不断利用它进行扩大培养。这工艺就是我国古代长期应用的酒母培养法。九酝和浸曲在当时属于新技术，正是由于连续投料包含了这些新技术，所以在汉魏时期得到推广，在晋代已被普遍应用。浸曲技术还有一个问题在九酝春酒法中也已被重视。浸曲过程不仅将各种酶及酵母菌浸出，同时也会将饼曲的酸类溶出，提高了酸度有助于酵母的增殖。但是气温高时，也会有利于杂菌繁殖，因此浸曲一般选在低温季节进行较好，低温可抑制杂菌污染。九酝春酒法选在腊月浸曲就较好。

　　九酝春酒法的推广也遇到了一个好的时机。三国魏晋南北朝时期，禁酒无长势，好酒者大有人在，与酒相关的故事广为流传。例如，"曹操煮酒论英雄""温酒斩华雄"等。医药家、炼丹者都对酿酒感兴趣，甚至把许多酒当作良药。那位篡夺汉朝皇位的王莽就说"酒是百药之长"，可见王莽对酒的痴迷程度。

　　东晋炼丹家葛洪在《抱朴子·内篇》中也讨论起酿酒技术，说："犹一投之酒，不可以方九酝之醇耳。"投，即投字，用于饮食酿造者。投酒即将酒再酿之意。所以葛洪讲，只酿一次的酒在醇度上当然不能与九酝之酒相比。在晋代，酒的优劣是以投料多少次来判定的。以近代微生物工程知识来看，这种九酝春酒法可谓近代霉菌深层培养法的雏形。

图1-27 被后人奉为炼丹祖师爷的葛洪画像

六、贾思勰笔下的酿酒技术

　　两汉至魏晋南北朝时期酿酒技术在稳步的发展中，记载最为翔实、可靠的史籍当属后魏贾思勰撰写的《齐民要术》。这部著作不仅是中国现存最早、最完整的农学名著，也是世界农学史上最有价值的历史名著之一。下面就贾思勰关于酿酒工艺的记叙从技术史角度做一番剖析。

（一）神曲和笨曲

贾思勰已清楚地认识到，制曲在酿酒工艺中的关键地位，所以在介绍诸种酿酒法时，必先介绍其相应的制曲法。他把酿造原动力的微生物称作"衣"，并把制曲归纳起来作了专门的叙述，表明他的见识是很卓越的。

《齐民要术》着重介绍了当时的9种酒曲。从原料看，有8种用小麦，1种用粟（汉以后，粟指今小米）。8种小麦曲中，有5种属神曲类，2种为笨曲类，1种为白醪曲。无论是神曲或笨曲，都被制成块状，都属于块曲。一般笨曲为大型方块，神曲为小型圆饼或方饼状。所谓"神"与"笨"，是神曲的酿酒效率远比笨曲强，而白醪曲介乎于二者之间。据《齐民要术》的记载大略计算，神曲类一斗曲杀米少则一石八斗，多至四石，即用曲量占原料米的5.5%～2.5%；笨曲类一斗曲杀米仅六七斗，即用曲量占原料米的16.6%～14.3%；白醪曲一斗杀米一石一斗，占原料米的9.1%。从制曲原料形态来看，神曲的原料中有3种是以蒸、炒、生的小麦等量配合而成；1种是以蒸、炒小麦各为100，生小麦为115的比例配合而成；还有1种神曲原料，其中蒸、炒、生小麦的比例为6：3：1。白醪曲的原料是以蒸、炒、生小麦等量配合。两种笨曲则皆用炒过的小麦为原料。此外以粟米为原料的粟曲，生粟与蒸粟之比为1：2。这9种曲都没有单纯用生料。尽管小麦经过蒸、炒，有利于霉菌的繁殖，但是当时酿酒对此似乎还缺乏明确的认识，以致由于蒸、炒加工，增加了工序的繁复。北宋以后，制曲大多只用生料，这反映了制曲工艺上的又一进步。

《齐民要术》所介绍的神曲制法，虽有多种，却是大同小异。下面仅举一种，以窥当时神曲制作技艺之一斑。

作三斛麦曲法：蒸、炒、生，各一斛。炒麦：黄，莫令焦。生麦：择治甚令精好。种各别磨。磨欲细。磨讫，合和之。

七月取中寅日，使童子着青衣，日未出时，面向杀地，汲水二十斛。勿令人泼水，水长亦可泻却，莫令人用。其和曲之时，面向杀地和之，令使绝强。团曲之人，皆是童子小儿，亦面向杀地，有污秽者不使。不得令人室近。团曲，当日使讫，不得隔宿。屋用草屋，勿使瓦屋。地须净扫，不得秽恶；勿令湿。画地为阡陌，周成四巷。作"曲人"，各置巷中，假置"曲王"，王者五人。曲饼随阡比肩相布。

布讫，使主人家一人为主，莫令奴客为主。与"王"酒脯之法：湿"曲王"手中为碗，碗中盛酒、脯、汤饼。主人三遍读文，各再拜。

其房欲得板户，密泥涂之，勿令风入。至七日开，当处翻之。还令泥户。至二七日，聚曲，还令涂户，莫使风入。至三七日，出之，盛着瓮中，涂头。至四七日，穿孔，绳贯，日中曝，欲得使干，然后内之。其曲饼，手团二寸半，厚九分。

其工序如下图1-28所示：

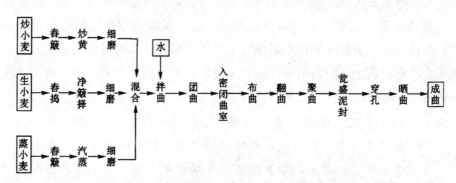

图1-28 《齐民要术》中神曲生产工艺流程

由该文可见，制神曲中，除了要做好原料的选择、配比及加工外，还应注意：择时，七月取中寅日；取水，在日未出时，这时的水因尚未被人动过，一般较纯净清洁；选曲房，得在草屋，勿用瓦屋，因为草屋的密闭程度胜于瓦屋，便于保温、保湿、避风；地须净扫，不得秽恶。在制曲时，不得令杂人接近曲房。

这些措施表明，当时制曲已十分强调曲房的环境卫生和气温、湿度及用水的洁净，以利于霉菌的正常繁殖。制成的原料饼块要按行列比肩相布，即左右相挨近，又必须保持曲块之间有一定的空隙，以利于发酵热量的散发和霉菌的均匀生长。以后每隔七日，分别将曲块翻身、堆聚、盛着瓮中，直到四七（二十八）日，再穿孔、绳贯、日晒。这种对处于培菌过程的曲块调理是有一定道理的，其目的仍然是促使霉菌正常、均匀地繁殖，但是在很大程度上，还是听其自然繁殖。在曲房中，只进行两次翻曲，中间没有采用开闭门窗来进行调湿，控温，因此对于生产的季节是较讲究的。

在贾思勰生活的那个时期，神曲大致代表了一批酿酒效能相对较强的酒曲。但这样的命名和分类还不是很严格。其后，在实践中，经过人们有意识地筛选和培植霉菌，逐渐地使大多数酒曲都具有了较强的酿酒效能，所以神曲原有的权威性逐渐地消退，于是其含义发生了转变。唐代孙思邈的《千金要方》及其他一些医学著作中，"神曲"已是指那些专门用于治病的酒曲了。明代宋应星在其《天工开物》中说："凡造神曲，所以入药，乃医家别于酒母者。法起唐时，其曲不通酿用也。"意思是神曲是入药的，所以称其为神曲就是为了把它与酿酒的曲区分开来。据此宋应星在《曲糵》篇里专列一节讲此神曲。

笨曲即粗曲之意，是相对神曲而言，不仅其酿酒效能较弱，而且块形较大，配料单纯，制曲时间也不强求在七月的中寅日，制作过程的要求也不像神曲那么严格，总之，较为粗放，故谓笨曲。例如《齐民要术》中介绍的"秦州春酒曲"（秦州在今甘肃天水、陇西、武山一带），其制法是：

> 七月作之，节气早者，望前作；节气晚者，望后作。用小麦不虫者，于大镬釜中炒之。炒法：钉大橛，以绳缓缚长柄匕匙着橛上，缓火微炒。其匕匙如挽棹法，连疾搅之，不得暂停，停则生熟不均。候麦香黄便出，不用过焦。然后簸择，治令净。磨不求细；细者，酒不断；粗，刚强难押。

> 预前数日刈艾，择去杂草，曝之令萎，勿使有水露气。溲曲欲刚，洒水欲均。初溲时，手搦不相著者，佳。溲讫，聚置经宿，来晨熟捣，作木范之：令饼方一尺，厚二寸。使壮士熟踏之。饼成，刺作孔。竖槌，布艾椽上，卧曲饼艾上，以艾覆之。大率下艾欲厚，上艾稍薄。密闭窗、户。三七日曲成。打破，看饼内干燥，五色衣成，便于曝之；如饼中未燥，五色衣未成，更停三五日，然后出。反复日晒，令极干，然后高厨上积之，此曲一斗，杀米七斗。

笨曲制作在工艺过程上与神曲没什么根本的差别，但是有以下几点值得注意：（1）制曲时间，神曲在夏历七月十日至二十日，笨曲则放宽至六月至八月。（2）神曲使用蒸、炒及生麦，笨曲只用焙炒的小麦。（3）神曲厚1～2厘米，6厘米见方的方形，笨曲则厚6厘米，长宽可达30多厘米。（4）神曲管理细致，笨曲管理粗放。

其中有两点："磨不求细，细者，酒不断；粗，刚强难押。"指的是粉碎曲料不求细，过细使酒液浑浊，不利压榨分离。这里讲的仅是曲料过细影响以后酒糟与酒液的分离。事实上曲粒过细，还会造成曲块过于黏结，水分不易蒸发，热量也难以散发，以致微生物繁殖时通风不良，培养后便容易引起酸败及发生烧曲现象，将会影响酒质；假若曲粒过粗，曲块中间隙大，水分难以吃透，又容易蒸发散去，而热量也易散失，使曲坯过早干涸和裂口，影响有益微生物的繁殖。这一道理，当时的酿酒师并不明了，所以《齐民要术》虽认为将曲料的粉碎"唯细为良"，同时又要求捣到"可团便止"，并且是用手团而不是用脚踏，似乎也含有避免过黏的意思。第二点是要求对制成的曲"反复日晒，令极干"。这点的确也是很重要的。曲要晒得很干，并经过一定时间的存放后才能使用，其目的是使制曲时所繁殖的杂菌在长期干燥的环境中陆续死灭、淘汰，可提高曲的质量。神曲多用于冬酒酿造，而笨曲多用于春夏酒酿造。

实际上，曲的质量不仅在于它能杀米多少，即酿酒效能，还在于它本身的菌种质量，也就是说好品种的曲才能酿出好酒。神曲酿出的酒未必一定是好酒，笨曲有时也能酿出好酒。例如当今一些著名的黄酒，其麦曲的用量与原料米的百分比都较高。例如，江苏丹阳特产甜黄酒为8%，山东即墨黄酒为13%，浙江绍兴酒约为15%。这些酒除用麦曲外，还要另加酒药或酒母。这些酒用曲量都较《齐民要术》的神曲指标高。由此可见，只以杀米量作为曲好坏的标准是不科学的，即神曲不一定较笨曲好。总之，将酒曲分成神曲、笨曲的分类原则（杀米多少）并不完全可取。所以在宋代《北山酒经》中就无"神曲"的称谓了。实际上，神曲在唐代起已专用于医药，很少用来酿酒。

《齐民要术》中介绍的"白醪曲"，按酿酒效能似乎介于神曲与笨曲之间；"方饼曲"接近于笨曲；"女曲"接近于神曲。"黄衣""黄蒸"都是散曲，贾思勰将它与蘖放在一起另成一篇，是因为黄衣、黄蒸当时主要是用于制豆豉、豆酱及酱曲，而非用于酿酒。蘖主要用于制糖。据农史专家缪启愉研究，《齐民要术》内的黄酒和黄酒酿造可分3大类：第一类，利用蒸、炒、生3种小麦混合配制的神曲及其他神曲酒类，多是冬酒；白醪酒虽是夏酒，但其所用之曲也是蒸、炒、生3种小麦配制的，故列于神曲篇之后。第二类，单纯用炒小麦的笨曲及其笨曲酒类，多是春夏酒，曲的性能和酒的酿法都不同。"法酒"酿法虽异，但也用笨曲，并且也是春夏酒，故列于笨曲篇之后。第三类是用粟子为原料的白堕曲及其白堕酒。白堕曲属方饼曲，故附于法酒之后。由此可见当时酒的分类在很大程度上也取决于曲，即用不同的曲，所酿成的酒归类也不同。

在当时制曲生产中，虽然已注意到温度、湿度及水分的控制，但是由于整个操作仍属于利用微生物的开放性繁殖，加上对微生物繁殖规律还缺乏科学的认识，抑制杂菌侵入的手段也十分简单，因此在制曲中特别强调制曲季节的掌握。在《齐民要术》中的9种曲，除白堕曲没有说明制曲时间外，神曲5种，白醪曲及春酒曲都要求在农历七月作，只有笨曲中的颐曲可以在九月作。可见对制曲的诸因素的调控在很大程度上还依赖自然环境的变化规律。这种状况一直延续到近代。贾思勰笔下的制曲技术明显高于秦汉时期，但是从具体操作上和分类命名上还有待提高。

（二）酿酒法

《齐民要术》只介绍了散布在黄河中下游地区的多达40种的酿酒法，它们分别被列在某种曲的下面，表示是使用该种曲酿造的。造酒法中大多包括关于曲的加工，如碎曲、浸曲，以及淘米、用水等酿酒的准备工作内容，以下再具体介绍酿造某种酒的方法，工艺过程大同小异，所以下面只举"作三斛麦曲法"一例来作典型说明。

> 造酒法：全饼曲，晒经五日许，日三过以炊帚刷治之，绝令使净。若遇好日，可三日晒。然后细锉，布杷，盛高屋厨上晒经一日，莫使风土秽污。乃平量曲一斗，臼中捣令碎。若浸曲一斗，与五升水。浸曲三日，如鱼眼汤沸，酘米。其米绝令精细。淘米可二十偏（遍）。酒饭，人狗不令嗷。淘米及炊釜中水，为酒之具有所洗浣者，悉用河水佳也。
>
> 若作秫、黍米酒，一斗曲，杀米二石一斗：第一酘米三斗；停

一宿，酘米五斗；又停再宿，酘米一石；又停三宿，酘米三斗。其酒饭，欲得弱炊，炊如食饭法，舒使极冷，然后纳之。

若作糯米酒，一斗曲，杀米一石八斗。唯三过酘米毕。其炊饭法，直下馈，不须报蒸。其下馈法：出馈瓮中，取釜下沸汤浇之，仅没饭便止。

其酿酒工序如图1－29所示：

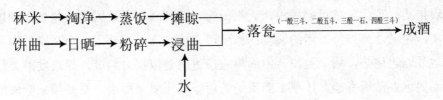

图1－29 《齐民要术》中的"三斛麦曲法"酿酒工序图

其他酿酒法的工序大致类同，基本工序是：

(1)将曲晒干，去掉灰尘，处理得极干净。然后研碎成细粉。处理得当与否，必然会影响酿酒的过程和质量。

(2)浸曲三日，使曲中的霉菌和酵母菌恢复活力，并得到初步的繁殖。发酵作用中会逸出碳酸气，因而产生如鱼眼的气泡。到这时，此醪液可以投饭了。将水、曲、饭一起制成醪或醅，再发酵成酒，这是最早的技术。从汉代起人们更多地采用先制酒母而后投饭，这技术在《齐民要术》中得到很好的展示。

(3)一切用具必须清洁，避免带入污染物，尤其是带入油污。用水也须洁净，最好是河水。

(4)米要绝令精细，淘洗多遍。对米的处理要求"绝令精细"，即舂得精白，是有道理的。因为糙米外层及糠皮杂质含蛋白质脂肪较多，会影响酒的香气及色泽。但是米的淘洗也不应过度，若多了，反而会损失大量营养的无机成分，所以"淘米须极净，水清为止"是合适的。秫米、黍米的饭要炊得软熟些，糯米则可以不必蒸，而采用在釜中以沸水浇浸。投入发醪液的饭必须摊放凉后，才可下投。

(5)至于每次投饭多少，什么时刻投，要依"曲势"而定。曲势实际上指的是发酵液的发酵能力，即根据曲中糖化酶、酒化酶的活力而定。古时酒工判断"曲势"主要依靠他们的操作经验。

贾思勰在他的著述中，进一步强调了酿酒的季节和酿酒用水。他认为选择春秋两季酿酒较好，尤其是桑树落叶的秋季，这时候天气已稍凉，酿造过程中不再存在降温问题，保持微温也较容易。选择酿酒时节，目的是便于酿酒过程的温度控制。冬季酿酒，环境温度低，不利于酵母菌的活动，需要采取加温和保温措施。为此，贾思勰提出，天很冷时，酒瓮要用茅草或毛毡包裹，利用发酵所产生的热来维持适当的温度；当酿酒瓮中结冰时，要用一个瓦罐，灌上热水，外面再烧热，堵严瓮口，用绳将它吊进酒瓮以提升温度，促进发酵。这种加温的土办法很有趣，体现了酒工的智慧。关于夏季酿酒，则必须采取降温措施，例如把酒瓮浸在冷水中。

酿酒历来重视水质，贾思勰对此也有很清楚的了解。他说："收水法，河水第一好；远河者取极甘井水，小咸则不佳。"又说："作曲、浸曲、炊、酿，一切悉用河水。无手力之家，乃用甘井水耳。"因为天然水中或多或少地溶解有多种无机和有机物质，并混杂有某些悬浮物，这些成分对于酿酒过程中的糖化速率、发酵正常与否及酒味的优劣都很有影响。例如水中氯化物如果含量适当，对微生物是一种养分，对酶无刺激作用，并能促进发酵。但含量多到使味觉感到咸苦时，则对微生物有抑制作用了。所以要"极甘井水，小咸则不佳"。贾思勰所熟悉的黄河流域地下水一般含盐分较高，所以井水往往会带有咸苦味。当然也有少量的泉源井水，其盐分含量较低，味道淡如河水，通常称其为甘井水。一般河水虽然浮游生物较多，但其所含盐分是较低的。尤其是冬季，其中浮游生物也较少，所以冬季的河水可直接用于酿酒作业。其他季节则常用熟水，即煮沸过的冷水。总之，对酿酒用水的水源和水质必须加以慎重地选择。贾思勰反复强调了这点，正说明他把握住了关键。

在《齐民要术》关于酿酒法的记载中，除对酿酒季节的分析、酿酒温度的控制、酿酒用水的选择外，还有几项技术要领也突出地反映了当时酿酒的工艺水平：

(1)酿酒法大都采用分批投料法，表明此法已经实践检验，被酿酒师普遍认可。关键是对分批投料不是采取定时定量，而是根据曲势来确定，这就排除了曲本身质量或外部环境条件等因素对发酵过程所产生的影响，这显然是一个进步。

(2)介绍了几种制酒的方法，接近于固态发酵。例如"黍米酎法"，它的酿造过程中，制醅不是浸曲法，而是将曲粉、干蒸米粉混匀，与冷却至体温的粥混合、搅拌，务必均匀，制成醅状。然后盖上瓦盆，用泥密封，进行发酵。加水很少，基本上属于固态发酵。发酵时间长达半年或半年以上，酒度较高，以致酒的颜色像麻油一般，浓酽味厚，放三年也不会变质。平时酒量在一斗者，饮此类酒则可多饮升半。这项酿酒工艺表明当时固体发酵又有了进步。近代山东即墨老酒的酿制方法与此相类似。近代中国传统的蒸馏酒工艺中，将蒸料与曲末拌匀入池，然后入池封顶进行复式发酵，就与此法相似。

(3)在用白醪曲酿制白醪的方法中提到了浸渍原料米以酸化米质。其酿酒工序如图1-30所示。

白醪是在夏季高温条件下，用白醪曲和原料米速酿而成。这是此酿酒法的一个特点。在此工艺中首次提到了浸渍原料米。浸米的一般目的在于使原料米淀粉颗粒的巨大分子链由于水化作用而展开，便于在常压下经短时间蒸煮能糊化透彻。但在此法中，浸米的目的还在于使米质酸化，并取用浸米的酸浆水

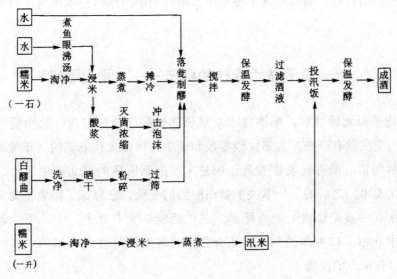

图1-30 《齐民要术》中酿白醪法的工艺流程

作为酿酒的重要配料。酸浆可以调节发酵的酸度，有利于酵母菌的繁殖，对杂菌还起抑制作用。这是用酸浸大米及酸浆调节发酵醪中酸碱度的最早记载。该书下篇的"冬米明酒法"和"愈疟酒法"中也采用了浸米的酸浆水。这种调酸的方法后来在南方许多地区的酿酒中被继承和推广。《北山酒经》就作了较详细的论述。

(4)低温酿酒法的推广。无论是冬酿或春酿，都是在低温季节进行。主要目的在于利用低温可防止醪液酸败和杂菌繁殖。低温条件下，醪液发酵时升温缓慢，不仅有利于酵母菌活动，而且也抑制杂菌的污染。古人是在实践中掌握了这点，现代科技知识证实这是优质酒酿制的重要条件。《齐民要术》中介绍的粟米酒法就是一个典型。

(5)《齐民要术》中介绍的"粟米炉酒法"，将白曲与小麦、大麦、糯米，置于瓮中发酵而成，浇饮以汤。古代称其为"芦酒"，就是今天仍流行西南少数民族的咂酒。

(6)由于工艺操作不当，酒变酸是易发生的，为此贾思勰介绍了一种防止酒发酸的方法。这方法主要是利用了炭黑来吸附酒液中的乙酸（醋）成分。

贾思勰所收集的资料主要局限在黄河中下游地区，对于我国辽阔的疆域和多民族的文化，遗漏或不全面是肯定的，但是人们不能不承认《齐民要术》关于酿酒的记载，确实反映了魏晋南北朝时期中国酿酒技术所呈现的水平。

七、黄酒技术成熟的标志——《北山酒经》

魏晋南北朝以后，酿酒技术发展仍然把制曲放在首位。集中反映这一进步的历史文献有一些，大多比较零散和简单，例如宋代苏轼的《东坡酒经》，只有两句话。最有代表性的著作应是宋代朱肱所撰的《北山酒经》，它是继《齐民要术》之后的又一本关于制曲酿酒的专著。它总结了隋唐至北宋时期部分地区（主要是江南）制曲酿酒工艺的经验。全书分上、中、下三篇，其中篇集中介绍了13种曲的制法，还介绍了当时酿酒师傅所掌握的"接种""用酵""传醅"的经验。

（一）制曲技术的进步

根据制法的特点，朱肱将13种曲分为掩曲、曝曲和风曲3类。所谓掩曲，即是曲室中以麦茎、草叶等掩覆曲饼发霉而成。它包括祭曲、香泉曲、香桂曲、杏仁曲等。风曲不掩，而用植物叶子包裹，盛在纸袋中，挂在不见日光处透风阴干。它包括瑶泉曲、金波曲、滑台曲、豆花曲等。曝曲，先掩后风，掩的时间短，风的时间长。它包括玉友曲、白醪曲、小酒曲、真一曲、莲子曲等。在这13种曲中，有5种以小麦为原料，3种用大米，4种为米、麦混合，1种为麦、豆混合。除瑶泉曲、莲子曲分别以60%和40%的熟料与生料掺和外，其余各曲皆用生料。在原料上除小麦外，增加了米，并采用米面合用，特别是麦豆的混合，这在过去是少见的。在这13种曲中，也普遍地掺入了草药。少者一味，如真一曲、杏仁曲；一般为4～9味，最多的达到16种草药。对此朱肱议论说："曲之于黍，犹铅之于汞，阴阳相制，变化自然。《春秋纬》曰："麦，阴也；黍，阳也。先渍曲而投黍，是阳得阴而沸。后世曲有用药者，所以治疾也。曲用豆亦佳，神农氏赤小豆饮汁愈酒病。酒有热，得豆为良。"朱肱用阴阳说的观点来认识酿酒发酵的原理，包括曲中为什么加豆及草药。事实上，制曲中若仅用麦类，因其蛋白质含量少，而不利于某些微生物的生长。加入一定量的豆类，不仅增加黏着力，还增加了霉菌的营养使微生物能全面健康繁衍；加入某些草药，客观上也起了这种作用，而且能造就酒的某种风味。在曲中加入草药的另一原因大概是受到酿制滋补健身酒的启发，试图通过曲把某些草药的有效成分引入酒中，以达到强身健体的目的。

图1-31 传统的麦曲制作

我国的酒曲演进主要表现在四个方面：一是由散曲向饼曲的形态变化，这一转化从周代开始，汉代时饼曲已占多数；二是打破米曲霉为主的格局，使曲中微生物趋于多样化，并以根霉为主；三是制曲的原料由熟料向生料发展；四是制曲原料除麦、米以外，还增加了豆类和许多草药，实现了原料的多样化，创造出许多新品种的曲。后三项的转变大多在唐宋时期完成的。

由于用料、配药更为多样，所以《北山酒经》所记载的制曲工序较之《齐民要术》更为复杂。曲类的增多，从一个角度表明制曲工艺在发展。地区环境、制曲时间的不同，制曲的配料和操作方法的差异，必然使各地生产的酒曲往往有不同的性能，酿制的酒很自然就带有地方的特色，这正是中国酒类丰富的原因所在。

朱肱所介绍的制曲法中，有几点经验可谓制曲工艺的重要发展。《齐民要术》关于"和曲"要求"令使绝强"，即少加水，把曲料和得很硬、很匀透。有的曲要求"微刚"或仅下部"微浥浥"，但都没有说明标准的用水量。事实上，因为各类微生物对水分的要求是不相同的，所以制曲中控制曲料的水分也是一个关键。如加水量过多，曲坯容易被压制过紧，不利于有益微生物向曲坯内部滋长，而表面则容易生长毛霉、黑曲霉等；另外，水量过多还会使曲坯升温快，易引起有害细菌的大量繁殖，使原料受损失，并会降低成品曲的质量。当加水量过少时，曲坯不易黏合，造成散落过多，增加碎曲数量；并因曲坯干得过快，影响有益微生物的充分繁殖，也会影响成品曲的质量。朱肱在书中指出："拌时须干湿得所，不可贪水，握得聚，扑得散，是其诀也。"欲达到溲曲的这一标准，需要在拌曲中加入38%左右的水分。

朱肱提出了判定曲的质量标准：做大曲"直须实踏，若虚则不中，造曲水多则糖心；水脉不匀，则心内青黑色；伤热则心红，伤冷则发不透而体重；唯是体轻，心内黄白，或上面有花衣，乃是好曲"。这一标准来自经验，是很科学的。若不实踏，势必出现曲坯内有空隙，水多则会在空隙中积水，有益微生物就不能正常生长，干燥后，该部分会呈灰褐色，曲质很差。"水脉不匀"，即曲块干湿不匀，则断面常呈青黑色，曲的质量也不好。"伤热"是由于温度过高，曲块内出现被红霉菌侵蚀而产生的红心；"伤冷"则是由于温度过低，霉菌在曲中没有充分繁殖，曲料中营养物质没有被利用而"体重"，这也是质量很差的曲。只有体轻，曲块内呈黄白色，面上有霉菌形成的花衣，才是好曲。对酒曲质量的判定，后人一直沿用这一标准。

（二）"接种""用酵"和"传醅"经验的取得

《齐民要术》在介绍"酿粟米炉酒"时说："大率：米一石，杀曲末一斗，春酒糟末一斗，粟米饭五斗。"这里加了一斗春酒酒糟的粉末，这显然不仅仅是糟的利用，更重要的是引入经过筛选出来的优良菌种。这段文字可以说是微生物连续接种的最早记载，虽然贾思勰仅把它当做经验记载下来，却反映了人们已不自觉地掌握了一项重要技术。在《北山酒经》中，朱肱在介绍玉友曲和白醪曲的制法时，都谈到了"以旧曲末逐个为衣""更以曲母遍身糁过为衣"。这是明确而有意识地进行微生物传种接种的举措。这一介绍较《齐民要术》的记载，不仅是方法上的进步，更重要的是表明这时利用接种已完成从无意识过渡到有意识的进步。正是这种传种的方法，使用于酿酒的霉菌经过鉴别和筛选，终于使我国现用的一些根霉具有特别强的糖化能力。这是900多年来，酿酒师世世代代人工连续选种、接种的结果，成为世人称颂的我国古代科技成就之一。

在《齐民要术》卷九的"饼法"里已提及作饼酵法，但是论述不充分。《北山酒经》则比较完整地记述了利用酵母和制作酵母以及"传醅"的方法。其卷上指出："北人不用酵，只用刷案水，谓之信水，然信水非酵也……凡酝不用酵，即难发醅，来迟则脚不正。只用正发酒醅最良，不然则掉取醅面，绞令稍干，和以曲蘖，挂于衡茅，谓之干酵。"在卷中又重复说："北人造酒不用酵（即酵母）。然冬月天寒，酒难得发，多擞了。所以要取醅面，正发醅为酵最妙。其法用酒瓮正发醅，撇取面上浮米糁，控干，用曲末拌令湿匀，透风阴干，谓之'干酵'。"明确指出"酵"可以从正在发酵的醪液表面撇取"浮米糁"，然后再将它"和以曲蘖"制成干酵，留待后用。这说明人们已意识到发酵酒化也可以由这种"正发酒醅"而引起，从此酿酒工艺中又增加了一个合酵的工序。这种制备干酵母的方法至迟应在北宋以前已经发明，而且是在南方发明的。

显而易见，《北山酒经》所叙述的制曲技术已明显高于《齐民要术》所记载的水平，同时也标志中国传统的制曲工艺及曲与酵母结合使用的经验已逐渐趋于成熟。

（三）从《北山酒经》看黄酒工艺的进步

《北山酒经》的下卷专论当时的酿酒技术。朱肱将酿酒工序大致分为卧浆、煎浆、汤米、蒸醋糜、酴米、蒸甜糜、投醹、上槽及煮酒等九个主要环节。此外在这些环节中穿插着淘米、用曲、合酵、酒器、收酒、火迫酒等辅助工作或操作。所谓"卧浆"是在三伏天，将小麦煮成粥，让其自然发酵成酸浆。"造酒最在浆……大法，浆不酸，即不可酝酒。"因为酴米偷酸，全在于浆，卧浆中不得使用生水，以免引进杂菌。"煎浆"是对浆水的进一步加工，根据使用季节，用它来调节酸浆的浓度。古谚云："看米不如看曲，看曲不如看酒，看酒不如看浆。"说明了酸浆在酿酒中的重要作用。"淘米"包括对原料米的拣择和淘洗。该书对米的纯净度极为重视，方法也精细。"汤米"则是用温热的酸浆浸泡淘洗过的大米。夏日浸1～2日，冬天浸3～4日，至米心酸，用手一捏便碎，即可漉出。"蒸醋糜"即是将已经酸浆泡过的汤米漉干，放在蒸甑中炊熟。另有所谓的"蒸甜糜"，不同于"蒸醋糜"，被炊熟的原料不是汤米，而是淘洗净的大米。"用曲"显然讲的是怎样正确地使用各种酒曲。"合酵"中首先介绍了怎样制干酵，然后再讲酵母的使用方法。"酴米"，即酒母。蒸米成糜后，将其摊开放凉，拌入曲酵，然后放入酒瓮中，让其发酵。"投醹"是指将甜糜根据曲势和气温，分批地加到发酵液中，直到酒熟。在整个过程中，酒器必须洗刷干净，还须检查和做好防渗漏的处理。"上槽""收酒"主要是利用适当的器具控制发酵过程的温度等条件，并将酒液从发酵液中压榨出来，两三日后再澄去渣脚。并要求在蜡纸封闭前，务必满装。"煮酒""火迫酒"皆是为了防止成品酒的酸败而进行的加热杀菌处理。

下面具体地探讨《北山酒经》所反映宋代酿酒技术较前有哪些进步。

1. 用曲法：《北山酒经》对曲的干燥处理有明确要求

《齐民要术》还没有用火力焙干曲的记载。焙曲的记载始见于《北山酒经》，是指心未干的大型曲，掰开在火炕上使之干，决非一般的正常操作，实是应急方法。陈贮的主要目的是减少水分，防止产酸菌的增殖，并让其消亡。如用湿曲，在制醪后由于其中乳酸菌会继续繁殖、产酸，影响发酵和酒的质量。另外，减少水分也可防霉变，保证菌体的自溶。

在《北山酒经》卷下"用曲"项对曲的破碎程度的阐述，充分体现出因季节及要求的不同而随机应变的灵活性。"春冬酝造日多，即捣作小块子……秋夏酝造日浅，则差细，欲其曲米早相见而就熟。"这是有一定科学道理的。细曲与米接触面积增大，糖化、酒精发酵速度加大，迅速产生酒精，抑制产酸菌的增殖，保证发酵迅速正常进行，这就是书中所说"欲其曲米早相见而就熟"的含义。至于春冬天气温低，空间杂菌少，发酵期长，安全地进行较缓慢的发酵。无妨将曲破碎成小块，使糖化和发酵均衡地持续进行。饼曲块的大小可以调节发酵速度和效果，由此可见古人制酒操作的细致。

《北山酒经》还进一步阐述曲的用量常因曲的陈新、人的嗜好而不同。

宋代使用不同制法的曲进行混合发酵，是酿酒史上的一件大事。《北山酒经》还写道：

> 大约每斗用曲八两，须用小曲一两，易发无失，善用小曲，虽煮酒亦色白，今之玉友曲，用二桑叶者是也。酒要辣，更于投饭中入曲放冷下，此要诀也。

这里值得注意的是使用小曲，并指明如玉友曲，这实际是酒药，用辣蓼、勒母藤、苍耳、青蒿、桑叶等的浸汁，合糯米粉制成的曝曲。这些植物叶浸汁可促进发酵微生物的生长，所以"易发无失"，这是小曲的优越性。

2. 制醪技术

正如《北山酒经》所讲："古法先浸曲，发如鱼眼汤。净淘米，炊作饭，令极冷，以绢袋滤去曲滓，取曲汁于瓮中，即投饭。"这古法应是指始自汉代（或春秋战国时代）的浸曲酒母法。到了宋代酒母的制备则有很大的改变，如《北山酒经》所说："近世不然，炊饭冷，同曲搜拌入瓮。"即已不采用浸曲酒母法，除投饭于酸浆酒母的制醪方法外，已是曲与饭同时落罐，在低温下令低温乳酸菌先繁殖起来。由于有大量饭存在，酒曲中的糖化酶分解出了大量糖分，为酵母的迅速增殖提供了营养成分和能源，同样为酵母进行酒精发酵提供了基质。而浸曲酒母法只是用曲，而没有投入蒸饭，仅靠曲中所含有限的淀粉，因而缺乏充裕的糖分来供酵母繁殖及酒精发酵所需，所以酵母的繁殖受到限制。这就体现了曲与饭同时落罐制酒母的优越性，并成为以后制酒母的框架。所以说这是一种进步的酒母制备法。这种曲、饭同时落罐进行酒母培养，而后再分批投饭的工艺，标志酒母培养技术的一大进步。其最大特点在于利用气温低的季节，做到低温发酵，如果低到6～7℃，首先繁殖起来的会是硝酸盐还原菌一类菌属，它与繁殖起来的低温乳酸菌所生成的乳酸起到抑制杂菌作用。同时，随着乳酸发酵的进行，以及曲中根霉所生成的乳酸为主的有机酸使酒母醪的pH逐渐下降，达到酵母生长的最适pH，酵母就会更旺盛地增殖。酵母保持了强劲势头，随着酒精发酵的进行，更有效地抑制了杂菌的滋长。较安全地培养好酵母，这就是该方法特点。这一酒母培养过程已成为传统酒母生产的基本形式，现代传统淋饭酒母就是在这基础上发展起来的。

3. 投饭法

酵母培养好后，投饭的时机是一个非常关键的技术问题。《北山酒经》对此有详细的阐述：

> 投醹最要厮应，不可过，不可不及。脚（指酒醪）热发紧（发酵旺盛品温升高之意），不分摘开，发过无力方投（意即如不及时分罐，等发酵已近尾期，酵母无力时才投饭），非特酒味薄，不醇美，兼曲末少（加上曲已少，糖化力已衰弱之意），咬甜糜不住（无法发酵之意），头脚不厮应，多致味酸（投饭和酵母不相适应，由于酵母发酵力弱，酒精量也随之少，结果会导致产酸菌的污染，常使酒醪味酸，这是投饭过迟所出现的不正常现象），若脚嫩力小，投早（如酵母未熟早投）甜糜冷，不能发脱折断（甜糜冷，发酵不起而停止），多致涎慢（以致醪变黏），酒人谓之"摵了"。

（摵是倒下之意，就是说发酵停止，酒醪死了。）

《北山酒经》在"投醹"一段中则具体地发展和阐述了关于曲势的看法。朱肱认为：第一，要选择最佳发酵状态的酒母及时投入原料中，不可不及，也不可过；第二，还应根据酒母的状况来确定加料的量；第三，根据酒醪即发酵液上泛起的绿色浮沫的状况来确定是补酒曲还是添加饭；第四，要根据不同的季节情况来决定每次的投料量，季节不同，气温则不同，即酿酒的外部环境也不同。朱肱已认识到投料次数和量应根据曲势的状况来掌握，不见得非拘泥于投九次不可，所以在该时期，投料的次数一般在2～4次。天气寒冷四六投，温凉时中间停投，热时三七投。根据发酵醪的旺盛程度增减投的次数是一个很好的办法。如果发酵恰到好处，就可一次投饭；如发得很厉害，怕酒太辣，即入曲3～4次，决定酒味全在此时。

另外，投饭的温度和制醪后的保温也很重要。《北山酒经》都有详尽的记载。

4.酴米（酒母）的制备

酒母在《北山酒经》中称作酴米，当时又有脚饭的称呼。制备酒母首先要将米蒸熟成饭，《北山酒经》中称之为"蒸甜糜"（不经酸浆浸，故曰甜糜）。其蒸法如下：

> 凡蒸投糜，先用新汲水浸破米心，净淘，令水脉微透。庶蒸时易软。然后控干，候甑气上，撒米装，甜米比醋糜鬖利（疏松之意）易炊，候装彻气上，用木筚锨帚掠拨甑周回生米，在气出紧处，掠拨平整，候气匀溜，用筚翻搅，再溜，气匀，用汤泼之，谓之"小泼"。再候气匀，用筚翻搅，候米匀熟，又用汤泼，谓之"大泼"。复用木筚搅斡，随筚泼汤，候匀软，稀稠得所，取出盆内，以汤微洒，以一器盖之，候渗尽，出在案上，翻稍两三遍，放令极冷（四时并同）。

这一蒸法与《齐民要术》中的"沃馈"有相同之处，但较之稍麻烦。其水分似应较大而饭软，所以称之为糜也未可知。冷却的程度因天气季节而不同，温凉时微冷，热时要极凉，冷天如人体温。这一操作法是符合开放式酵母繁殖要求的。一石饭加麦蘖（麦芽）四两，撒在饭上，然后将曲和酵掺在一起，令曲和糜混合，这是麦蘖和曲并用的例子。拌用的曲不须过细，曲细甜味大，曲粗则味辣，粗细不匀则发得不齐。天冷因作用缓慢不宜用细曲，可投小块子；暖时可用细曲末。每斗米可用大曲八两，小曲一两，就会很快地发起，这是用多种曲进行混合发酵的例子。瓮底先加曲末，然后将拌匀的曲饭入瓮，逐段排垛曲饭，堆成中心成窝，并用手拍之令实，并将微温刷案曲水入窝中，并泼在醅面上作为信水。这是现代黄酒"搭窝"的端倪。这些操作都在五更初下手，不到天明前即应操作完了。如果太阳出，酒多酸败。约十天即可揭开瓮，如果信水未渗尽，加草荐围裹，进行保温，促进糖化作用及酵母的增殖发酵。三天后，如发起，用手搭破醅面，搅起令匀。如发得过于旺盛，应分装入别瓮，酒人称之为"摘脚"。这时的技术管理贵在勿使酵母发得过度，同时要立即炊米成饭投之，不可过夜，以免过发酵母无力。酵母过发，多半由于糜热，甚至两三天后会发生酸败。如果信水未渗尽，醅面不裂，是发得慢，须加围席物，进行保温。过一两天如还未发，每石醅取出二斗，加入一斗热糜，提高发酵温度，同时还须用酵母繁殖旺盛的老醅盖在上面，用手捺平，一两天后就会发起，这叫"接醅"。如果发得还很慢，可多次热水蘸热胳膊，入瓮搅拌，借助热气，使品温上升。或用一二升小瓶贮热水，密封口后置于瓮底，稍发起即去之，谓之"追魂"。将醅倒在案上与热甜糜混拌再入瓮，厚厚地盖住保温，隔两夜即可拌和，然后再紧盖保温，谓之"搭引"。或加入正在发酵醅一斗，在瓮心中拌和，盖紧保温，次日发起，搅和，也叫"搭引"。强调制酒之要点在于酒母正常，最忌发起慢，要借助各种措施使之正常，冬天可置瓮于温暖处，用席或麦秸之类围裹保温，夏天则将瓮置屋内阴凉处，勿透日光，天气极热时不得掀开，用砖垫起，避免地气侵入。

通过以上记载，可以认为宋代制酒母工艺基本和现代绍兴酒的淋饭酒母工艺相似。其中将曲饭垛成窝状，醅面上撒曲末等操作与今日绍兴酒的搭窝操作相同。虽然没有明确指出操作的时间，但是记载中指出，在五更前下手，天明前即应完了，如果太阳出来，酒多酸败。从这一告诫看，它是低温操作的酒母培养法，是很科学的。

5. 曝酒法

《北山酒经》中有"曝酒法"，是我国黄酒淋饭酒操作法的远祖。其方法是早起煮甜水三四升，冷却后，下午时称取纯正糯米一斗，淘洗干净，浸渍片刻，淋干，炊成再馏饭。约四更天蒸熟，把饭薄薄摊在案上，冷却至极冷，于日出前用冷却水拌饭，淋去黏物质，令饭粒松散，互不粘连，以利通风，促进乳酸菌及酵母增殖。同时由于淋水使饭粒含水量增加，使饭温达到要求温度，这又是淋饭法的端倪。

每斗米用药曲二两（玉友曲、白醪曲、小酒曲、真一曲均相同），锤成碎小块，与曲末一起拌入饭中，务使粒粒饭均粘有曲，随即入瓮，中间开一井，直见底，明显是今天的"搭窝"操作，四周酒醅不须压得太实，保持疏松透气，以利酵母增殖。最后将曲末撒在醅表面，加强糖化作用及酵母的增殖，同时防止杂菌的污染，这种撒曲做法近代仍在采用。待酒浆渗入窝内，常酌浆水浇四周醅上。浆水是酒饭经液化、糖化而含各种酶的水解液，其中并有增殖的酵母及发酵而生成的酒，随着浆水的回浇，促进饭的水解。乳酸菌及酵母的增殖和酒精发酵，水解成分也均衡地增长着，待浆水量增到极多，即可投入用水一盏，酒曲一两调制的酒浆，增加了霉菌，强化了糖化力，并增加了酵母，也是强化了酒精发酵，是现在黄酒所忽略的操作。用竹刀将酒醅切成五六片，翻拌后即下新汲水，用湿布盖之。过些时候，由于霉菌的生长自然结成菌盖，漂在上面，下面即为酒浆，到此酒母培育即告完成。这段过程除摊饭冷却酒饭外，与目前黄酒工艺中淋饭酒母非常相似，所以认为这是淋饭酒母工艺的雏形似无不可。

酒母既成，下面就是制醪发酵。即淘洗糯米，蒸成饭，取瓮中酒浆拌匀，捺在瓮底，以旧醅盖在上面，次日即大发。待投饭消化，发酵，即可插竹笪子于罐中心取酒。

6.酸浆的制备

在《北山酒经》中许多地方都提到酸浆。如"酝酿须酴偷酸""自酸之甘，自甘之辛，而酒成焉"。正因为是这样，酸浆酒母的制备受到重视。该书在"卧浆"项下谈道："造酒最在浆，其浆不可才酸便用，须是味重。酴米偷酸，全在于浆。大法浆不酸即不可酝酒，盖造酒以浆为祖。"所谓偷酸用现在的科学语言来说，即是通过添加适量的具有一定酸度的浆来调节发醪液的pH，因酵母菌在一定酸性环境中才可能旺盛地繁殖，同时酸性的环境也抑制了某些杂菌的滋生。酸浆的标准不仅要酸，还要味重。鉴于调酸是酿酒过程中一项重要技术环节，所以该书总结后指出："造酒看浆是大事，古谚云：'看米不如看曲，看曲不如看酒，看酒不如看浆。'"这项经验当时已成为民谚而在酿酒师间流传。

《北山酒经》对制备酸浆时的汤米操作法作了详细的记载，可以说是继《齐民要术》以来生产经验的总经。先用沸水汤瓮，如为新米，先将沸水入瓮，再投入米，此谓之"倒汤"。如为陈米，则先加入米，后加沸水，此谓"正汤"，边搅拌，边加水，但水不可过热，否则米烂成团块。要慢投，这样成浆会酸而米仍不烂，宁可热点心要冷，否则米不酸，也不会起黏。因此要看季节及米的陈新而操作不同。春天用插手汤，夏季用近似热沸水，秋天则用鱼眼汤（比插手汤热），冬季则用沸水。四季用水应该根据气温恰当地掌握。汤米时要将汤连续投入，同时用棹篱不断地搅，使汤旋转，以米光滑为度。搅时连底搅起，直至米滑浆温。冬天用席围绕保温，不令透气。夏天也要加盖，只不需厚盖而已。如早间汤米，晚间又搅一遍；晚间汤米，翌晨再搅一次。每次搅一两百转即可。第二天再加汤搅拌，谓之"接汤"。夏天隔宿可用，春天要两天，冬天要三天，但不要拘日数，只要浆发黏，米心酸，用手捻便碎，立即漉出。夏天浆经过四五宿会渐渐淡薄，谓之"倒了"。这是因为天热发过的缘故。浆有死活之分，如果浆面有花衣渤起，白色明快，发黏，米粒圆，松散，嚼之有酸味，瓮内温暖，这是浆活；如瓮内冷，无浆沫，绿色不明快，米不酸或有气味，即是浆死。浆死用勺撇出原浆，重煮，再汤，谓之"接浆"，盖好当日即酸；或撇出原浆，以新水冲去米的恶气，蒸过，用煎好原浆泼过亦可。

上述对汤米、煎浆的详细叙述，不难看出，酸浆的制备就是为了制醪时用酸浆调整pH至酸性以利酒母的培养。现代绍兴酒也是在制醪时使用酸浆来调节pH后添加酒母制酒的。与《北山酒经》酸浆不同之点在于低温浸米主要利用低温乳酸菌制备酸浆的。

《北山酒经》有"蒸酸糜"的方法。酸糜，即酸饭，是将制酸浆后的酸米淋干进行蒸煮的方法。其法是先漉出浆衣，倾出浆水，将米放在淋瓮，滴尽水脉，当米粒疏松呈粒状即可进行蒸熟。如米粘连，须泼浆，与葱椒一起加热，并进行搅拌，防止偏沸及粘着锅底。然后在盆中冷却，将米放入笼中蒸熟。投米要分批，待圆气再加，必要时用锹翻拌，务使蒸米均匀地蒸熟。每石米下冷浆二斗，用席盖上，焖片刻，即可将糜摊在用熟浆清洁过的案板上冷却，翻一两遍，得稀薄如粥的蒸米。适时拌入曲，吸收水分恰到好处。使用酸糜也是调整pH的一个手段。

（四）黄酒工艺的成熟定型

《北山酒经》使我们了解到中国古代酿酒技艺的演进历程及朱肱对这些先进技术的总结。所以这部著作在研究中国酿造史中有着重要意义。朱肱能把酿酒的技术依次有序地记载下来，并把每一操作要点讲解清楚，这在其他相关著作中是少见的。这一特点正体现了这部专著具有较高的学术价值，使人们可以清晰、透彻地了解当时酿酒的全过程及每一工序的操作要领。若将朱肱所介绍的酿酒程序与近代绍兴黄酒的酿造方法相比较，不难发现它们大致是相近的。

根据《北山酒经》总结出的酿酒工艺，其流程示意图如图1-32所示；近代绍兴元红酒的酿造工艺程序见图1-33。

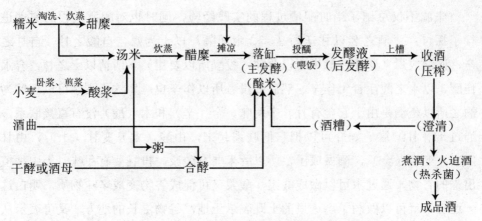

图1-32 《北山酒经》所载酿酒工艺流程

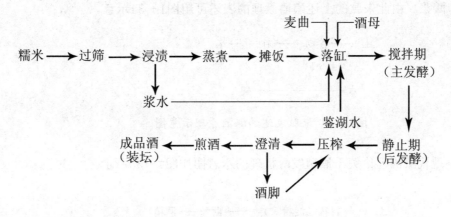

图1-33 近代绍兴元红酒的酿酒工艺流程

在调查研究中，朱肱还总结了酿酒过程中发酵液的口味变化："自酸之甘，自甘之辛，而酒成焉。"若用现代科学知识来理解，即调节好发酵液的酸度后，根霉菌将淀粉分解为麦芽糖，故酒醅变甜；继之酵母菌又将部分糖类转化为乙醇，故酒醅的辛辣味渐浓；当出现一定程度的辛辣味，即酒度逐渐增高后，酵母菌的繁殖受到抑制，酒化作用停顿下来，这时酒做成了。朱肱能通过观察和品尝，把发酵的糖化阶段和酒化阶段划分开来，这在当时确属不易。此外，他还提出了判断酒已成熟的标志："若醅面干如蜂窠眼子，拨扑有酒涌起，即是熟也。"这时也应是发酵的旺盛阶段，冒出的气泡是酒化反应所产生的二氧化碳。

朱肱不仅总结了当时酿酒过程的实践经验，同时也对酿酒过程的原理进行了探讨："酒之名以甘辛为义。金木间隔，以土为媒，自酸之甘，自甘之辛，而酒成焉（原注：酴米所以要酸，投醹所以要甜）。所谓以土之甘，合水作酸，以水之酸，合土作辛，然后知投者所以作辛也。"这段文字可以理解为酒之所以是酒是由于它含有甘、辛两味。金（辛）和木（酸）没有直接联系，通过土（甘）这一媒介可以把它们联系起来，由酸（木）变甘（土），由甘（土）变辛（金），酒做成了，所以酴米要有酸浆，投醹要有甜味。土中种植出来的谷物，通过水可以做成酸浆，酸浆又可促成谷物变成辛味物质，明白这一道理，就可以做酒了。这里的土既表示土地，谷物滋长的地方，又可表示从土地里收获的谷物，所以甘代表甜味物质（即稼穑作甘），辛代表酒味物质，酸即酸浆。由此朱肱的上述酿酒原理的表述可用图1-34示意。

图1-34 朱肱表述的酿酒原理示意图

现代酿酒理论关于酒精发酵机理的示意图如图1-35所示。

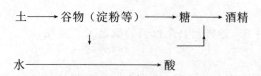

图1-35 现代酿酒理论关于酒精发酵原理示意图

比较两者，可见它们基本一致。

此外朱肱还介绍了当时在压榨酒的过程中采取了防止酸败的措施和成品酒的热杀菌技术。这一技术比法国科学家巴斯德发明的低温杀菌法早了700年。

通过对《北山酒经》的解读，特别是将它所叙述的酿酒工艺流程示意图与近代绍兴元红酒的酿造工艺程序相对照，可以认为黄酒的酿造技术在宋代已很成熟，黄酒酿造程序也基本定型。

八、元朝法酒带来的冲击

1206年，在中国北方草原地带，成吉思汗建立了蒙古汗国。1234年吞并了金朝，1279年推翻了南宋政权，统一了中国，在世界东方屹立起一个蒙元帝国。通过不断的征战，成吉思汗的子孙又将帝国的疆域扩到亚洲、欧洲的许多地区。不同民族的交流和融合对这些地区的经济、文化产生了深刻的影响。元朝不到百年的统治对华夏文明的影响是不能忽视的。

（一）蒙古汗国的"汗满天下"

蒙古族原先是生活在中国北方的一个游牧民族，习惯于围地放牧，擅长于骑马射弓，被称为"马背上的民族"。蒙古族生活地区的经济和科学技术远较中原地区落后。为此，忽必烈建立元朝后，为巩固其在中原统治，大力推行学习汉族文化，并把发展农业经济作为立国之本。官方组织学者编纂了《农桑辑要》等农学著作，以推广先进的农业技术，指导农业生产。酿酒技术也与其他食品加工技术一样被列入推广之列。酒在蒙古族生活习俗中占有特殊地位，他们豪爽好客，常把酒看作是食品的精华敬奉给贵宾。同时，蒙古族居住在高寒地带，喝酒排寒取暖已成为生活的嗜好，酒是蒙古包的必备之物。甚至在当时蒙古统治集团议事决策的集会上，喝酒也是必不可少的，许多重大的决定都是在酒宴上商量拍板的。开始时他们常饮的是本民族的特产马奶酒，后来随着疆域扩大，文化交流的展开，蒙古人的饮酒口味也变了，他们接受了中原地区普遍饮用的黄酒，也品尝到产自中亚的葡萄酒。但是他们最钟爱的是产自中亚或阿拉伯的葡萄烧酒，这种酒是通过蒸馏葡萄酒而取得，酒度远高于马奶酒或黄酒。为此元朝的统治者把葡萄烧酒列为法酒。这种酒的生产技术最大的特点是通过蒸馏而取得，原先在炼丹制药中已熟悉蒸馏技术的汉族先民，模仿着将蒸馏技术应用于黄酒上，从而掌握了烧酒(即今之白酒)的生产技术，从此中国的传统酒品中增加了烧酒一大类，进一步丰富了中国饮品，同时也表明中国的酿酒技术又迈上了一个新的台阶。

元代虽然国势强盛，但是对外征战，军旅一兴，费靡巨万，财政开支空前巨大。政府把各项专卖的收入都看作重要财源，所以说，元代兵力物力之雄厚过于汉唐，而斤斤于茶盐酒醋之入，一点也不为过。酒醋的课税皆有定额，利之所入甚厚。榷酤之重更甚于南宋。元朝统治者对酒税的认识有一个过程。原先，他们喝的大多是家酿的奶酒，根本没有喝酒要纳税的概念，故在蒙古族草原上没有实行过榷酒的政策。元太宗窝阔台素嗜酒，常常与大臣们酣饮。谋士耶律楚材拿着被酒所蚀的酒槽铁具给太宗看，劝谏说：酒能腐铁，喝多了，人的五脏怎么受得了。太宗接受了规劝，耶律楚材进而建议：以征收赋税代替圈地放牧。酒课就同地税、商税、盐铁山泽之利一起成为财政的开源之本。由此，元太宗二年（1230年），定酒课，验实息十取一。十取一的酒税，政府收入并不多，于是在第二年改为："立酒醋务坊场官；榷酤办课。"专卖政策正式实行，按照各地人口来分配课税任务。元代的酒专卖政策时兴时废，禁酒令时严时弛，可见元代统治者政令无常，为难的倒是分管酒务的官员，无所适从。对于乡村百姓来说，只要纳税就可以放心自酿酒醋了。因此，元代的酒业还是很兴旺的。

元代酒业有两件事值得关注：一是葡萄酒，二是蒸馏酒。在元代仍只有山西、河北、陕甘几个地方产出葡萄酒。故此，元世祖至元六年（1269年）定葡萄酒税率为三十分取一。至元十年（1273年）大都酒使司曾想提高税率为十分取一分，但在部议中被否定。部议中官员们认为，葡萄酒虽有酒名，实际上不用米曲，与米酒不一样，每当因粮食不足而实行禁酒，独葡萄酒不在禁酿之列。所以葡萄酒的发展没有障碍。由于环境和习惯的缘故，葡萄酒的产量有限，贵族饮用的葡萄酒主要还是来自中亚。输入的葡萄烧酒成为模式，中原地区的人们遂把蒸馏技术引进黄酒生产中，磨合产出有中国特色的蒸馏酒——烧酒。当时的烧酒傍依着米酒，技术仍属初始，产量也有限，朝廷还来不及为它增改酒课，从而烧酒就有了自己的发展空间。元代统治者把葡萄烧酒定为法酒，意味着蒸馏酒生产技术被引进并得到推广，由此创新的烧酒很快就引起了中国酒业格局的巨大变化。

（二）中国蒸馏酒起源说

中国蒸馏酒生产是从元代开始的吗？由于对史料的不同理解，有不同的见解。目前论据最充分的还是元代说。下面从三个方面进行阐述。

1. 文献的分析

许多人都认同明代医药学家李时珍的说法。李时珍在《本草纲目》中写道：

> 烧酒，非古法也，自元时始创其法，用浓酒和糟入甑，蒸令气上，用器承取滴露。凡酸坏之酒，皆可蒸烧。近时惟以糯米或粳米或黍或秫或大麦蒸熟，和曲酿瓮中七日，以甑蒸取，其清如水，味极浓烈，盖酒露也。

> 烧酒，纯阳毒物也。面有细花者为真。与火同性，得火即燃，同乎焰硝。北人四时饮之，南人止暑月饮之。其味辛甘，升扬发散；其气燥热，胜湿祛寒……

李时珍讲述了烧酒的原料和制法、烧酒的性质和饮用的医用疗效及利弊，立论清楚。仅就上文所摘引的内容可以归纳为五点：①中国蒸馏酒自元始创。②其法为用浓酒和糟，或用酸坏之酒，或采用糯米、粳米、黍、秫及大麦蒸熟后和曲于瓮中酿7日成酒，分别以甑蒸取。即前者以发酵液蒸取，中者以液态的酸坏之酒蒸取，后者以固态的发酵醅蒸取。③原料的多样化也表明蒸馏酒的生产已有一段发展的历史。④烧酒与火同性，触火即能燃，这是烧酒的特性，表明酒的乙醇含量应在40度以上，否则难以得火即燃。⑤北人四时饮之，南人止暑月饮之，表明南北方都已饮用烧酒，那么烧酒的生产在南北方都已普及。从以上五点，可以确认李时珍讲的烧酒肯定是高度的蒸馏酒，在明代烧酒的饮用和生产都已得到普及和一定的发展。须要讨论的问题则在于李时珍是怎样得出"自元时始创其法"的结论，这种说法是否准确？

李时珍在烧酒的"释名"条下，举出了烧酒的两个异名：一是来自《本草纲目》自引的"火酒"，其名主要根据是它得火即能燃烧的特性，既客观又形象；二是采自《饮膳正要》的"阿剌吉"。《饮膳正要》是元代蒙古族学者忽思慧为蒙古统治者提供的一份营养食品参考资料，于元天历三年（1330年）刊印。书中关于"阿剌吉"是这样介绍的："阿剌吉酒，味甘辣，大热，有大毒，主消冷坚积去寒气，用好酒蒸熬取露成阿剌吉。"阿剌吉这一外来语，从目前的资料来看，可能是元代人首先采用的。

元代至正四年（1344年），朱德润所写的《轧赖机酒赋》的序中谓：

"至正甲申冬，推官冯仕可惠以轧赖机酒，命仆赋之，盖译语谓重酿酒也。"赋中写道：

> ……法酒人之佳制，造重酿之良方，名曰轧赖机，而色如酊。贮以扎索麻，而气微香。卑洞庭之黄柑，陋列肆之瓜姜。笑灰滓之采石，薄泥封之东阳。观其酿器，扃钥之机。酒候温凉之殊甑，一器而两圈铛，外环而中洼，中实以酒，仍械合之无余。少焉，火炽既盛，鼎沸为汤。包混沌于郁蒸，鼓元气于中央。薰陶渐渍，凝结为炀。潏渤若云蒸而雨滴，霏微如雾融而露瀼。中涵既竭于连爝，顶溜咸濡于四旁。乃泻之以金盘，盛之以瑶樽……

赋中介绍的轧赖机应是烧酒。朱德润认为它属重酿酒，色如酊，即酒度较高。从赋中介绍的酿器和工艺看，可以确认轧赖机是一种蒸馏酒。由于这是作赋，故描述中带有浓烈的文学色彩，不可能描述得很具体。

在《饮膳正要》成书之前30年，即元大德五年（1301年）编成的《居家必用事类全集》中有一段关于南蕃烧酒法的记载：

> 右件不拘酸甜淡薄，一切味不正之酒，装八分一瓮，上斜放一空瓮，二口相对。先于空瓮边穴一窍，安以竹管作嘴，下再安一空瓮，其口盛（承）住上竹嘴子。向二瓮口边，以白磁碗碟片遮掩，令密。或瓦片亦可。以纸筋捣石灰厚封四指。入新大缸内坐定，以纸灰实满，灰内埋烧熟硬木炭火二三斤许，下于瓮边。令瓮内酒沸，其汗腾上空瓮中，就空瓮中竹管内却溜下所盛（承）空瓮内。其色甚白，与清水无异。酸者味辛，甜淡者味甘。可得三分之一的好酒。此法腊煮等酒皆可烧。

与朱德润同时代的文人许有壬（卒于1364年）

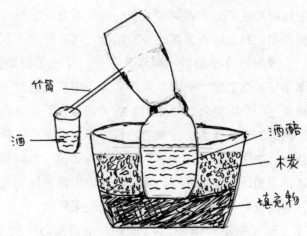

图1-36 南蕃烧酒法所描述的蒸酒器

在《咏酒露次解恕斋韵·序》中写道："世以水火鼎炼酒取露，气烈而清，秋空沉滢不过也。虽败酒亦可为。其法出西域，由尚方达贵家，今汗漫天下矣。译曰阿剌吉云。"许有壬称蒸馏酒为酒露，也译曰阿剌吉。酿制方法是以水火鼎炼酒取露，败酒亦可作原料。他认为此法来自西域，首先在宫廷和达官贵族家由权贵所享受，后来流传到民间，于是"汗漫天下"。

元人熊梦祥在其著写的《析津志》中也说："葡萄酒……复有取此酒烧作哈剌吉，尤毒人。"又谓："枣酒，京南真定为之，仍用些少曲蘖，烧作哈剌吉，微烟气甚甘，能饱人。"

分析以上资料，笔者认为：①在元朝，阿剌吉、答剌吉、轧赖机、哈剌吉、哈剌基都是指蒸馏酒。尽管名称文字不同，但是读音相近，可见都是对阿剌吉类型的蒸馏酒之不同译写。同时这些译写也表明蒸馏酒的烧制方法主要是由域外传入，人们对它较生疏，一时找不到适当的词，故采用音译。酒露、汗酒、烧酒也都是指蒸馏酒，它们是当时人们对蒸馏酒最初的意译。到了明代，烧酒一词才逐渐流行起来。②在元代，蒸馏酒至少有两类：一类是从西域传入的由葡萄酒烧制的蒸馏酒，即今日白兰地类型的蒸馏酒；另一类是由粮食发酵原汁酒或酸败之粮食发酵酒经烧取而得的蒸馏酒，即后来所称的烧酒。元代尊奉蒸馏酒为法酒，尤以葡萄酒烧制的阿剌吉最为名贵。③制取蒸馏酒，有水火鼎、殊甑、联瓮等多种蒸馏装置。水火鼎无疑源于炼丹家的炼丹房，经改制而成。殊甑之殊表示特殊，是说这种甑有独特的设计，过去没有见过。连瓮是两个瓮的组合，这种装置虽较简陋粗放，但也较大众化。蒸馏装置的多样化，则表示蒸馏酒烧制已有一段发展，但还是初级阶段。仔细查考文献可以发现，元代蒸馏酒的制取基本上采用液态的酒醅，即由各种液态的成品酒来蒸馏，至今尚未发现那时的著作中有像李时珍所介绍的，采用固态或半固态酒醅的烧酒法，这表示蒸馏酒的烧制，元代仍处于初期发展的阶段。④在元代，阿剌吉被奉为法酒，这种酒的烧制获得了官方的赞许，因此推广普及较快，很快就由达官贵人家推向民间，并且逐渐形成汗漫天下局面。假若仅用葡萄酒蒸制阿剌吉，由于受自然条件的局限，不可能发展这么快，所以，应当是普遍采用粮食发酵原汁酒来作为原料，烧酒才能有迅速的发展。⑤谓"阿剌吉始于元朝"，这不是元朝人所讲的，而是明代人所说。清代的众多人也认为烧酒之法始创于元代，因此，这一观点是可信的。当时中国不仅已生产蒸馏酒，并已在相当地域内得到推广和发展。以葡萄酒烧制的阿剌吉则是从西亚通过西域传进来，人们对这种蒸馏酒的认识的确始于元朝，它的传入在中国酿酒发展史上起了一个里程碑的作用，所以认为元代已生产烧酒的论断是充分的，无可争议的。

2. 蒸酒技术的考察

探讨蒸馏酒的缘起，除了对文献资料进行认真的研究考证外，还应对古代蒸馏技术和蒸酒器的发展进行必要的考察，这是蒸馏酒问世的最有说服力的证据。

①从炊蒸到蒸馏。陶器的发明和发展，促成炊煮法逐步地取代了烧烤法。而甑的出现意味着先秦时代的人们又掌握了一种新的烹饪方式——炊蒸法。甑(图1—37)的形状像一个敞口的陶罐，底部有许多小孔，将其置于放有水的鬲或釜上，一旦加热鬲和釜，其中产生的水蒸气通过小孔便可蒸熟甑中的食物，所以陶甑就是后世蒸笼的先声，它最早出现在仰韶文化时期。在龙山文化时期又出现一种叫甗的陶制或青铜制炊器，它是一种有箅子的炊器，分两层，上层相当于甑，可以蒸食。下层如鬲，可以煮食，一器可两用，它实际上是甑和鬲或釜的套合。后来又有新的发展，例如殷墟妇好墓出土的以青铜铸造的分体甗，可分可合，轻巧灵便。特别是三联甗，能同时蒸煮多种食物。这些文物表明，先秦时代的蒸法已达到相当高的水平。

图1—37 陶甑与甗

　　如果说煮食法是人类发明陶器后最普通的烹饪法，那么蒸食法却是东亚和东南亚地区出现的独特的烹饪法。这种情况的出现可能是因为这些地区都是以谷物为主食。当然，其后面食的加工也部分采用了蒸法，所以常见的面食制品中大量出现的是蒸成的馒头、包子等。而在西方，面食的加工主要是烤制，例如面包、蛋糕。馒头与面包一样，都是通过酵面发酵与酿酒有关，最早的面团发酵技术就是酒酵发面法。这种方法，据考证问世于2世纪前后。蒸食法的发展为蒸馏技术的出现奠定了技术前提。

　　秦汉之际，中国炼丹术兴起。方士们不可避免地会借鉴生产、生活中的实用技术，把它们适当地搬用到炼丹活动中，煮食法与蒸食法及其器具就逐渐演绎为升炼和蒸馏技术，成为炼丹家的炼丹手段之一。最典型的例子当然就是从硫化汞中提取汞，就是采用这种技术。两汉以来，尽管炼丹家采用了蒸馏技术，但是丹家并没有因采用蒸馏技术而有重要的发现。

图1-38 东汉有关酿酒的画像砖和它的拓片（四川新都出土）

　　四川博物馆收藏的、在1955年和1979年分别出土于彭县和新都的有关酿酒作坊的画像砖（图1-38），曾是人们猜测它是否与蒸馏技术有关的物证。仔细地审看此画像砖拓片，可以看到画中有灶有锅，有人在锅中搅拌，有人挑酒走，有人运酒醪。推测这幅画是描绘酿酒工艺中最后一道工序：将成品酒加热灭菌装入贮酒的小口陶罐。当时尚没有采用蒸酒设备。

　　上海博物馆所收藏的东汉时期的以青铜铸造的蒸馏器是国内目前已知的最早的蒸馏器实物，有人曾认为它是东汉可能已生产蒸馏酒的又一物证。这具蒸馏器的基本形式与汉代的釜甑相似，但有一些特殊部件。其形制如图1-39所示。

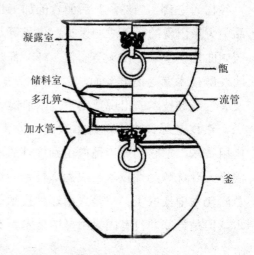

凝露室

储料室
多孔算
加水管

甑
流管

釜

图1-39 上海博物馆所收藏青铜铸造的蒸馏器和它的剖视图
（摘自马承源：《汉代青铜器的考察和实验》，1983年）

上海博物馆马承源认为，它是一具蒸煮器，加了一个盖子后，虽然也能生产蒸馏酒，但是其储料室容积很小，蒸出来的酒根本不敷需要。因此它不是用来生产蒸馏酒的。它原先就不用盖，正适宜熬药，因为有些草药需要长时间蒸煮。

②花露水的蒸取。在唐宋时期的本草或医方中，虽然有"九蒸九曝"或"百蒸百曝"的制药方法，但是，这种蒸往往只是用热气或水汽来加热软化药物或萃取药物中某种成分。其中最接近蒸馏酒工艺的算是花露水的制取。唐人冯贽的《云仙杂记》载："柳宗元得韩愈所寄诗，先以蔷薇露灌手，薰玉蕤香后发读。"又据《册府元龟》记载，五代时后周显德五年（958年）占城国王的贡物中有蔷薇水十五瓶。此后传入的蔷薇水就多起来了，例如宋代赵汝适《诸蕃志》谓："蔷薇水，大食国花露也。五代时蕃使蒲歌散以十五瓶效贡，厥后罕有至者。今多采花浸水，蒸取其液以代焉。"北宋人蔡绦在其《铁围山丛谈》中记述："旧说蔷薇水乃外国采蔷薇花上露水，殆不然，实用白金为甑，采蔷薇花，蒸气成水，则屡采屡蒸，积而为香，此所以不败。"从上

述文献可知，蔷薇水一类花露水是从唐代开始传入。唐代传入的花露水是浸取而成，还是蒸馏而成，尚待考证。但很可能已是蒸馏液，因为在八九世纪阿拉伯炼金术中已普遍采用了蒸馏术。宋代传入的花露水可以肯定是采用的蒸馏技术，一种是先将蔷薇花用水浸泡，再蒸馏而得；另一种是直接用水蒸气蒸馏蔷薇花而得。而中国古籍中用蒸馏法配制香水的记载，最翔实具体的当属明初问世之《墨娥小录》（卷十二）中的"取百花香水法"，兹照录如下："采百花头，满甑装之，以上盆合盖，周回络以竹筒，半破，就取蒸下倒流香水贮用，为（谓）之花香，此乃广南真法，极妙。"这也就是张世南《游宦纪闻》（卷八）中所言"以甑釜蒸煮之"的方法。但它是直接以水蒸气蒸馏花头，而免去了先以水浸泡花头的工序，当是更进步的形式。仅从上述蔷薇水等的传入、认识和制造，表明人们对蒸馏技术的认识和掌握，可以说至迟在南宋时，已经有少数人，特别是制药的炼丹家和药剂师积累了关于蒸馏技术的经验。

1975年在河北省青龙县西山嘴村（今水泉村）金代遗址中出土了一具青铜蒸馏器，该蒸馏器的结构图和蒸酒流程示意图见图1－40。由图可见，它是由上下两个分体叠合组成，其各部分的尺寸如附表所列。根据其构造，可以推测其使用时的操作方法可能有两种：（1）直接蒸煮；（2）加箅蒸烧。这两种方法都可以收集到蒸馏液。

从该蒸馏器壁上遗留下的使用痕迹来看，推测它不仅曾用于直接蒸煮，同时也曾用于加箅蒸烧。考古工作者曾用该装置以加箅方式进行蒸酒试验，证明该套装置是一件实用有效的小型蒸馏器，它既可以蒸酒，又可以蒸制花露水。但是它器形尚小，不可能用于生产大量蒸馏酒。而且也与元代所用的蒸酒器有较大差异。这具蒸馏器出现在金代，有专家认为它应是元代遗物，可能是一些炼丹家和医药家用来生产花露水或药液。同时也表明当时的蒸馏技术的水平。

③元明时期的蒸酒器及其发展。现存有关元代时期蒸馏酒烧制的最早、最详细的记载，当属上文已转录的《居家必用事类全集》中关于"南蕃烧酒"的记载。其蒸酒器如图1－36所示。两瓮相对而成的蒸酒器是可以用于生产蒸馏酒。但是，使用的原料只能是液态的酒醪。表明当时蒸馏酒的生产还处于初始阶段。器具的这种组合装配，表明当时的酿酒师已明白，蒸馏酒即是蒸馏过程中的馏出液，这种馏出液产生于酒醪，是酒醪中的精华部分。将这种蒸酒器

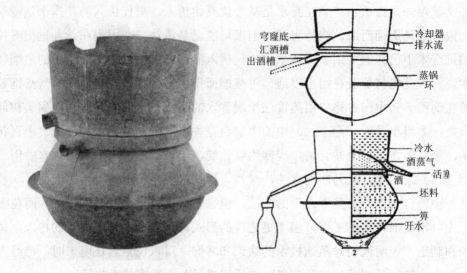

图1-40 金代蒸馏器及其剖视图

表1-1 青龙蒸馏器实测表（厘米）

| 金器高 | 甑 锅 | | | | | | | | 冷 却 器 | | | | |
| | 高 | 颈高 | 径 | | 聚液槽 | | 环錾宽 | 输液流长 | 高 | 穹隆顶高 | 径 | | 排水流长 |
			口	最大腹	宽	深					口	底	
41.5	26	2.6	28	36	1.2	1	2	20	16	7	31	26	残余2

与曾流行于希腊的蒸馏器作比较，原理虽然相同，样式形状还是有一定差异，主要表现在冷凝方式的不同。希腊和阿拉伯炼金术的蒸馏器具有一根很长的导管来冷凝馏出物，而中国式的冷凝主要靠盛有冷水的铁锅来完成。用水冷却显然比用空气冷却效果要好，这是蒸酒器的技术进步。

借鉴由西亚传进来的葡萄烧酒制法，蒙古牧民常饮的奶酒也有了变化。牧民应用简单的蒸馏设备将低酒度的奶酒蒸馏加工成高酒度的奶酒。当今在蒙古游牧地区仍可以看到一种较原始的蒸酒设备，如图1-41、图1-42、图1-43所示。

这种蒸酒器与上述南蕃烧酒的蒸酒设备原理上是一致的，都是以液态原汁酒为原料，再通过简陋的设备而生产蒸馏酒。当时的其他蒸酒设备大致相近，都较原始。但是随着蒸馏酒的普及和生产，蒸馏技术得到较快发展和完善。那种简陋的只适用于以液态酒为原料的蒸酒器被淘汰，首先发展起能盛酒醅的蒸酒器。直接蒸馏固态的酒醅，就可以省掉许多麻烦，而且保证了酒度，因为乙醇的沸点只有78.3℃，比水的沸点低许多。20世纪40年代在四川农村还可以看到这种蒸酒器(图1—44)，它与奶酒蒸酒器很相似，只是多了一个中间盛酒醅的木甑。据诸多学者研究，到了明清时期，我国传统的蒸酒器已发展出两种基本类型：一为锅式，二为壶式。如图1—45(左)所示的一种是天锅式的蒸馏器，它属于顶上水冷式，蒸馏器主要由天锅、地锅组成。天锅内装冷却水；地锅下釜装水，烧沸后，水蒸气通过地锅算上装满固态酒醅的甑桶，将酒醅中的酒精蒸出成乙醇气体上升，在顶部被天锅球形底面所冷却，凝成液体沿锅形底向中央汇集，由一漏斗形导管引出，从而收集到酒液；倘若不用算子，也可将低酒度的酒液加入地锅，加热蒸馏，也同样可以获得浓度较高的酒液。这种天锅式的蒸馏器是中国特有的，与上述奶酒蒸酒器一脉相承。它主要在中国西南地区较盛行，与泰国、菲律宾、印度尼西亚传统的蒸馏酒生产装置也较接近。第二种壶式蒸馏器，如图1—45(右)所示。它也属顶上水冷式，但是，它顶部的冷凝器底部呈拱形，拱形周围有一凹槽，冷凝成的酒液汇集于槽，再导引到锅外。这种壶式蒸馏器在结构上似与金代蒸馏器有相承的联系，它主要在中国东北和华北部分地区较多地被使用。日本元禄时代(1685年，相当于清代康熙时代)的《本朝食鉴》中介绍的"兰引"蒸馏器，从结构上看与金代的蒸馏器十分相近，所以有人认为日本的兰引蒸馏器可能也是从中国传过去的。通过上述蒸酒器发展的历程来看，可以肯定地认为，元代已生产蒸馏酒了，但是技术上还是初始阶段。到了明代，蒸馏酒技术得到发展而有了较快的进步。

这两种蒸酒器在传统的酿酒作坊中沿用了几百年之后，面对较大规模的工业化生产显然不适应。它冷却面积小，耗水量大，流酒温度高及产量低、劳动强度高等缺陷暴露无遗。从20世纪50年代起，酒厂陆续改用甑桶分体的直管冷凝器(见图1—46)。这种冷凝器显然参照了化工的冷凝装置，比较科学。

图1-41 蒙古族马奶酒蒸酒器具(摄于内蒙古大学博物馆)

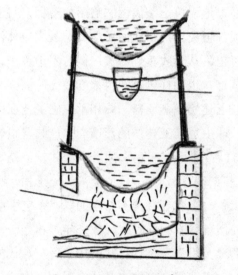

图1-42 奶酒蒸馏示意图

图1-43 蒸取奶酒

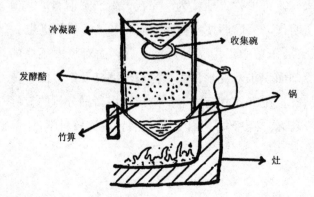

图1-44 20世纪40年代四川
农村的蒸酒器示意图

94

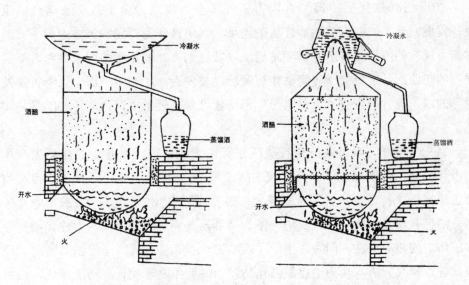

图1-45 天锅式蒸酒器(左)和壶式蒸酒器(右)示意图

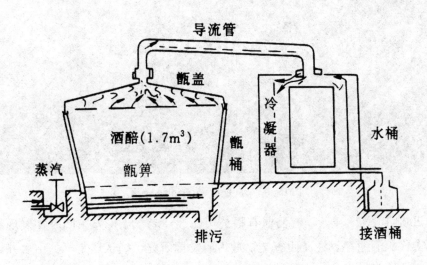

图1-46 直管冷凝蒸酒器

3.考古新发现的印证

20世纪80年代后中国考古取得了许多重大成果。由于对工业遗产的重视，发掘发现了一些有关酿酒作坊的遗址。其中被评为"1999年度中国十大考古新发现"的四川成都水井街酒坊遗址，被评为"2002年度中国十大考古新发现"的江西南昌进贤县李渡烧酒作坊遗址，被评为"2004年中国十大考古新发现"的四川绵竹剑南春"天益老号"酒坊遗址都是展示中国白酒历史的最好实证。

1998年8月，四川成都全兴酒厂在其位于成都东门水井街的曲酒生产车间进行改建中，发现地下埋有古代的酿酒遗迹，见图1－47。后在省、市文物考古研究所主持下，进行了发掘研究。发掘面积仅280平方米，发掘出晾堂三座、酒窖八口、灰坑四个、灰沟一条、蒸酒器基座一个及路面、木柱、墙基等酿酒作坊的相应设施，同时还出土了众多碗、盘、杯、碟、壶等酒具残片。经专家学者研究分析，认为这座酿酒作坊使用时间不晚于明代，历经清代，沿用几百年。可惜的是没有发掘到当时的蒸酒器。

图1－47 水井坊酿酒遗迹一角

2002年6月，江西李渡酒业有限公司在改建老厂无形堂车间时，发现地下埋有古代酿酒遗存。经江西省文物考古所发掘研究，确认这是一处由水井、发酵陶制地缸、炉灶、晾堂、酒窖、蒸馏设备、水沟、墙基构成的比较齐全、完备的酿酒作坊。其布局合理，砌筑精细，具有鲜明的地方特色。尽管其使用延续时间很长，但仍能清晰地看到元代的地缸发酵池和酒窖，见图1－48。

（1）明代水井J1（南→北）

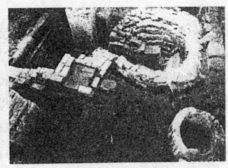
（2）明代炉灶Z1和蒸馏设施R2
（东北→西南）

（3）元代酒窖C10～C19
（东北→西南）

（4）明代酒窖C1～C7
（东南→西北）

图1-48 江西进贤县李渡烧酒作坊遗址(《考古》2003年7期)

　　2004年被发掘研究的"天益老号"酒坊是剑南春酒厂保存较完整的清代酿酒作坊遗址，是从清代到民国时期当地20余个曲酒作坊之一。它清楚地展示了当时的曲酒酿制技术和规模、水平。

　　考古新发现为我们认识蒸馏酒早期生产状况提供了实证。李渡酒坊遗迹是我国迄今为止发现的第一家小曲工艺白酒作坊遗址，它开始生产蒸馏酒年代可以上溯到元代，作坊的生产设备大多可以确定为明代，而且都是前店后厂的布局。成都水井坊酿酒遗址和绵竹剑南春"天益老号"酿酒作坊遗址分别展示了大曲酒的工艺技术。尽管许多问题尚待深入研究，但是我国元代已有蒸馏酒生产是可以肯定的。

九、酿酒技术发展的新平台

明清时期，酒业作为社会经济结构中的重要组成部分已毋庸置疑了。从酿酒技术的角度来看，这时期酒业的构成开始发生很大变化，这就是蒸馏酒（白酒）在酒类占据愈来愈大的比重。酿酒技术的进步主要表现在白酒生产中，白酒技术的提高也带动了黄酒技术的创新。

（一）白酒在明代的崛起

在元末农民起义的大潮中，农家弟子朱元璋于1368年登上了皇位，建立了明朝。面对着战乱的创伤、土地的荒芜、生产的凋零，朱元璋执政伊始，推行了一条旨在安民乐业、发展生产的政策，从奖励垦荒，实行屯田，到修河筑堤，种棉植麻，轻徭薄赋，调动了广大农民的生产积极性，很快就医治好战乱创伤，农业生产有了恢复和发展。

朱元璋还从元朝不到百年的历史中汲取了一条教训，那就是要禁酒。原本强悍的蒙古骑兵，进驻繁华的中原地区后，富饶的物质和美丽的景色让他们眼晕，特别是中原的歌舞酒肉生活让他们陶醉，时常酗酒逐渐让这些勇士变成拉不开弓、骑不动马的不堪一击的朽兵。这就是饮酒害人的教训，因此，朱元璋强力推行了禁酒政策，他多次发布禁酒令，而且也拒收贡酒，连不用粮食酿造的葡萄酒也在禁限之列，甚至他还把酿酒所用的糯米列入禁种范围，表明其"塞其源，遏其流"的决心。

皇帝有着至高无上权威，然而其对社会的控制和影响还必须得到臣民的支持才能得以实现。此时的酒已深入社会生活的方方面面，上至皇亲国戚，下至平民百姓，生活中都不能断酒，所以禁酒令实际上没有得到真正的贯彻，很快就成为一纸空文，遂被废止。洪武二十七年（1394年），朝廷又令民可建酒楼，很快在京都四处就酒楼林立。官吏们常设饮酒大宴，饮酒之风又起。统治者不禁，民间酿酒业很快有了规模。

后来朝廷不能完全放弃酒利收入对财政的贴补，遂又推行起税酒政策，酒的税率也是定得较低。在这一政策的鼓励下，民间酿酒、贩酒及制曲业都有了相应的发展。明英宗时，明令"各处酒课，收贮于州县，以备其用"，这实际上将酒税的收入纳入地方财政。这种酒政无疑促进了酿酒业，特别是烧酒业的蓬勃发展。

明朝可谓是中国酒业发展的黄金时期，首先黄酒的生产得到进一步普及，几乎是家家户户在谷物丰收的秋后都要酿酒，一年有这么多的节令庆典要饮酒，待客接友更是少不了酒。许多酒俗、民俗都是在这一时期完善的。特别是烧酒（即白酒）的生产在迅猛地发展，白酒生产从制曲到地缸、泥窖发酵，再到蒸馏烤酒等特殊技术大都是在这一时期创立的。当代中国的名酒：山西汾酒、四川泸州老窖酒、五粮液酒、剑南春酒、贵州茅台酒、安徽古井贡酒、江苏洋河酒等都是在这一时期面世的。

（二）明清时期白酒技术的发展与创新

白酒酿造技术是在传承黄酒酿造技术的基础上，引进了蒸馏技术而发展起来的，因此它的内涵中处处呈现出中国酿造技术的特色。这首先反映在制曲工艺中。

1.制曲技术的继承和发展

在传统黄酒酿造中，大曲（麦曲）往往与小曲（酒药）共同使用，而在白酒酿造中，由于酿造大多属固体发酵，发酵时间长，发酵剂主要靠大曲。在生产实践中，制曲工艺有了相应发展，大曲的种类更为丰富，且有了明确的制曲要求。这就是明清时期制曲技术的变化。大曲因其大而得名。其实，块大也是相对小曲而言。大曲身存菌系（微生物）、酶系（生物酶）、物系（化学成分），在发酵中起着关键作用。可谓"曲定酒型"，即白酒的香型取决于大曲。各地制曲又因为原料配比、工艺条件、发酵特点的不同而各具特点。各地使用的大曲也是五花八门，若按品温来分，可分为高温大曲、中温大曲；若按生产的产品特性来分，可分为酱香型大曲、浓香型大曲、清香型大曲、兼香型大曲等；若按工艺来分，可分传统大曲、纯种大曲、强化大曲。大曲一般呈长方形，像块大方砖，体积大小因厂而异。外形、尺寸和质量都不重要，重要的是制曲原料、方法、质量和内在所含的微生物种群及其糖化、酒化的能力。

虽然大曲具有易培养、原料易得、工艺简单、功能多等特点，但是其复杂多变的内涵不容小觑。所谓内涵复杂是指大曲体内滋养了大量微生物，通过现代的科学分析，人们了解到大曲中的微生物主要有四类：霉菌、细菌、酵母菌、放线菌。通俗地说，大曲在发酵中，霉菌是糖化作用的主力，酵母菌是酒化的动力，细菌则是在生香显示能力。而放线菌为数不多，在发酵中能起什么作用不明显。

一般情况下，大曲霉菌中最多的是曲霉属，它时常可呈现出黑、褐、黄、绿、白五种颜色，在发酵中能形成糖化力、液化力、蛋白质分解和多种有机酸。曲霉中的黑曲霉具有多种活力较强的酶系，并可产生少量酒精。曲霉生长发酵的温度都在35～40℃之间。大曲霉菌中，根霉属也是主要的，它包括黑根霉、米根霉、中华根霉、无根根霉等几种。在发酵中起主要作用的是米根霉，它具有较强的糖化力，兼有一定的发酵力，但是也能产生相当量的不利于发酵的乳酸。为此在发酵中，既要保证米根霉在曲中的地位，又要抑制它生成乳酸的含量，怎么控制呢？靠的是温度调节。米根霉最宜生长温度为37～41℃，而它最适发酵温度在30～35℃之间。因此只要制曲培菌品温不超过38℃即可达到控制米根霉大量繁殖的目的。大曲中第三类霉菌是毛霉属，它的生长发酵温度虽然与根霉相近，但是它主要生长于制曲中的"低温培菌期"。毛霉虽然其代谢产物和自身积累的酶系具有一定的蛋白质分解力，产生多种有机酸，但是毛霉属于感染菌，可以看作是发酵中的有害菌。此外，大曲霉菌中还有耐酸、酒化力较高的红曲霉属。红曲霉菌虽然生长温度范围大，但它只在高温缺氧特殊环境中得到较快繁殖。有害的青霉属和糖化力不强的梨头霉属也是大曲霉菌家庭的成员。

大曲中的细菌主要有球菌和杆菌两种类型，最多的是乳酸菌。它有三个显著特点：一是既有纯型，又有异型；二是球菌居多；三是所需温度偏低（28～32℃），并具有厌气和好气双重性。由于乳酸所呈现的味是馊、酸、涩等，特别是当乳酸酯量大时呈青草味，因此在酿酒中不希望有太多的乳酸菌。在大曲中另一类常见的细菌是醋杆菌属，它是典型的好气性菌，它的作用主要是氧化葡萄糖生成醋酸和少量酒精。当其量少时，可与醇合成酯；当它量大时，就会抑制酵母菌的生长。醋酸菌的繁殖主要在大曲发酵前、中期，一般在新曲中含量较多。但是它有一个致命弱点，就是在干燥低温的环境中，它的芽孢就会失活而死亡。因此，酿酒中都是使用陈曲，因为陈曲中原存的醋酸菌大多已死亡。

大曲中的酵母菌主要有酒精酵母、产酯酵母及假丝酵母属。酒精酵母的主要特点是酒精生成能力强，喜偏酸环境，最佳生长温度为28～32℃。一般在曲坯入房2天，酒精酵母便大量生长繁殖，其后随着品温上升而死亡或休眠。酒精酵母与其他酵母相比，其数量不算多，但在酿酒中是必不可少的。产酯酵母是以糖、醛、有机酸、盐类作为养料，在酯酶作用下将酸醇结合产生酯，例如将乙酸和乙醇结合生成乙酸乙酯。有了这一功能，发酵能力就不强了。

大曲发酵中的培菌过程实际上就是微生物的生长过程。制曲就是要综合性取得微生物菌群数量及相应的代谢产物。制曲的技术在过去很长的时间里，人们是在实践摸索中前进，到了近代才有一些微生物的知识来指导，通过操作使酒曲中的有益酿酒的微生物存活多些。

在制曲中，温度的高低能使菌群的组成发生变化，因此大曲分成高温曲、中温曲就有一个温度标准。高温曲是指制曲温度达到60～65℃；中温曲则在45～59℃之间。

高温曲基本上用于酱香型白酒工艺，其生产的工艺流程如图1－49所示。

母曲草和水　　　　　　稻草谷壳
↓　　　　　　　　↓ ↓

小麦→润料→磨碎→粗麦粉→拌曲→踩曲→曲坯→堆积培养→出房贮存
（成品曲）

图1－49 高温曲生产工艺流程

在制曲中，曲母必须选用已贮存半年以上的陈曲，用量为小麦量的3%～5%，用水量为40%左右，这个配比要适当。堆积培养的操作是关键。根据曲坯的温度、湿度变化，适时地进行通风翻曲。大约经过7天后，中间曲坯的温度可达60～65℃，这时可进行第一次翻曲。翻曲的目的是调节温度和湿度，使曲均匀成熟。由于水分和热量的逸散，品温会骤然下降到50℃以下。过1～2天后，曲块的温度会回升。约过7天，温度再次达到60℃时，可进行第二次翻曲。此后曲坯温度回升慢了，再过7～8天，品温才达到55℃左右，此时可略开窗换气。此后品温缓慢下降，40天左右，品温接近室温，曲块基本干燥，水分约为15%。曲坯可以出曲房，另在库房储存。从曲坯入房到出房一般为40～45天。

用于浓香型白酒酿造的中温曲的生产工艺流程大致如图1－50所示。

水

↓

小麦→润料→翻造→堆积→磨碎→拌料→踩曲→曲坯晾干→
堆放→保温培养→打拢→出曲贮存(成品曲)

图1－50 中温曲(浓香型)生产工艺流程

用于清香型白酒的中温曲的生产工艺流程大致如图1－51所示。

水

↓

大麦╲
豌豆→混合→粉碎→拌匀→踩曲→曲坯入曲房→长霉→
晾霉→起潮火→大火阶段→养曲→出房贮存(成品曲)

图1－51 中温曲(清香型)生产工艺流程

图1－52 泸州老窖酒厂的制曲工艺流程图

102

若从工艺流程来看，中温曲的制备也与高温曲差不多。小的差异是原料不一样，例如茅台的高温曲，泸州老窖、五粮液、剑南春、水井坊等中温曲都是以单一小麦为原料；而同属浓香型的古井贡酒、洋河大曲等的中温曲则是以小麦为主，加入适量的大麦和豌豆为原料；像清香型的汾酒的中温曲是用小麦、豌豆配合为原料。关键的差别是整个制曲过程的温度、湿度调控。与高温曲不一样的是，中温曲要求在整个曲坯保温培养菌系中，品温可以上升到45～55℃，但是不能高于60℃。从上述的大曲中各种菌系的生长习性来看，温度、湿度的控制就是让酿酒有益菌等微生物得以在曲坯中更好地繁殖。由于各地的自然环境、天然菌系不一样，制曲的工艺过程远比上述的流程图要复杂得多。

小曲又名药曲或酒药、酒饼，以米粉或米糠为主要原料，接入一定量的母曲，加适量的水制成坯，在控制温度、湿度下培养而成。中国古代，从《齐民要术》到《天工开物》的记载中可以看到酒曲制造中都或多或少地添加了药材。人们对这些药材都寄予厚望，因此凭经验而沿用下来。这些药材在制曲中到底起什么作用？近代的研究表明，有些药材能为微生物的繁殖提供某些养分而有助于发酵，并在尔后的酒曲-酒品中形成自有的风味。小曲在各地的制造不仅所用原料不一样，工艺也有差异，形状有的是正方形，有的是圆形或圆饼形。大小也不一样，一般质量都在160克上下，比大曲小多了。其大致的生产工艺流程如图1－53所示。

水（→浸泡）　药料（→拌料）　曲种和水（→制坯）　生皮阶段　干皮阶段　过心阶段

大米→浸泡→碾碎→拌料→制坯→入箱→晾头烧→晾毛烧→晾正烧→出曲→烘曲→成品曲

图1－53 小曲生产工艺流程

曲箱管理是制小曲的关键工序。菌株在曲坯中发育生长，大致要经过生皮、干皮、过心三个阶段。三个不同阶段对温度、湿度的要求都不一样。所谓生皮阶段，即是真菌在曲坯表面发育生长，并在曲坯表面形成了菌膜的阶段，需要17～23小时。所谓干皮阶段，即是曲坯水分大量挥发，曲皮表面有小皱，曲心酸度略有上升，此时酵母稍有增长，所需时间为12～13小时。过心阶段，曲坯中的菌系慢慢由表向曲心发展，曲心的颜色也渐转白，逐渐老熟，酸味也慢慢消失，约需40个小时。

图1-54　传统工艺生产的小曲

　　中国数千年的酒曲制造，实际上是在与微生物打交道，是探索微生物世界，利用微生物为人类做工的过程，可以说是最早的微生物工程，其中获取到的经验和成就，怎么评价都不为过。

2.酿造技术上的创新和发展

　　在元朝，蒸馏酒生产技术逐步被推广。起初仍模仿中亚地区将葡萄酒蒸馏而得葡萄烧酒的方法，以液态的黄酒，甚至包括酸败黄酒为原料，经蒸馏而收集馏出液得到烧酒。后来，人们发现液态的黄酒是从半固态的酒醅中压榨出来，再加热蒸馏制烧酒，还不如将半固态的酒醅直接加热加算蒸馏来得简便，这样就能省去压榨过滤这一工序，蒸馏酒生产技术就向前迈出了一步。过去人们为了获得较高酒度，发酵醅几乎已接近于固态，这种固态酒醅的含水量较低，榨出酒的酒度虽高了，但数量却少了，有些酒精还残留于酒糟中。因此在发酵蒸制烧酒中，固态的酒醅较液态酒醪或半液态酒醪更适合于蒸馏技术。就这样，烧酒的生产技术逐渐由蒸馏液态酒过渡到固态酒醅。当然伴随这一变化，发酵的设备也有了很大变化。半固态的发酵大多在陶制的地缸中进行，这样可以防止酒液因渗透而损失。而固态的发酵既可以在陶缸中进行，也可以在那些能防止渗漏的泥窖或砖石窖中进行。也就是说发酵的设备由原先的陶缸扩展到泥窖、石板窖、砖石窖等多种形式。在陶缸中酒醅发酵主要依靠酒曲引进的菌系，而在泥窖等其他窖池中，菌系在经过培育的老窖泥中，增加了新的菌种而改组，这样就可能改变或改善原有的菌系而产出新的香型的白酒。为了与新的发酵容器及新的酒醅相适应，发酵的生态条件、技术操作、工序过程都可能作某些改进或发展。各地的白酒生产工艺都因地制宜地创造了特有的工艺流程。例如山西汾酒坚持固态地缸分离发酵，形成了"清蒸两次清"的清香型工艺特点；四川泸州老窖酒采用泥窖发酵，创造了原窖法工艺，又称原窖分层堆糟法；四川五粮液酒厂也是采用泥窖发酵，创造了跑窖法工艺，又称跑窖分层蒸馏法；贵州茅台酒采用石板窖，创造了"八次发酵，七次摘酒"为工艺特点的酱香型酿造工艺；安徽古井贡酒厂也采用泥窖发酵，发展了混烧老五甑工艺。以上这些酿造白酒的工艺创新和发展大多是在明、清两朝完成的。上述各种酿造的独特工艺，将在第四章中作专门介绍。

十、中国酿酒技艺的创新与特色

自然环境对发酵酿酒的重要性是其他一些手工行业所无法比拟的。尽管人们可以创造一个人造的酿造环境，以利于有益微生物群的建立和繁衍，但是酿造过程很大程度上有赖于微生物群体的劳作。复杂而又特殊的微生物生态平衡体系的建立对于生存环境的要求是十分苛刻的。环境的差异很自然地造成微生物群体的差别，微生物群体的差别则会造成酒品风味的不同。实践经验告诉人们，就是采用完全相同的原料和曲种，运用相同的生产工艺，不同地方酿出的酒仍会有所差别。这其中的奥秘就只能从微生物世界的变化中去寻找。正是这种差别才构造成名酒的地方特色。不仅中国名酒之间存在不同的口味风格，中西名酒之间的差别就更为显现了。酒品之间的差异主要决定于原料、酿造生态环境及酿造技术。

（一）中西酿酒技术的比较

中国的酒好，不是自己吹的，从它的酿造技术来看就可以略知一二。下面对中国几款具有代表性的历史文化名酒的生产技艺作些陈述，说明中国传统酿酒技术的精粹。先将中国的原汁发酵酒、蒸馏酒与西方原汁发酵酒、蒸馏酒作一大致比较，见图1-55和表1-2。

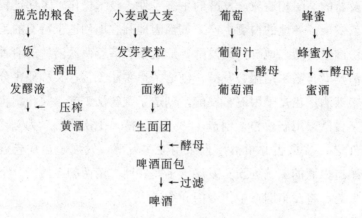

图1-55 中西发酵原汁酒工艺比较

表1-2 中西蒸馏酒工艺对比

	中国白酒	白兰地	威士忌	伏特加	兰姆酒	金酒
原料	以高粱、大米为主的谷物	葡萄或其他水果	谷物和大麦芽	食用酒精	甘蔗糖蜜或蔗汁	食用酒精、串香杜松子等
发酵方式	固态发酵	液态发酵	液态发酵		液态发酵	
糖化剂	霉菌为主		淀粉酶			
发酵剂	酵母菌	酵母菌	酵母菌		酵母菌	
微生物	混合菌种	单菌种	单菌种	单菌种	单菌种	单菌种
蒸馏方式	固态蒸馏	液态蒸馏	液态蒸馏	液态蒸馏	液态蒸馏	液态蒸馏

　　白兰地因为是将葡萄酒蒸馏而成，传统上被视为一种高贵而有档次的烈性酒。白兰地主要的产地在法国，后来用其他水果为原料，只要采用白兰地生产工艺制成的酒也称作白兰地，只是在冠名上前面加上水果的名称。例如苹果白兰地、樱桃白兰地、草莓白兰地等，只有葡萄白兰地才被简称为白兰地。完全用一种水果酿制的白兰地称为天然白兰地或纯粹白兰地，若不完全用水果为原料而添加或兑进食用酒精和配料的称为调制白兰地或兑制白兰地。蒸馏方法的不同，对白兰地产品的风味有较大的影响。举世闻名的法国可涅克白兰地采

用的是两次蒸馏法，即把葡萄原汁酒用壶式蒸酒器经两次蒸馏而成。也是名酒的法国阿尔马涅克则是采用连续蒸馏法，即把发酵原酒用塔式蒸馏设备一次蒸馏达到工艺要求。白兰地原酒随储存时间的增加，产品质量明显提高，尤其是储存在橡木桶中，这样就产生了年份酒。例如储存5年的阿尔马涅克和6年的可涅克可以标识XO，时间长于此年限则可以冠以拿破仑，若储酒年限更久远，例如酒龄在20年以上的可涅克则可冠以路易十三。为了确保白兰地质量信誉，在法国以法律手段来保护年份酒。白兰地传入中国应在元代，被元蒙贵族视为珍品，立为"法酒"之首。因而它的蒸馏技术对当时中国蒸馏酒发展产生过重要影响。

威士忌是利用发芽谷物（主要是大麦、小麦）酿制的一种蒸馏酒。威士忌的拉丁文意思是长寿水，可见它与西方炼金术的关系。爱尔兰人可能在12世纪开始生产这种蒸馏酒。1494年的苏格兰文献《财政簿册》记载说，是天主教神父从国外引入这种蒸馏酒生产技术。威士忌的主要产地在英国、爱尔兰等国家。由于原料的差别而有许多品种。例如苏格兰威士忌：全麦芽；黑麦威士忌：麦芽和黑麦；爱尔兰威士忌：麦芽、小麦和黑麦；波旁威士忌：麦芽、玉米和黑麦。苏格兰威士忌用大麦芽为原料酿制成。经过几百年的演变，工艺和酒质略有变化。当今的技术是大麦经过发芽后，放在泥炭火烘房内烤干、磨碎，制成发酵醪，因而带有泥炭烟香口味，构成苏格兰威士忌的特殊香型。完成酒化的发酵醪要经过两次间歇蒸馏，就得到单体麦芽威士忌。将多种单体麦芽威士忌混合在一起就能得到"纯麦芽威士忌"或"兑合威士忌"。在苏格兰，纯麦威士忌在橡木桶中至少要贮存3年，才能变成真正的苏格兰威士忌。实际上，大多数苏格兰威士忌陈酿都在5～6年及以上。充裕的老熟过程才能有较高的质量。爱尔兰威士忌以大麦芽加小麦、黑麦为原料，大麦芽不经过泥炭烟火炉的烘烤处理，故成品酒就没有烟熏香味。波旁威士忌、黑麦威士忌由于原料和加工过程的差异也不同于苏格兰威士忌，都有自己独特的口味。

伏特加又名俄得克，其俄语的意思是"可爱之水"。原产于俄罗斯、波兰、立陶宛及某些北欧国家，是这些国家的国酒。它以小麦、大麦、马铃薯、糖蜜及其他含淀物的根茎果为原料，经发酵（在19世纪前以麦芽为糖化剂，20世纪逐渐改为人工培育的淀粉酶为糖化剂，发酵剂则是酵母菌）蒸馏制得食用酒精，再以它为酒基，经桦木炭脱臭除杂，除去酒精中所含的甲醇、醛类、杂醇油和高级脂肪酸等成分，从而使酒的风味清爽、醇和，应该说是一种典型的酒精饮料。在20世纪，特别在第二次世界大战以后，伏特加进入西欧、北美洲地区，逐渐有了自己的酒客群体，许多国家也开始生产伏特加，酿制原料也扩充到玉米、黑麦、燕麦、荞麦等。蒸馏技术形成两道工序，先蒸馏后精馏，要蒸馏到没有任何杂醇油和任何香味，认为这才是真正的伏特加。真正的伏特加口味纯正，无味、无嗅，完全是中性，只有纯酒精的香和味。俄国人、波兰人饮用伏特加不讲究香味而是喜爱它的刺激性能。在西欧、美国，有些人虽然也以饮食伏特加为时尚，但是他们有的在伏特加中注入矿泉水或汽水或鲜果汁和冰块，以改善口味。慢慢地开始出现加香或串香的伏特加，例如茴香伏特加、丁香伏特加、柠檬伏特加、玫瑰伏特加等。伏特加还成为配制马蒂尼酒及鸡尾酒的基础酒。

兰姆酒主要是以甘蔗中的糖蜜或蔗汁为原料，经发酵、蒸馏、贮存、勾兑而制成的蒸馏酒。通常酒精含量在40%～43%。兰姆酒的主要产地是盛产甘蔗的牙买加、古巴、海地、多米尼加等加勒比海国家。其生产方法主要是在甘蔗糖蜜或蔗汁中加入特选的生香酵母（产酯酵母）共同发酵，再采用间歇或连续式蒸馏，获得酒精含量高达75%的酒液。这些酒液应在橡木桶中陈酿数年后，再被勾兑成酒精含量在40%～43%的酒液。兰姆酒呈琥珀色，蔗香明显、浓郁，口感醇和圆润，回味甘美。具有独特风味的兰姆酒又由于勾兑内容不同而分为传统兰姆酒、芳香型兰姆酒、清淡型兰姆酒。

金酒起源于荷兰，发展在英国，是以食用酒精为酒基，加入杜松子及其他香料（芳香植物）共同蒸馏而成。由于杜松子不仅具有幽雅芳香，还有利尿作用，故金酒实际上是一种露酒。

此外，还有墨西哥的龙舌兰酒、北欧一些国家以小麦和马铃薯为原料酿制的白兰地烈酒、波兰的直布罗加酒（放入牛爱吃的直布拉草共同发酵）及利口酒（加入某些果实、香料、药材共同发酵的芳香烈酒）等。

从图1－55、表1－2中可以清楚看到古代东、西方各类酒的发酵工艺是有明显差别的。由于自然环境和文化传统的不同，酿造技术及其产品各有其典型的特征。所谓的自然环境的不同，主要有两点：一是原料的不同，西方酿酒的主要原料是小麦和大麦，这两种作物都有坚硬的外皮，较难直接蒸煮加工，大多数情况下是将其先研磨成面粉后再加工成面食。坚硬的外皮还直接阻止霉菌之类的真菌在其表面生长繁衍，只有加工粉碎后才能接受在空气中游荡的真菌孢子。东方酿酒的主要原料是稻米、粟米，情况就不同，去掉软壳后的稻米、粟米，能够直接蒸煮，当时逢夏季气候炎热潮湿的环境，加工中的谷物，特别是熟制的谷物很自然地成为真菌落脚繁殖的阵地，发酵酿酒是顺水推舟的事情。第二点是环境的不同，与中国有炎热潮湿的夏季不一样，在古代的苏美尔和埃及，尽管夏天炎热，却是空气干燥，不利于真菌的繁殖。还可以推测，在当地的空气中真菌本来就很少，故由霉菌引发的谷物发酵的现象就少见了。这可能就是西方能生产啤酒而没有出现黄酒的原因之一。

西方在中世纪以前，葡萄酒、啤酒一直是饮用酒的主流；而东方的中国则是黄酒几乎垄断了市场。啤酒是面包制作技术的延伸，而黄酒技术则是谷饭的自然发展结晶。同样是谷物酿酒，在西方，像生产啤酒那样，淀粉糖化和酒精发酵是分两个独立步骤按顺序完成，参与的微生物基本上是酵母菌。而在中国淀粉糖化、酒化开始后不久即同时进行，过程中既有霉菌又有酵母菌参与，是以曲的形式进行混合菌种的发酵。对比之下，中国的酿造技术虽然复杂些，但将两步变成一步毕竟有许多好处，最大的好处在于有众多微生物的参与，产品的内容丰富多了，口感会更丰满。这个"丰富"和"丰满"可以理解为，由于通过使用酒曲，而引进混合菌种，它们在发酵中各自为战，除生产出乙醇外，还产出一些醇、有机酸、酯等许多化合物，特别是呈香的酯类化合物。这就形成了中国白酒的独自特色。

下面仅从谷物发酵中影响乙醇浓度的各种因素作一分析。啤酒酿制中，其糖化过程主要由麦芽中所含的 α 主淀粉酶和 β 主淀粉酶所主导，这两种酶都参加淀粉的水解；α 主淀粉酶能将直链淀粉链剪切成较小相对分子质量的低聚合物，由此产生许多新的非还原性末端便于下一步分解的生化反应；β 主淀粉酶能将非还原性末端的第二个葡萄糖残基切除，释放出一个麦芽糖分子。这一由酶主导的生化反应直到直链淀粉被完全降解后，水解才会停止。啤酒的酒化过程完全依赖酵母菌，酵母菌通过自身的麦芽糖酶将淀粉水解产生的麦芽糖分子水解为两个葡萄糖分子，葡萄糖再发酵成乙醇。然而，麦芽糖的存在是 β 主淀粉酶的抑制剂(因为 β 主淀粉酶作用，淀粉生成麦芽糖是个可逆反应)，所以一旦麦芽糖浓度达到了7%，β 主淀粉酶就会停止工作，麦芽糖的产率就会降低。因此在通常情况下，啤酒中的乙醇浓度维系在3%～4%。中国黄酒酿造中使用的是酒曲，发酵的过程就是另外一种状况。曲中引入发醪液中的真菌群，不仅会产生 α 主淀粉酶和 β 主淀粉酶，还会产生淀粉葡萄糖苷酶。淀粉葡萄糖苷酶也作用于非还原端的葡萄糖残基，释放出葡萄糖分子，葡萄糖直接被酵母菌发酵生成乙醇。葡萄糖却不会抑制淀粉葡萄糖苷酶的作用，因此发醪液中可以积累较高浓度的葡萄糖。此外，淀粉葡萄糖苷酶对乙醇的敏感度小于谷物的 β 主淀粉酶，因而在发醪液中添加新鲜培养基，如煮熟的大米或粟米等，以增加发醪液中的淀粉–葡萄糖的浓度，就可以借此提高发醪液中的乙醇浓度。这时节，唯一限制乙醇浓度的因素是酵母菌对乙醇的敏感度。一般来说，当发醪液中的乙醇浓度达到11%～12%时，酵母菌的发酵作用才会明显缓慢下来。因此，中国黄酒的酒精度在秦汉时期也应能达到10%。然而，中国的酿酒师为了提高酒品的酒度曾在技术上有许多创新，例如上面已讲过的曹操推荐的九酝春酒法，就是通过米饭分批投入发醪液的办法来培育和锻炼霉菌和酵母菌的工作能力。特别是在南北朝时，已普遍使用陈曲来接种培育新曲的技术，当时的酿酒师可能不知道，这一技术措施则是筛选、驯化优质的霉菌和酵母菌的重要途径。经过长期反复的技术操作，无形之中培育出具有较强活力的菌系和酵母菌。这些经过长期培育的酵母菌在酒精度达到15%～16%的浓度时，仍能保持其活性。所以近代的绍兴黄酒和福建黄酒，其酒精含量分别在16.1%～19.4%之间。当然提高发醪液的酒精度的办法不止这一项，例如在《北山酒经》中提到的培养、使用"酒母""酸浆"等技术。总之中国酿酒中使用酒曲的技术优势是非常明显的，难怪明清时期来华的西方传教士都把中国酿酒所使用的曲看得很神秘。直到近代科学建立了微生物学后，才解开这个谜团。从科学认知的角度来看，中国的先民能够通过酒曲的制备，长期与这么多的微生物种群打交道，并积累了一系列与微生物相处、利用微生物的丰富实践经验，不仅为微生物学和微生物工程的建立、发展提供了基石和助力，而且为中国能酿出具有东方特色的美酒铺设了关键的基石。

（二）中国白酒工艺的特色

虽然东西方蒸馏酒的发展源头都是本地的发酵原汁酒，都是在原汁酒的基础上加上蒸馏技术，但是只要细细地推敲，其方法和工艺还是有区别的。各类白兰地、威士忌、伏特加、兰姆酒、金酒等西方盛行的蒸馏酒都是液态发酵、液态蒸馏。而中国的白酒大都采用固态糖化发酵、固态蒸馏，生产的主要过程都是在固态下进行。因此生产的工艺过程就很不同。可以说中国的白酒传统工艺在世界蒸馏酒的生产工艺中是独树一帜的。

白酒的传统生产工艺和黄酒的传统工艺一样，首要的工序是制好曲。因为曲是制好酒的先导，随后的要素才是原料、水和窖。酒厂中流传的口诀："粮乃酒之肉，水乃酒之血，窖乃酒之魂，曲乃酒之骨。"用人的构成形象地比喻酿酒技术中的要素。其实制曲是为了谷物的发酵准备优质的微生物菌系，原料谷物是提供发酵所需的淀粉等材料，水是为淀粉糖化发酵创造必要的介质环境，窖则是发酵进行的人造环境。缺一不行，条件欠佳都会直接关系酿酒的成败或酒品的质量。酿酒过程的实质就是借助微生物的繁殖，将淀粉最终转化为乙醇等物质，故人们在该过程中就要创造一个好环境让那些微生物努力工作，然后人们再去摘取成果。

西方酿酒主要使用的微生物是酵母菌，而中国酿酒所使用的微生物除了酵母菌外，还有众多霉菌。因此西方酿酒适合在液态中操作，而中国蒸馏酒的生产最适当的发酵方式则是在固态下进行。由于采用了固态发酵、固态蒸馏，从而引出了以下工艺特点：

因为拌料、倒料、入窖等工序劳动强度大，逐渐推行半机械化技术改造，生产过程基本上是手工操作。生产工序一环扣一环，除了蒸煮工序起着灭菌作用外，其他所有的发酵过程都是开放式的操作。由于是开放式，当地的各种微生物菌系可以通过空气、水、工具、场地进入酒醅，与酒曲引入的微生物菌种共同参与发酵。这种多菌系的混合发酵，能产生复杂的、丰富的香味物质，从而造就出每窖、每锅的产品在内涵上都不尽相同的酒品，这就形成了酒的个性和质量的不稳定性，并引出了后来工序中的勾兑之举。

一般采取低温蒸煮、低温发酵。前者避免了高温高压对糊化效率的影响，后者减轻了温度过高对糖化酶的破坏。由于窖池内酒醅升温缓慢，可以使酵母菌不易衰老，从而保证了酒醅中乙醇含量的提高。采用传统的甑桶蒸馏，既能完成浓缩和分离乙醇的过程，又能实现对香味物质的提取和重新组合。这种适宜于固态蒸馏的装置是保证酒质的重要因素，是中国的独创。

在中国的酿酒生产中，还有一种操作很特别，那就是将已蒸馏过的酒醅当作配料，将它与原料混合，重新返回酒窖发酵。这不是简单的废物利用，而是通过它的配入可调节窖池内酒醅的酸度和淀粉浓度，有利于糖化发酵。还因为这种配料经反复发酵，积累了较多的香味物质，能增加成品酒的香味。

以上几点工艺技巧也是中国传统的白酒酿造技术所特有，适用于固体发酵、固体蒸馏，更适合于多菌多酶（来自酒曲的菌系加上当地的天然菌系）发酵。这样的工艺过程是中国独创的，生产出来的酒就明显地呈现了中国的口味和特色。

十一、果露酒的低迷与曲折

在西方，葡萄酒早于啤酒出现，相距有1000～2000年。公元前5000年前在扎格罗斯山脉地区，随后在中亚的许多地区，葡萄酒已经大规模地生产了。酵母菌常是葡萄皮上的寄主，它主动地将葡萄汁发酵成葡萄酒。同时借助于葡萄酒桶的帮忙，酵母菌又能将面包发酵成原始啤酒。酵母菌是酿造葡萄酒和啤酒时主要的、几乎是唯一参与的微生物。蜂蜜水和其他果汁也会被酵母菌发酵制成蜜酒或其他果酒。故此在西方古代主要的饮用酒一直是葡萄酒、啤酒及蜜酒。而在中国情况就有所不同。葡萄酒发展缓慢而曲折，与啤酒相近的谷芽酒——醴在春秋战国以后逐渐被淘汰，蜜酒就一直没有发展起来。原因很多，下面作一简单回顾。

（一）葡萄酒工艺的渐进与曲折

葡萄酒是以葡萄为原料，通过酵母菌的作用使其果汁内所含的葡萄糖、果糖转化为乙醇而酿成的酒。葡萄酒在许多人的印象中，似乎在近代才从国外引进。其实不然，我国先民很早就掌握了葡萄的栽培和葡萄酒的酿造。世界上抗病的原生葡萄有27种，我国就有6种，葡萄属的野生葡萄分布在大江南北，古书曾称之为"葛藟""蘡薁"。《诗经·豳风·七月》中就有"六月食郁及薁"的歌词。郁即山楂，薁即山葡萄。野生葡萄与栽培葡萄在植株形态上无明显差异。明代朱橚的《救荒本草》说："野葡萄，俗名烟黑，生荒野中，今处处有之，茎叶及实俱似家葡萄，但皆细小，实亦稀疏，味酸，救饥，采葡萄颗紫熟者食之，亦中酿酒饮。"李时珍的《本草纲目》也说："蘡薁野生林墅间，亦可插植。蔓、叶、花、实与葡萄无异，其实小而圆，色不甚紫也，诗云：'六月食藚'即此。"可见人们在闹饥荒的时节，曾时常到灌木丛林中去采集它，用以充饥。由于葡萄能自然发酵成酒，所以人们采集它并酿成酒并不是件复杂的事，问题在于用这种野生葡萄酿制成的酒，口味究竟怎样，这就不得而知。《神农本草经》记载说："葡萄味甘平，主筋骨湿痹，益气、倍力、强志，令人肥健、耐饥、忍风寒，久食轻身、不老、延年。可作酒，生山谷。"陶弘景辑录的《名医别录》说它"生陇西、五原、敦煌"，这就进一步证实先民很早就知道葡萄可以酿酒了。但是，可能由于葡萄品种的关系，它酿出的酒似乎口味不太好，并没受到欢迎和重视。

1. 汉代张骞的第一次引进

葡萄的栽培和利用在地中海沿岸和里海地区至少已有四五千年的历史。根据考古学家的研究，葡萄在2000多年前已广泛地分布在中东、中亚、南高加索和北非广大地区。据新疆地区的民间传说，早在2000年以前，当时吐鲁番三堡的底开以努斯国的国王曾派使臣到大食国（今阿拉伯国家）以重金购买优秀的葡萄种，在今吐鲁番地区种植。所以《史记·大宛列传》记载："宛左右以蒲萄为酒，富人藏酒万余石，久者数十岁不败。"又说："汉使取其实来，于是天子始种苜蓿、蒲萄（于）肥浇地。"这些汉使即是于公元前138年出使西域的张骞等人。《史记》成书于公元前91年的西汉中期，作者司马迁亲身经历了张骞及其以后的使者们出使西域的这段历史，并曾在朝廷中为太史令，所以《史记》的这项记载是可信的。它至少说明两点：①中亚古国大宛（今塔什干一带）等国及新疆地区早在公元前2世纪已在广种葡萄，并有酿造葡萄酒的丰富经验。②由于张骞等的努力，使良种葡萄和优质葡萄酒的酿造技术在汉代时传播到了我国中原地区。在汉武帝的上林苑就把葡萄列为奇卉异果，收获的葡萄作为珍品供皇家享用。

三国时期，魏文帝曹丕对葡萄和葡萄酒倍加赞赏，他在《诏群臣》中说："蒲桃当夏末涉秋，尚有余暑，醉酒宿醒，掩露而食，甘而不饴，酸而不酢，冷而不寒，味长汁多，除烦解渴。又酿为酒，甘于曲糵，善醉而易醒。道之固以流涎咽唾，况亲食之耶，他方之果，宁有匹之者乎？"掩露即带有露珠之意，所以能"掩露而食"的葡萄，应当是很新鲜的葡萄。依当时的交通条件，不太可能从西域长史、乌孙运来，当是中原地区自产的。据传，当时洛阳城外许多地方都种植了葡萄，尤以白马寺佛塔前的葡萄长得格外繁盛，"枝叶繁衍，子实甚大，李林实重七斤，葡萄实伟于枣，味并殊美，冠于中京"。据曹丕的话，当时曾采集这类葡萄用来酿酒也是事实。问题是当时葡萄的产地、产量都有限，美味的葡萄鲜吃尚嫌不足，难以大量供用于酿酒。当时皇家贵族饮用的葡萄酒很可能主要仍是依靠从西域运进，昂贵的运费是可以想象的，所以葡萄酒当时是很珍贵的。难怪东汉时，扶风孟佗送张让葡萄酒一斛，便取了凉州刺史的职位。据《北齐书》记载，李元忠"曾贡世宗蒲桃一盘，世宗报以百练缣"。

2. 唐初葡萄、葡萄酒又一次红火

唐代是中国葡萄、葡萄酒发展的一个重要时期。公元640年，唐太宗命侯君集率兵平定了高昌（今吐鲁番）。高昌以盛产葡萄而著称。《册府元龟》《唐书》和《太平御览》都记载："及破高昌，收马乳蒲桃实于苑中种之，并得其酒法。帝自损益，造酒成，凡有八色，芳辛酷烈，味兼醍盎。既颁赐群臣，京师始识其味。"这段记载清楚地叙述了侯君集把马奶葡萄种带回长安，唐太宗把它种植在御苑里；同时学习到其先进的酿葡萄酒法，试酿成功，并曾用这种自酿的上品葡萄酒赐赏群臣。这项记载还表明，当时即使在京师，饮用优等葡萄酒仍是难得。唐初魏征也酿出很好葡萄酒，特取名为"醹醁"和"翠涛"。唐太宗李世民亲自写诗来赞美它，说："醹醁胜兰生，翠涛过玉薤；千日醉不醒，十年味不败。"传说兰生为汉武帝的旨酒，玉薤为隋炀帝时酿造的美酒。魏征家酿的葡萄酒赛过了历史名酒。

高昌马奶葡萄（一种优质葡萄品种）引入中原，增加了内地栽培葡萄的品种，同时葡萄的栽培地域有了新的发展。对此，唐代的文献和唐人的诗歌都有很多记载。例如刘禹锡（772－842年）写道："自言我晋人，种此如种玉，酿之成美酒，令人饮不足。"唐人李肇所撰《唐国史补》还把葡萄列为四川第五大水果。葡萄种植地区已从西北、华北向南移植，甚至扩大到岭南地区。岑参（716－770年）的诗就写道"桂林蒲桃新吐蔓，武城刺蜜未可餐"，桂林都有种植葡萄。葡萄的大量种植，自然促进葡萄酒的酿造。当时山西、河北生产的葡萄干和葡萄酒也成为太原府的土贡之一。诗人李白在《对酒》中就写道：

"蒲萄酒，金叵罗，吴姬十五细马驮。"王翰在《凉州词》中写的"葡萄美酒夜光杯，欲饮琵琶马上催"。这些诗句都反映了当时的葡萄酒饮用已较前普及。关于这一时期葡萄酒的酿造方法，史料不多。根据《新修本草》的记载："酒，有蒲桃、秫、黍、粳、粟、曲、蜜等。作酒醴以曲为，而蒲桃、蜜等独不用曲。"表明此时葡萄酒的主要酿制法是依据从高昌传进来的自然发酵法。唐诗中描写的葡萄酒一般都是红色，也证明了这一点。

可能由于原料的珍贵或匮缺，也可能由于传统酿酒工艺对曲的倚重所造成的影响，导致葡萄酒的酿制方法在中原地区传播的过程中逐步发生了歧变。宋代酿酒专家朱肱所介绍的葡萄酒法已是利用曲的酿造法：酸米入甑蒸，气上。用杏仁五两（去皮尖），蒲萄二斤半（浴过，干去子、皮）与杏仁同于砂盆内一处用熟浆三斗，逐旋研尽为度。以生绢滤过。其三斗熟浆泼饭软盖良久，出饭摊于案上，依常法候温，入曲搜（溲）拌。

明代人高濂介绍的葡萄酒法则是："用葡萄子，取汁一斗，用曲四两，搅匀，入瓮中，封口，自然成酒，更有异香。"由此可见，葡萄酒的酿制方法在宋代已有三种：一是苏敬记载的自然发酵法，这种方法可能由于天然酵母菌未经驯化，或常有杂菌引入，发酵过程难以掌握，酿成的酒质量不稳定，未必醇美。二是朱肱记载的葡萄与粮食的混酿法，这种方法所酿成的葡萄酒，已完全改变了葡萄酒所具有的独特风味，口感也未必好。喝这样的葡萄酒未必比喝纯正的黄酒更好。金人元好问就曾提到：

> 刘邓州光甫为予言：吾安邑多蒲桃，而人不知有酿酒法。少日，尝与故人许仲祥,摘其实并米饮之。酿虽成，而古人所谓甘而不饴、冷而不寒者，固已失之矣。贞祐中，邻里一民家，避寇自山中归，见竹器所贮蒲桃，在空盘上者，枝蒂已干，而汁流盘中，熏然有酒气。饮之，良酒也。盖久而腐败，自然成酒耳。

> 世无此酒久矣。予亦尝见还自西域者云：大食人绞蒲桃浆，封而埋之，未几成酒，愈久者愈佳，有藏至千斛者。其说正与此合。物无大小，显晦自有时，决非偶然者。夫得之数百年之后，而证数万里之远。

从元好问的叙述，了解到当时人们若采用葡萄与米共酿，所得之酒不伦不类不好喝，反而那种葡萄自然发酵而成的葡萄酒，其味接近从西域传进的，口味就较好。这表明葡萄酒技术的发展在中国中原个别地区曾走过一段弯路。三是高濂所记录的葡萄酒汁加曲发酵法，虽然与上述两种方法不同，它以曲代替了天然酵母，却是一个败局。因葡萄酒的发酵仅需优质、纯净的酵母菌，由曲中引进霉菌，正如画蛇添足一样，完全改变了发酵酒化的菌系，得到的葡萄酒究竟是什么味道，实在难以想象。近代的葡萄酒酿制法就是采用在葡萄汁或破碎葡萄中加入经长期筛选和人工培养的酵母来发酵酿成。很可惜，中国古代上述葡萄酒法都没有讲到对温度的控制，因为葡萄酒酿造过程的温度控制是十分关键的。

3.元朝奉为"法酒"的葡萄烧酒

元代是中原地区葡萄酒酿造技艺发展的又一个重要时期。蒙古族曾长期在北方寒冷地域中过着游牧生活，由于生活的需要和习俗，喝酒成为蒙古族的风尚。入主中原前他们主要喝马奶酒，那是一种将马奶装入皮囊中，待其自然发酵而生成的酒。西征和入主中原后，他们常喝的酒又增加了葡萄酒、米酒、蜜酒。当时蒙古族权贵的生活中有三件大事：狩猎、饮宴和征战。重大决策都是在宴会中议定，宴会当然就离不开喝酒，从而把酒的地位提得很高。其时，他们最推崇的酒是马奶酒和葡萄酒。据《元史》记载："至元十三年（1276年）九月己亥，享于太庙，常馔外，益野豕、鹿、羊、蒲萄酒。"又记载："十五年（1278年）冬十日己未，享于太庙，常设牢醴外，益以羊、鹿、豕、蒲萄酒。"祭祖时，增加了葡萄酒，反映了他们对葡萄酒的器重。元代在粮食不足时，曾发布过禁酒令，禁用粮食酿酒，但是葡萄酒则不在禁酿之列。因此，葡萄的栽培和葡萄酒的酿制都有了较大发展。这种发展必然会促进酿酒技艺的进步。最重要的成就要算葡萄烧酒（即今称谓的白兰地酒）的制法被引进中原地区，从而也促进了蒸馏酒在中国的迅速推广。元人忽思慧在其《饮膳正要》中就说："葡萄酒有数等，有西番者，有哈剌火者，有平阳太原者，其味都不及哈剌火者，田地酒最佳。"李时珍在介绍葡萄酒时说："葡萄酒有二样。酿成者味佳；有如烧酒法者有大毒。酿者，取汁同曲，如常酿糯米饭法。无汁，用于葡萄末亦可。魏文帝所谓葡萄酿酒，甘于曲米，醉而易醒者也。烧者，取葡萄数十斤，用大曲酿酢，取入甑蒸之，以器承其滴露，红色可爱。"这一介绍十分清楚，当时以葡萄为原料可以制取葡萄酒和葡萄烧酒。前者既可用葡萄汁，又可以干葡萄末代替葡萄汁与曲混合如常酿糯米饭法酿制；后者则是将葡萄酿后入甑蒸馏，以器承其滴露，当是酒度较高的葡萄烧酒无疑。

元明清时期，葡萄酒的酿制虽然有了一定的发展，但由于受到葡萄生长地域条件的限制，葡萄酒的发展不可能像谷物酿酒那样普遍。再者，人们采用上述果粮混酿法而生产的葡萄酒在口味上也难以与传统的黄酒在市场上竞争，这就限制了葡萄酒的发展，葡萄酒只在相对很少的一部分人当中享饮。真正让较多的中国人领略到葡萄酒的美味，应该说是到近代时才开始。

1892年，印度尼西亚华侨张弼士在山东烟台创办了中国第一家近代葡萄酒厂——张裕葡萄酿酒公司，结束了我国葡萄酒的手工作坊生产状况。他聘请了外国技师，引进世界上著名的酿酒葡萄的种苗，购置了当时先进的酿酒设备，终于在中国酿造出了可跻身于世界一流的多品种葡萄酒。1915年张裕葡萄酿酒公司生产的干白葡萄酒"雷司令"、干红葡萄酒"解百纳"、甜型玫瑰香

图解：左上为初创时期张裕公司的老门头。上中为张裕早期生产车间。右上是始建于1894年的张裕地下大酒窖。中左是穿朝服的张弼士。中右为第一任酒师拔保。下左是20世纪30年代上海喜剧明星韩兰根为张裕做广告。下中是在1915年巴拿马太平洋万国博览会上获得的最优等奖状。下右是张裕早期东山葡萄园。

图1-56 百年张裕的一组历史画片

117

葡萄酒、"白兰地""味美思"都获得了巴拿马国际博览会的金奖。张裕葡萄酿酒公司生产的葡萄酒不仅为国争了光，同时也为中国葡萄酒、果酒的生产发展做出了表率并积累了新的经验。从此中国葡萄酒、果酒的生产历史揭开了新的一页。

（二）果酒和露酒的境遇

1. 量少而珍稀的果酒

许多水果和葡萄一样都可以酿制酒，古人早有认识。根据古籍记载，我国先民曾酿制过枣酒、甘蔗酒、荔枝酒、黄柑酒、椰子酒、梨酒、石榴酒等。例如苏轼在其好友赵德麟家曾品尝过安定郡王（赵德麟的伯父）家酿的黄柑酒，赞不绝口，为此曾赋诗一首。诗之引言写道："安定郡王以黄柑酿酒，谓之洞庭春色，色香味三绝。"诗文赞美黄柑酒，认为它赛过了当时的葡萄酒。可惜苏轼仅仅只是品尝，并未亲自酿制，所以他不知道这种酒的酿制方法，也就没有记录下来。

南宋初年抗金名将李纲曾被流放海南。他饮了当地的椰子酒后，赞美道："酿阴阳之氤氲，蓄雨露之清泚。不假曲糵，作成芳美。流糟粕之精英，杂羔豚之乳髓。何烦九酝，宛同五齐。资达人之噱吮，有君子之多旨。穆生对而欣然，杜康尝而愕尔，谢凉州之葡萄，笑渊明之秫米，气盎盎而春和，色温温而玉粹。"由这段介绍，可知当时酿造椰子酒不需曲糵，当是采用自然发酵。椰子仅产于海南，若李纲不被流放，当然也就不识椰子酒了。

南宋人周密在其《癸辛杂识》中曾记载了自然发酵而成的梨酒，其内容如下：

> 仲宾又云：向其家有梨园，其树之大者，每株收梨二车。忽一岁盛生，触处皆然，数倍常年，以此不可售，甚至用以饲猪，其贱可知。有所谓山梨者，味极佳，意颇惜之，漫用大瓮，储数百枚，以缶盖而泥其口，意欲久藏，旋取食之，久则忘之。及半岁后，因至园中，忽闻酒气熏人，疑守舍者酿熟，因索之，则无有也。因启观所藏梨，则化之为水，清泠可爱，湛然甘美，真佳酿也。饮之辄醉。回回国葡萄酒，止用葡萄酿之，初不杂以他物。始知梨可酿，前所未闻也。

梨是古代常见的水果之一，鲜吃尚不足，想必很少有人用它来酿酒，更何况酿酒的成功是有一定的技术难度。

明人谢肇淛在《五杂俎》中谓："北方有葡萄酒、梨酒、枣酒、马奶酒，南方有蜜酒、树汁酒、椰浆酒。《酉阳杂俎》载有青田酒，此皆不用曲蘖，自然而成者，亦能醉人，良可怪也。"这段记载大概也只是当时果酒生产的部分情况。可见明代时各地生产的果酒，品种还是有一些，但是可能由于黄酒的盛产和受欢迎，也可能由于水果品种、酿造的技术难度及产量低，果酒在市场上仍罕见。

2.几种著名的露酒

露酒是以发酵原汁酒(黄酒、果酒)或蒸馏酒(白酒、食用酒精)为酒基，再配以由芳香性或食疗性食材为辅料及其他某些作料(例如食糖)，经过一定的配制工艺操作而制成的一类酒。中国先民历来注重露酒的生产，或为了改善酒的口味呈香，以满足自己的喜好；或为了饮酒有助于强身健体，增强酒的某些药理功能。无论从文人对酒的赞美诗文中，还是学者论述的历代名酒中，都可以看到每家酿制酒的主要差别不在于酒的醇度，而在于各家在酿制中添加了某种配方的香料或药材。所以绝大多数待客的名酒都可以划归为露酒。制备露酒的常见方法是采撷某些芳香或药用植物的花、叶，甚至根茎，配入谷物中同酿，或泡浸在酒中而制成。商代的鬯可以说是最古老的露酒，它是用黑黍为原料添加了郁金香草共同酿成的，带有明显的药香味。此后，人们正是因为欣赏某种花叶的香味或某种药物的口味而配制了众多的露酒。这里只列举桂酒、竹叶酒、菊花酒作为它们的典型。

①香甜的桂酒。在古代，被人们称为桂酒的，至少有两种：一种是由桂花浸制或熏制而成的桂花酒。我国是桂花树的原产地，栽培历史已有2500余年。馥郁香甜的桂花深受人们喜爱，约在春秋战国时期，人们已将它浸泡于酒中以成桂酒。屈原的《楚辞·九歌·东皇太上》中就有"蕙肴蒸兮兰藉，奠桂酒兮椒浆"的歌词。《汉书·礼乐志·郊祀歌》中有"牲茧栗，粢盛香，尊桂酒，宾八乡"的歌句。可见桂酒已是当时奠祀上天、款待宾客的美酒。历代的文人墨客对它多有赞赏。至明代时仍普遍采用熏浸法造桂酒。明初刘基的《多能鄙事》讲解甚明，谓：

花香酒法：凡有香之花，木香、荼蘼、桂、菊之类皆可摘下晒干，每清酒一斗，用花头二两，生绢袋盛，悬于酒面，离约一指许，密封瓶口，经宿去花，其酒即作花香，甚美。

另一种桂酒是采用木桂、菌桂、牡桂等泡浸或将谷类与诸桂合曲发酵而成。宋代苏轼对这种桂酒颇有研究，不仅喝过，还亲自酿制过。他在《桂酒颂·并叙》中写道：

《礼》曰："丧有疾，饮酒食肉，必有草木之滋焉。姜桂之谓也。"古者非丧食，不彻姜桂。《楚辞》曰："奠桂酒兮椒浆。"是桂可以为酒也。《本草》："桂有小毒，而菌桂、牡桂皆无毒，大略皆主温中，利肝腑气，杀三虫，轻身坚骨，养神发色，使常如童子，疗心腹冷疾，为百药先，无所畏。"陶隐居云：《仙经》，服三桂，以葱涕合云母，蒸为水。而孙思邈亦云：久服，可行水上。此轻身之效也。吾谪居海上，法当数饮酒以御瘴，而岭南无酒禁。有隐者，以桂酒方授吾，酿成而玉色，香味超然，非人间物也。

据此可以判定苏轼所酿的桂酒，采用的是木桂、菌桂、牡桂等药材。自言方法来自当时南方的一种酿酒秘方。这种酒不仅香美醇厚，还有一定的滋补御瘴的药用功能。但很遗憾，他没有记述下这种桂酒的制法，既言"酿成"，可能是通过了曲的发酵。宋人叶梦得在其《避暑录话》中写道：

（苏轼）在惠州作桂酒，尝谓其二子迈、过云：亦一试之而止，大抵气味似屠苏酒……刘禹锡"传信方"有桂浆法。善造者，暑月极快美。凡酒用药，未有不夺其味，况桂之烈。楚人所谓桂酒椒浆者，安知其为美酒，但土俗所尚。今欲因其名以求美，迹过矣。

由此可知，苏轼在惠州酿制的桂酒，口味与当时的屠苏酒相似。屠苏酒是汉代以后一种较流行的低酒度药用酒，正如窦苹所云："今人元日饮屠苏酒，云可以辟瘟气。"桂酒必定像屠苏酒一样，具有浓烈的药味。苏轼后来酿制桂酒时，又写了一首诗《新酿桂酒》谓："捣香筛辣入瓶盆，盎盎春溪带雨浑。收拾小山藏社瓮，招呼明月到芳樽。酒材已遣门生致，菜把仍叨地主恩。烂煮葵羹斟桂醑，风流可惜在蛮村。"这种桂醑大约是将木桂等药材合米、酒曲一起入瓮共同发酵酿造。

②清醇的竹叶酒。竹叶酒又叫做竹酒、竹叶青酒。早在西晋时，张华在

其《轻薄篇》中就写道："苍梧竹叶青，宜城九酝酒。"晋人张协在其《七命》中写道："乃有荆南乌程，豫北竹叶。浮蚁星沸，飞华萍接。玄石尝其味，仪氏进其法。倾罍一朝，可以沉湎千日。单醪投川，可使三军告捷。"这里的竹叶青、九酝酒、乌程、竹叶均指当时的名酒。此后众多文人笔下不断提到竹酒、竹叶酒，例如萧纲云："兰羞荐俎，竹酒澄芳。"庾信云："三春竹叶酒，一曲鸲鸡弦。"杜甫诗云："崖密松花熟，山杯竹叶青。"特别是在宋代，许多地方都酿制竹叶酒，其中产于杭州、成都、泉州的竹叶青都很有名。古时，各地的竹叶酒不仅酒基不同，而且酿制方法也各有特色。最初的方法可能只是在酒液中浸泡嫩竹叶以取其淡绿清香的色味。后来在中国传统医药的影响下，人们又添加了其它一些药材。当蒸馏酒大量生产后，人们又改用白酒代替黄酒作酒基来生产竹叶青。近代绍兴生产的竹叶青就是继承了前一种传统；山西汾阳杏花村汾酒厂生产的竹叶青则是发扬后一种传统。《本草纲目》所载的竹叶酒制法是："淡竹叶煎汁，如常酿酒饮。"即将淡竹叶水煎取汁，加入适量米、曲同酿而成。李时珍记载的这种竹叶酒据云有"治诸风热病，清心畅意"之功效。

③敬老的菊花酒。古代饮用菊花酒也有悠久的历史，更不乏赞颂、歌咏菊花酒的诗文。晋代陶潜诗云："往燕无遗影，来雁有余声。酒能祛百虑，菊解制颓龄。"唐代郭元振（字震，名元振）诗云："辟恶茱萸囊，延寿菊花酒。"唐代孟浩然诗云："开轩面场圃，把酒话桑麻，待到重阳日，还来就菊花。"唐代白居易诗云："待到菊黄家酿熟，与君一醉一陶然。"宋代陆游诗云："采菊泛觞终觉懒，不妨闭卧下疏帘。"可见菊花酒是人们喜爱的一种美酒。《西京杂记》记载："（汉高祖时）九月九日佩茱萸、食蓬饵、饮菊花酒，令人长寿。"又说："菊花舒时并采茎叶杂黍米酿之，来年九月九日始熟，就饮焉，故谓之菊花酒。"南宋人吴自牧《梦粱录》也记载

图1－57 明清宫廷传承下来的
御酒：菊花白

说：“今世人以菊花、茱萸浮于酒饮之，盖茱萸名‘辟邪瓮’，菊花为‘延寿客’，故假此两物服之，以消阳九之厄。”《本草纲目》记载：“菊花酒，治头风，明耳目，去痿痹，消百病。用甘菊花煎汁，用曲、米酿酒。”由以上记载可知菊花酒是人们常饮的一种有一定药效的露酒，其具体制法与竹叶酒相同。明清两朝，菊花酒被选为宫廷御用酒，特别是在清朝，“定制供奉内造上用”的，以多次蒸馏净化的白酒为酒基的菊花酒(通常称其为菊花白)，深受皇亲嫔妃的喜爱。传说那个注重美容保健的慈禧皇太后就尤喜饮它。这种御用酒有一个由太医院御医们精心琢磨出来的配方，以几十味上品养命之药组合成，药材来源极为讲究，例如，必须选用浙江桐乡产的优质杭白菊、宁夏宁安产的上等枸杞、吉林抚松产的年长人参及沙捞越的沉香等。其酿造工艺也特别讲究，例如其基酒就是将清香型高粱白酒反复蒸馏三次而致十分纯净。蒸酒、蒸菊、蒸药材，取其净露，聚菊香、酒香、药香溶融而成。当今，北京仁和酒业有限责任公司传承了这一秘技，生产出“菊花白”酒，在市场上很受欢迎，是露酒中的佼佼者。

明代冯梦祯的《快雪堂漫录》中记有茉莉酒，其制法是采摘茉莉花数十朵，用线系住花蒂，悬在酒瓶中，距酒一指许处，封固瓶口，“旬日香透矣”。这种熏制法与窨制茉莉花茶的方法十分相近。

古籍中还记载了椰花酒、菖蒲酒、蔷薇酒等众多以花、叶、根为香料的露酒，其制法也大致相同，这里就不一一赘述。这类露酒不仅风味各异，而且大多有滋补强身的功效，所以人们常把它们并入滋补酒或药酒之列。

3. 滋补的蜂蜜酒

蜂蜜酒又习称为蜜酒，是以蜂蜜为原料经发酵酿制的酒。因蜜蜂口中含有转化酶可以水解蔗糖，转化它为葡萄糖和果糖的混合物。所以蜂蜜可作为酿酒的原料。古往今来，蜜酒的酿制在欧洲、非洲许多国家都流行，方法很多，品种缤纷。由于蜜酒中含有人体所需的丰富营养，因而深受欢迎。蜜酒的酿制在中国也有悠久的历史。据传说，蜜酒见于西周周幽王的宫宴上，这是可能的，但是在史料上笔者尚找不到很充分的证据。古籍中还有不少关于用蜂蜜来腌制果品、加工药品的记载，甚至有用蜂蜜来制醋的记载。例如《齐民要术》（卷八）“作酢法”中有“蜜苦酒法：水一石，蜜一斗，搅使调和。密盖瓮口，着日中，二十日可熟也"。酢和苦酒都是指醋。由蜂蜜酿成了醋，很可能是因为原先用蜂蜜自然发酵制酒，但未能有效地避免醋酸菌，未能严格控温，结果酿出的蜜酒味道不佳，或竟酿成了醋，所以蜜酒的酿造有一定难度，未能推广普及，因此有关的史料比较少见。对此，苏轼关于蜜酒的研制就是一个很好的说明。元丰三年（1080年）苏轼因乌台诗案被贬官黄州（今湖北黄冈）。在黄州他不仅躬亲农事，还亲自酿酒。四川绵竹武都的道士杨世昌路过黄州，苏轼从他那里得知蜜酒的酿造法，并做了酿造蜜酒的试验。对此苏轼作了《蜜酒歌》的诗。

> 西蜀道士杨世昌，善作蜜酒，绝醇酽。余既得其方，作此歌以遗之：

> 真珠为浆玉为醴，六月田夫汁流沘。不如春瓮自生香，蜂为耕耘花作米。一日小沸鱼吐沫，二日眩转清光活，三日开瓮香满城，快泻银瓶不须拨。百钱一斗浓无声，甘露微浊醒醍清，君不见南园采花蜂似雨。天教酿酒醉先生。先生年来穷到骨，问人乞米何曾得，世间万事真悠悠，蜜蜂大胜监河侯。

这首诗既描述了蜜酒的酿造过程，又抒发了作者虽穷困但有骨气的生活情操；不仅赞颂了蜜蜂的辛勤劳动，也赞美了蜜酒的香醇。诗中所描述的"一日小沸鱼吐沫，二日眩转清光活，三日开瓮香满城"，实际上就是他酿制蜜酒的观察记录。

当时蜜酒的酿制法，曾有流传。南宋人张邦基在其《墨庄漫录》中写道：

> 东坡性喜饮，而饮亦不多。在黄州，尝以蜜为酿，又作蜜酒歌，人罕传其法。每蜜用四斤，炼熟，入熟汤相搅，成一斗，入好面曲二两、南方白酒饼子米曲一两半，捣细，生绢袋盛，都置一器中，密封之。大暑中冷下；稍凉温下，天冷即热下。一二即沸，又数日沸定，酒即清，可饮。初全带蜜味，澄之半月，浑是佳酎。方沸时，又炼蜜半斤，冷投之，尤妙。予尝试为之，味甜如醇醪，善饮之人，恐非其好也。

据上述介绍，这种蜜酒的酿造法是可行的，张邦基也成功地酿制了蜜酒。其酿制法虽然并不复杂，但是工艺中对温度控制的要求是不能疏忽的。据当今科学研究，温度若超过30℃，蜜水极易酸败变味；若发酵不完全，又往往会有令人不快的口感。因此苏轼在黄州酿制蜜酒并不顺利。宋代叶梦得的《避暑录话》记载了一则后人的评论谓："苏子瞻在黄州作蜜酒，不甚佳，饮者辄暴下，蜜水腐败者尔。尝一试之，后不复作。"在当时人们不可能了解微生物在酿造中的作用，虽然凭经验知道，在酿制中容器要洁净，水要熟冷，但对温度稍高易引起蜜水腐败就缺乏了解，重视不够，结果酿出的酒往往变质变酸。苏轼遇到的挫折是可以理解的。

由于苏轼的介绍，"蜜酒方"引起人们注目。苏轼之后的李保在其《续北山酒经》中，就把"蜜酒方"列为酿法之一。元代宋伯仁也把"杨世昌蜜酒"列入名酒之列。明代卢和在《食物本草》中说："蜜酒，孙真人(指唐代药王孙思邈)曰治风疹风癣。用沙蜜一斤，糯饭一升，面曲五两，熟水五升，同入瓶内，封七日成酒，寻常以蜜入酒代之亦良。"这段记载表明，唐代孙思邈已采用蜜酒治病，可见蜜酒在唐代早已有之。据推测，蜜酒方当时大概主要在炼丹家或医药家间流传，直到经苏轼宣扬，才在民间传播开来。而且到了明代，蜜酒的酿造，也和其他果酒一样，在酿造中常加入糯饭，而且也常添加酒曲。例如据传为明初人刘基所撰的《多能鄙事》中就记录了三种蜜酒方：

蜜二斤，以水一斗慢火熬百沸，鸡羽掠去沫，再熬再掠，沫尽为度。桂心、胡椒、良姜、红豆、缩砂仁各等分，为细末。先于器内下药末八钱，次下干面末四两，后下蜜水，用油纸封，箬叶七重密固，冬二七日，春秋十日，夏七日熟。

蜜四斤，水九升，同煮。掠去浮沫，夏候冷，冬微温，入曲末四两，酵一两，脑子一豆大，纸七重掩之，以大针刺十孔，则去纸一重，至七日酒成。用木搁起，勿令近地气。冬日以微火温之，勿冷冻。沙蜜一斤，炼过；糯米一升蒸饭，以水五升、白曲四两，同入器中密封之。五七日可漉，极醇美。

这样酿造蜜酒既可使之带有黄酒的风味又可节省蜂蜜。到了近代，人们酿制蜜酒的工序大致固定下来：将1千克的蜂蜜放入清洁的坛中，冲入2～2.5公斤的凉开水，搅拌至蜂蜜完全溶解。待蜜水温度降至24～26℃时，将麦曲和白酒药各50～100克研成细粉，在不断搅拌下加入，然后用木板或厚纸盖好坛口，使发酵醪温度保持27～30℃。夏季经一周，春秋2～3周，冬季一个多月，即可完成发酵。再将坛口封好，放在15～20℃的室内，经过2～3个月的后发酵，酒即成。清液可直接饮用，浑酒需过滤，贮藏或瓶装均须加热灭菌处理并密封。由此可见这种方法与苏轼当年的方法仍很接近，但务必要注意封闭、灭菌、控温等工艺要求。

（三）百药之长的药酒

中医认为适量饮酒能通血脉、行药势，暖胃辟寒，因而用酒配制了一些能治疗某些病症的药酒或能滋补健身的露酒。我国第一部中药学专著《神农本草经》就指出：酒不仅可作药引，而且用它可以制备许多药酒。1973年湖南长沙马王堆汉墓出土的《五十二病方》《养生方》《杂疗方》就记载了几种药酒的配方及其酿制方法。

在汉代，炼丹术兴起，许多炼丹家兼作配药，又研究出许多药酒和滋补养生酒的配方。例如晋代著名的炼丹家兼名医葛洪就很重视药酒的开发，在他著的《肘后备急方》中就收载不少药酒方。唐代药王孙思邈在《备急千金要方》中就列举了石斛酒、乌麻酒、枸杞菖蒲酒、虎骨酒、小黄耆酒、茵芋酒、大金牙酒、钟乳酒、术膏酒、松叶酒、附子酒等60多种药酒，表明药酒已在中药典库中占据重要地位。伴随药酒配方的研发，制备技术也由单纯的酒浸、酒醑，增加了酒蒸、酒煮、酒炒等加工方法。到了宋元时期，许多医书的载方中，使用酒的加工技术比比皆是。宋代王怀隐等人编著的《太平圣惠方》中"药酒序"里写道："夫酒者谷蘖之精，和养神气，性唯剽悍，功甚变通，能宣利胃肠，善引导药势，今则兼之名草，成彼香醪，莫不采自仙方，备乎药品，疴恙必涤，效验可凭，故存于编简方。"该书收载了药酒、滋补养生酒方有40多种。《圣济总录》《养老奉亲书》等医药专著都收录了当时不少的药酒方。流传下来的元代医书虽然不多，但是，几乎部部都记载了药酒方。由于酒精是一种有机溶剂，酒精含量高的蒸馏酒（白酒）对中药材中的有效成分的萃取能力显然强于黄酒。因此，在白酒大量生产后，它很自然地被用作制备药酒的酒基，从而使药酒技艺发展进入新的平台。由于对众多中药材的功效和药方的配伍已积累丰富的经验，因而在明清时期，药酒、滋补养生酒的品种有了显著增加。李时珍的《本草纲目》就开列了79种药酒，其中半数以上是滋补养生酒。

认真考察药酒和滋补养生酒，可以发现它们之间并没有严格的界限。这与中医学一贯强调扶正固本的法则，即强调医食同源的观念密切相关。从现代的科学知识来看，这种医疗食养的观点是正确的。增强人体的体能和对疾病的抵抗力也是治疗患者的重要手段，滋补养生酒正是贯彻了以预防为主的医疗原则。

当今我国生产的药酒有200多种，其中治疗性的药酒约占1/3，主要是用于风湿性关节炎和跌打损伤两类。例如虎骨酒、虎骨参茸酒、风湿木瓜酒、国公酒、白花蛇药酒、骨刺消痛酒、风湿骨痛酒、海蛇药酒、蕲蛇药酒、冯了性跌打酒等。在补益性的药酒中，主要是用于壮阳和一般温补两类，例如三鞭补酒、龟龄集酒、十全大补酒、人参酒、鹿茸酒、琼浆酒、十二红药酒、万年春酒、龙凤酒、海龙酒、参桂养荣酒、天麻酒等。上述药酒和滋补养生酒凝聚了中国中医中药的宝贵经验配方，在国际上，特别在东南亚和广大侨胞中享有极好的声誉。

第二章

饮酒利弊与科学饮酒

人不吃饭会饿死，不喝水会渴死，不穿衣服会冻死，而不喝酒，即便终身滴酒不沾，也不是什么了不得的事。即酒不是生活的必需品，所以旧俗居家开门七件事：柴米油盐酱醋茶中没有酒。但是你稍加留心酒与人们的生活关系，就会感到惊讶，酒在人们的心目中非同小可。古人云："大哉，酒之于世也，礼天地，事鬼神，射乡之饮，鹿鸣之歌，宾主百拜，左右秩秩，上至缙绅，下逮闾里，诗人墨客，樵夫渔夫，无一可缺也。"（《北山酒经》）在现实生活中，许多人对酒的关注远胜于油盐酱醋，这因为饮酒已不止于物质上的享受，已成为礼仪交往，情感抒发的常见载体。逢年过节、婚丧嫁娶、宾朋聚离、兴业礼宴、祭神拜祖，都少不了酒。酒业应运而发达，饮酒的利弊随之产生。酒业发达，酒税增加，利于国家财政；酿酒太多，与民争粮，影响社会稳定。许多场合，饮酒是常态，适量饮酒，有促新陈代谢等保健功能；饮酒过度，则伤身害己，且加祸于他人。特别是酗酒，常使人失去理智，丧德败性，贻害无穷。因此，从古至今，不论任何朝代，都根据当时的情势，采取和制定相应的"酒政"，对酿酒、饮酒加以管理。

一、饮酒好恶的第一次分野

由于酿酒技术相对于制陶、冶金、纺织等手工技术简便，较易普及。只要拥有较多的谷物和一些简单的坛罐之类容器即可酿酒。当酒作为一个特殊的供品从祭祀的神坛上走下来，首先为富有的权贵所享用，《周礼》中反映的周朝皇室的用酒制度足以说明这一史实。酒随后又进入了千家万户，成为大众所喜爱的饮品。特别是吃酒与吃饭在某种意义上等同起来，吃酒就成为美食的一个内容和方式。既然在拜祖敬神的庄严仪式上，酒是必不可少的供品，那么在尊老敬长、亲朋欢聚的人际交往中，酒很自然成为常见的礼品，无酒不成宴；在欢度喜庆的节日里，酒被看作一种活跃气氛的助兴剂；在那排除烦恼、发泄情绪的场合中，酒又成为消愁药，甚至许多文人墨客都借用酒劲来抒发自己哀乐或灵感；政治家则借用酒来实施自己的政治意图。总之，传统文化又逐渐赋予酒许多特殊功用，使它进一步深入社会生活的许多场合，逐步融入一些民俗民风之中。有了这样的文化背景和不同寻常的社会需求，势必促进酿酒技术的推广和发展。吃酒权当吃饭，作为平民百姓，由于谷物有限，他们吃酒是有节制的。对于某些权贵，由于拥有较多的粮食，酗酒不仅呈常态，而且还成为他们显示自己财富和权势的一种陋习。

传说在夏商时期，当时的环境和技术条件，使人们将酿酒作为谷物的一种加工方式。吃酒连酒糟一块吃，这样吃酒也能饱腹。这种略带酒香，稍有甜味，容易消化的酒食对于社会的权贵们具有很大诱惑力。当时酒的醇度极低，人们吃酒就像喝饮料一样，能海量而不立即醉倒。他们就把手中掌握较多的粮食用于酿酒，因此当时的贵族们嗜酒成风。"昔者帝女命仪狄作酒而美，进之禹。禹饮而甘之，遂疏仪狄，绝旨酒，曰：后世必有以酒亡其国者。"（《战国策·魏策二》）这是通过禹之口对"绝"酒的告诫，后人还是不听，于是出现夏桀无道，奢侈无度，败业丧国。酗酒是其罪状之一。后来的商纣王比夏桀有过之而无不及，"大冣乐戏于沙丘，以酒为池，悬肉为林，使男女倮，相逐其间，为长夜之饮"。即酒池大到可以行舟，牛饮群饮，一次可长饮七天七夜不歇，结果导致殷商灭亡，被周取代。当然，这种酗酒的描绘有点夸张。将商纣亡国归咎于酗酒，也只是后来禁酒者挂在嘴边教训后人的一个警示。这个史实说明当时人们对酗酒行为已十分不满，并将它上升到败家亡国的高度，这应是古代社会对饮酒利弊认识的第一次分野。

周成王登基之初，辅政的周公旦颁布了中国历史上的第一个禁酒令《酒诰》。其中强调说：酒只能在祭祀时用，不能常饮。官员们到下面去，可以饮酒，但不能饮醉。酗酒会误事、会乱行、会丧德，甚至因酗酒而灭亡。明令禁止民众群饮，不听命令的人，要收捕起来，送到京师，将择其罪重者而杀之。做官的要以身作则，做人表率。《酒诰》的上述内容明确展示了当时关于酒的新政，即中国历史开始有了酒政。所以《周礼》中关于酒政的记载多了起来。实际上，一个《酒诰》并不能把酒禁绝，更何况禁酒并没有涉及王室本身，从《周礼》中酒正、酒人等官员的设置和职能，表明王室饮酒是不受限制的。对官员和百姓的政策也不一样。在地方上设"司市"专门管理市场秩序，负责稽查饮食状况，发现群聚饮酒，即禁；禁而不听者，即拘捕起来，特别严重的，就把他杀掉。即对百姓，他有"饥酒""谨酒"的权力。对于官员饮酒，不是"禁"，而是用有限度、有节制的办法来管理。即在朝廷内设置一些机构和官员从事酒类生产的管理和消费。由此可见，《酒诰》只是加强了对酒生产的管理，使官家和民间用酒都能有一个限度。

到了春秋战国时期，各诸侯国大多各自为政，因此对酒的政策各有其方。《酒诰》已名存实亡，绝大多数统治者不再禁酒，对酒的生产采取放任，不加严管的政策，酿酒、卖酒、饮酒都自行其是。当时的齐秦赵魏楚燕韩诸国的统治者大都是"嗜酒而甘之"。因狂饮而误事败业丧德者，屡见不鲜。齐景公七天七夜长饮不止，臣有谏者被赐死。赵襄王五日五夜不废酒，等等。上行下效，大臣们饮酒也都放胆无忌，加上酒业管理基本上解体，酿酒卖酒初步形成了行业，称得上生意兴隆，酒旗高悬。《史记·刺客列传》对荆轲的描写就很形象：

荆轲嗜酒，日与狗屠及高渐离饮于燕市，酒酣以往，高渐离击筑，荆轲和而歌于市中，相乐也。已而相泣，旁若无人者。

荆轲等在集市上酗酒，发酒疯竟无人管。荆轲只是个平民，可见人们饮酒已无约束。各诸侯国大多无专门的关于酒的政策。只要在市场上卖酒者缴纳一定的市税即可。

唯独秦国，在商鞅变法后，其酒政才有变化。商鞅变法的基本点是重农抑商。抑商政策表现在酒业上，则是对酒业课以重税，其税重到使酒价高于其成本10倍以上。酒价这样高，一般人当然买不起，从而达到限制酒业发展的目的。与此同时，变法中制定的《秦律》，禁止在农村居住的人，包括地主和富裕农民用剩余的粮食来酿酒，更不能到市场上沽卖取利。这样做的目的在于囤积粮食，用于征战吞并六国，实际上也达到了禁酒的目的。由此可见商鞅变法后的秦国是春秋战国时代唯一实行禁酒政策的国家，同时也是税酒的开始，当然商鞅的税酒目的在于限制酒业的发展。这种税酒政策到了汉代就变成了另一个模样。

酒是粮食深加工的产品，酿酒业发展的规模和速度直接受制于粮食收成的丰歉。碰上好的年景，粮食丰收了，自然有了较多的谷物供人们酿酒；相反，当遇到灾年，粮食歉收了，供人们用于酿酒的谷物就少了。因此粮食的丰歉对酿酒业的发展，影响是直接的。这种直接的影响一方面表现在农民对收获粮食的消费安排，更明显的表现则在政府关于酿酒政策的调整。这种酿酒政策的变化在汉代以后遂成历朝各代经济政策的重要内容，同时也反映出人们对酒以及饮酒的态度、观念的变化。

二、榷酒、税酒成为朝廷的敛财手段

西汉初年，朝廷一方面为巩固其统治秩序，害怕民众喝醉后妄议朝政，非议时弊；另一方面也有恢复生产，抗水旱灾，粮食歉收等经济原因，曾在部分地区实行禁酒令。汉初律令规定："三人以上无故群饮酒，罚金四两。"只是在"赐民"的日子里才能会聚饮食数日。例如，汉文帝即位，敕令天下可大饮五日。但是，由于酒已成为大众生活的必需品，生产又那么简便，只要有谷物即可，禁酒令很难完全实施。到了汉武帝即位后的40多年里，再也没有下过禁酒令，私人可以自由酿酒了。传说汉武帝刘彻也是个好酒的人，他曾"行舟于"秦始皇造的酒池中，还说："池北起台，天子于上观牛饮者三千人。"但是，他喝酒不糊涂，考虑到酿酒投资少、原料广、利润丰厚，可以为政府谋得一大笔收入。于是，在天汉三年（公元前98年）二月他下令"初榷酒酤"，即榷酒政策。这项政策的实质就是官买官卖，不再准许私人自由酿酤。这项政策成为盐铁官营后的又一大经济决策。当时还考虑到运输的不便，决定酒只能就地生产和就地销售为主，酿酤则分散于各地，具体管理由地方的"榷酒官"代办，利润上缴中央财政，纳入国库。实行榷酒政策的另一目的是抑制"富商巨贾"和"浮淫并兼之徒"，让那些每年可盈利二十万钱之大酒商的"钱袋"为政府所得。总体上看，政府基本上控制了酒的流通领域，统而不死，那些街头巷尾、阡陌之间的小点分销，仍然交给小商小贩去经营（图2—1）。且课以重税，未离开"酒专卖"这个大原则。酒专卖政策的实行，严重侵害了兼营工商业的地主，特别是官僚贵族大地主的利益，这项政策遭到他们的强烈反对。

汉武帝死后，榷酒政策受到抨击，于是在昭帝始元六年（公元前81年）七月，"罢榷酤官，卖酒升四钱"，即以税酒政策代替已实行了18年的榷酒政策，私人又可以酿酒了，但每卖一升酒要交税四钱。酒税成为一项专税直接交到国库以供政府开支。从此以后，禁酒、榷酒、税酒政策在不同的朝代的

图2-1 东汉(公元25-220年)酒肆画像砖及其拓片(四川博物馆藏)

不同时期被交替使用。作为一条基本国策,没有变的是酿酒业的税收是政府的一项重要的财政收入。王莽篡位后,又改税酒政策为榷酒政策。当时的大司农要求:"请法古,令官作酒。"当时制定的"官自酿酒卖之"办法异常详细,从用粮、用曲等原材料到计算成本,以至售价等都有明确规定。其中包括官方所能得到的利润的比例。当时的酒利比一般商品税额高三倍之多。为了管好酒利,还特别设立了"酒士"之官,直接控制,严格管理。欲增加酒利,就要酿出好酒,好酒的标志是提高醇度,无形之中就推动了酿酒技术的提高。

三国时期,魏、吴、蜀三国对酒的政策并不相同。曹操时酒禁甚严,讳言酒字。孔融公开反对,曹操就借故把他杀了。曹丕为了增加财政收入,恢复了酒的专卖。诸葛亮治蜀,禁酒也严,连他的儿子都不许饮酒,所谓"道无醉人",可见一斑了。孙权治理下的吴国,实行了酒的专卖,由于官僚腐败,并没有收到增加收入的预期效果。此后,从两晋到南北朝,酒政多变,时禁时开,禁开无常。禁酒于民于官都无利可取,因此禁时短,开时长。官府关心的只是酒税,酒的产销完全由私人经营了。这种社会环境,民间只要有可供酿酒的谷物,酿酒作为自给自足的小农经济的附属,会得到自然的成长。《齐民要术》中罗列出当时仅在黄河中、下游地区就有10多种制曲方法和40多种酿酒法,足以表明酿酒技术遍地开花的繁荣景象。酒政的变化和农业的发展、粮食收成的丰歉一样,能左右酿酒业发展的规模和速度,对酿酒技术的发展有着直接的影响,但不是唯一的决定因素。人们对酒品的鉴赏、喜好和酿酒实践中的经验积累也是决定酿酒技术进步的重要因素。

东晋以后,南方经历宋、齐、梁、陈四个王朝,南朝的酒政与两晋时差不多。在北方,十六国以后,酒政时税时禁,也实行过酒的专卖,最后官府关

图2-2 河北平山县中山王墓中出土的扁酒壶及其中液体

心的只是酒税收入，酒的产销则完全归私人经营了。此举大受豪绅地主欢迎，他们由此便可大获酒利，正如《太平御览》中所说的"酒利其百十"。酒利之争也成为统治阶级集团内部斗争的内容之一，因此无论是北朝还是南朝，酒政都是如此多变。经常是酒禁一开，还继续推行"官卖曲，则远近大悦"。另一方面，各时期禁酒，其实是禁民不禁官，禁小不禁大，禁无力不禁有势，明禁暗不禁，黑市价格倍涨，获利反而更多。由此可见禁酒是难以持久的。

三、文人的无奈与宣泄

实行了榷酒或税酒政策后，表明人们已把对饮酒好恶的争论放在一边，专注于酿酒的经济收益。其实在这认识变化的后面出现对饮酒评述的新论。这种新论中，影响最大的就是道家的饮酒观。道教源于古代的巫术，秦汉时表现为神仙方术和黄老道家，东汉时为农民起义所利用。张陵创立了"五斗米道"，张角创立了"太平道"，成为早期道教的两个重要派别。他们都尊立老子为教主，以"老子五千文"为主要经典，主张人经过一定修炼可以使精神、肉体两者长生永存，成为神仙。这种修炼成仙理论的重要依据是人的生死与天地山川变化一样是自然而然的变化："飘风不终朝，骤雨不终日，天地尚不能久，而况于人乎？"因此，人们要像万物一样顺从接受自身必然的变化，不必汲汲于求生之道。同时，生命的原初"道"却是永恒的，只要人能顺应这个大化流衍，也就是禀了道的精神，从而也会赋予道的永恒性，开通了生命不竭的充沛泉源。这种以生死之思考为说教的实质，强调的是一种自由精神，即既然认为生与死不过是互相联系着的自然现象，那么人活着就应逍遥自在些。怎样才能算逍遥自在，不同阶层的人会有不同的见解。许多文人所理解的是个体的自由，包括行为自由和精神自由等诸方面，其终极的目标就是强调感性对理性的超越，精神对物质的超越，个体对群体的超越，虚幻对现实的超越。能实现这些超越的常见方法就是饮酒。当饮酒到了临近醉态，饮者会觉得自己飘飘然，似乎进入一种完全自我的状态，达到了情感的释放、梦幻迭出的舒心境界。因此，许多文人并不以酗酒醉态为耻，反而自以为醉了即进入自我解脱、逍遥自在的享受。这种新的饮酒观对后人，特别是文化界产生了深刻的影响。晋代的"竹林七贤"就是一个典型例子。

1960年，江苏考古工作者在南京西善桥一带发掘六朝古墓一座，出土了包括瓷器、陶器、玉器、青铜器、铁器等文物53件。在这批文物中最引人注目的是墓室内两幅砖刻壁画。这种壁画在南京众多的六朝古墓中尚属初次发现。它们各长2.4米，高0.8米，距底0.5米。估计是先在大幅绢上画好，然后分段刻成木模，印在砖坯上，再在每块砖的侧面编好号，待砖烧成后，依次拼对砌成。南面的壁画自左向右依次为嵇康、阮籍、山涛、王戎四人；北面壁画自右向左为向秀、刘伶、阮咸、荣启期四人。前面七人即是两晋时期著名的竹林七贤，荣启期则是春秋时期的隐士。八人席地而坐，掩映于松、柳、银杏等枝叶之间，见图2-3。

图2-3 竹林七贤（江苏南京西善桥出土的六朝古墓中两幅砖刻壁画。上幅为嵇康、阮籍、山涛、王戎，下幅为向秀、刘伶、阮咸、荣启期，前七人即史上的竹林七贤）

在画面上，嵇康抚琴。据《晋书·嵇康传》记载，他"常修养性服食之事，弹琴咏诗，自足于杯"。可见画中表现出嵇康生活的一个特点。《晋书·阮籍传》说，阮籍嗜酒能啸，因此画中的阮籍侧身而坐，突出用口作长啸的神态。在其身旁还有一具带把的酒壶，酒壶是放在一个托盘上。画面上的山涛，一手挽袖，一手执耳杯，其前置一瓢尊，勾画出山涛饮酒的状态。《晋书·山涛传》说："涛饮酒至八斗方醉，帝欲试之，乃以酒八斗饮涛，而密益其酒，涛极本量而止。"而画中的王戎则是一手靠几，一手弄一如意，仰首屈膝，正在高谈阔论。《晋书·王戎传》说："戎每与籍为竹林之游"，"为人短小任率；不修威仪，善发谈端。"画面体现了王戎善"如意舞"的个人形象。《晋书·向秀传》说他"雅好老庄之学，庄周著内外数十篇……秀乃为之隐解，发明奇趣，振起玄风，读之者超然心悟，莫不自足一时也"。画中向秀赤足盘膝坐在被褥上，闭目倚树，表现出一种闭目沉思庄子真义的神态。画面上的刘伶也很形象，他一手持耳杯，一手作蘸酒状，双目凝视杯中，充分刻画出他嗜酒成性的秉性。刘伶好酒不仅《晋书》所记甚多，民间也有许多传说。他所写的《酒德颂》通篇颂扬酒之"功德"，对后世影响很大。在后人文笔下，他几乎成了"酒"的代名词。画中的阮咸也是赤足盘膝，他挽袖持拨，弹一四弦乐器，正如《晋书·阮咸传》所写："咸妙解音律，善弹琵琶。"

画面的竹林七贤，每个人都有自己的鲜明形象。可能是为了画面上的对称，加上了第八个人。这人却是生活在春秋时期的隐士荣启期。《高士传》中记载了孔子游泰山，见到了隐居在那里的荣启期。他鹿裘带索，鼓琴而歌。画面上的荣启期披发长须，腰系绳索，弹着五弦琴，盘坐在被褥之上。为什么会将荣启期与竹林七贤并列，很可能这七贤在气质上与荣启期相近。这幅砖刻壁画能如此逼真、形象地描绘竹林七贤，并被安装在墓中，表明它应是名家之作。

竹林七贤生活在司马氏篡权当政的西晋时期。当时残酷的权力之争使封建社会的道德观在统治集团内部完全丧失或被扭曲。险恶、猜忌、掠夺、残杀、虚伪、奢侈、荒淫、贪污、酗酒、颓废等龌龊行为得到充分展现。一些属于士族的知识分子，要么同流合污，要么想方设法逃避现实。前一条道，虽然也会有暂时的苟且偷安，但时常招来杀身之祸。后一条路，则以空谈、酗酒、放荡的生活虚度年华。竹林七贤都是当时的社会名流，尽管他们在政治观点和哲学信仰上不尽相同，各有所见，各有其长，但是却都是当时清谈家的代表。他们崇尚老庄的虚无之学，接受了庄子的"醉者神全"的哲学思想，隐身于酒，不拘礼法，任性放荡。他们经常聚会酣饮纵酒，交流于竹林之中，时而弈棋，时而赋诗，海阔天空，无拘无束，所以被冠以"竹林七贤"之名。实际上，"竹林七贤"代表着魏晋名士用自由狂飙的行为来对抗森严的礼法社会，表现了主体意识的觉醒和对自由意志的企盼。

竹林七贤接受了道家饮酒观的影响，嗜酒成为他们的共同爱好，也可以说是酒将他们聚集在一起。事实上，他们的处世哲理反映了封建社会的一种思潮。在封建专制的思想牢笼中，一些出身士族的读书人，思想受到压抑，严酷的现实使他们很难实现他们的人生抱负(实际上他们多数人的抱负也是很模糊的)，为此他们中的一些人以酒来麻醉自己，以尚清谈来彼此满足。他们这种放荡不羁的生活，多为时人所贬。竹林七贤所饮用的酒应该是今天习称的黄酒。他们饮酒的观念已明显地与商周时期不同，不是为了饱腹的食欲，更多的是一种精神上的需求。可见酒在人们生活中的影响愈来愈大，以酒为载体的文化的发展也是层出不穷。

四、唐宋文人的饮酒观

隋文帝杨坚在公元589年灭陈统一中国后，为了恢复农业，发展手工业和商品经济，他一方面让民众休养生息，另一方面鼓励生产，减轻税负。酒业和盐业一样获得了最宽松的政策。酒不再是官府垄断独售，而是与百姓共之。酿酒、卖酒皆是免税。初唐时期，继续推行隋代的酒免税政策，允许百姓私酿私卖，造就了近百年酒政最宽松的时期。由此可以想象，这一时期酿酒业的兴盛和饮酒人的放纵。唐代大诗人杜甫(712—770年)曾写过一首脍炙人口的诗篇《饮中八仙歌》：

　　　　知章骑马似乘船，眼花落井水底眠。汝阳三斗始朝天，道逢曲车口流涎，恨不移封向酒泉。左相日兴费万钱，饮如长鲸吸百川，衔杯乐圣称避贤。宗之潇洒美少年，举觞白眼望青天，皎如玉树临风前。苏晋长斋绣佛前，醉中往往爱逃禅。李白一斗诗百篇，长

安市上酒家眠，天子呼来不上船，自称臣是酒中仙。张旭三杯草圣
传，脱帽露顶王公前，挥毫落纸如云烟。焦遂五斗方卓然，高谈雄
辩惊四筵。

杜甫用生动、形象的诗句描绘了他所熟悉的文人酒友：贺知章、汝阳王
李琎、左相李适之、崔宗之、苏晋、李白、张旭、焦遂等饮酒后的千姿百态。
这些人不仅嗜酒狂放、才气横溢，而且在当时的文坛，特别在赋诗和书法上颇
有名气。从简明传神的诗篇中，人们不难看到盛唐时期，文人官吏饮酒、嗜酒
的鲜活场面。至少还表明当时的市场上有较充裕的酒，而且酒价也不高。因
此，在唐代的文坛及其众多作品中，处处洋溢着令人陶醉的酒香，甜香的酒液
融入了文化的各个领域。像李白这样的大诗人被誉为"酒仙"（图2—4），杜甫
也被称为"酒圣"（图2—5）都是有原因的，其根据就是他们与酒的深厚缘分。
正如文人郭沫若所说："李白真可以说是生于酒而死于酒。"传说中李白是酒
醉后到采石矶的江中捉月亮而落水淹死，连死都有一种浪漫色彩。

唐代的人们，特别是文人的饮酒观除了受当时酒政宽松影响外，还有一
个缘由值得注意，这就是李唐王朝崇道抑佛，自称是老子的后裔，尊老子为圣
祖，把以道家为主的炼丹活动推向了鼎盛。从太宗李世民始，皇帝一个接一个
醉心于神丹仙药，追求长生不死。结果先后有七八个因服丹中毒而夭亡。"上
之所好，下必甚焉"，追求长生之风一时弥漫朝野上下，烧丹炼汞，修炼长生
之道竟成为全国的风尚。首先是那些达官显贵群起效仿，后来文人学士也对服
食金丹如醉如痴。像李白、孟浩然、王维、贺知章等人都耽于金丹。尽管饵服
中毒者屡见不鲜，他们还是前仆后继地成为"神丹仙药"的牺牲品。大诗人白
居易起初也曾热衷于研读炼丹术的《周易参同契》，还同朋友元稹一起向道士
郭虚丹学习炼丹，终究没有炼出神丹。晚年似乎一度觉悟，写下《思旧诗》如
下：

闲日一思旧，旧游如日前，再思今何在，零落归下泉。退之服
硫黄，一病讫不痊，微之炼秋石，未老身溘然。杜子得丹诀，终日
断腥膻，崔君夸药力，经冬不衣绵。或疾或暴夭，悉不过中年，唯
予不服食，老命反迟延。

白居易的这首诗使后人对当时炼丹服丹的情况有一形象的了解。许多文
人学士因服食丹药，人不过中年就早早离世。当时饮酒与服丹有一共同的指导

思想，即道教的生死观和饮食观。且不说服丹常用酒送服，事实上，服用某些丹药对人体产生的中毒效果与醉酒状态很相似。因此，许多人只要条件许可，对饮酒是不会节制的。其实在李白的生活中，可以清楚看到道家的饮酒观和庄子"逍遥游"思想的痕迹。李白那些"惊风雨，泣鬼神，赞美酒"的诗篇和那"天子呼来不上船"的傲岸性格都是这痕迹的表观。这些文人视酒为伴，用酒使自己身心常处于一种亢奋的状态，还以为这样是最潇洒的，活得像神仙。殊不知酒也像丹药一样在毒害他们。唐代的酒客文人，喝酒太容易了，也无需他们亲自动手酿酒，所以留下赞美酒的诗句不少，却很少有关于酿酒技术的文字留下。

图2-4 唐代大诗人李白画像

图2-5 唐代大诗人杜甫画像

中唐晚期，唐代宗在位的764年，由于国库空虚，朝廷终于下达了恢复税酒的命令，"定天下酤户，以月收税"。几年后又改为："三等逐月税钱，并充布绢进奉。"即按酿酒量将酒户分为三等，再按等纳税。这种纳税法实际上就是后来的累进征税法。此后的酒政，虽然因朝廷管事人的认识不同，在税率上会有升降，但是基本的税酒政策没有本质的变化。唐代的两百多年，几乎有一半时间在实行税酒政策。其具体形式除了官酿官卖和酒户纳榷钱外，还有榷曲和均摊于青苗钱上。榷曲即是通过卖曲收税，要酿酒就得买曲，买曲就得纳税，这方法虽有弊病，但是办法简便，为许多地方所采用，避免了乱收税，人们尚能接受。将酒税均摊于青苗钱，成为青苗钱的附加税，显然有失公允，连不喝酒的人也要纳酒税。但是终年不喝酒的人毕竟很少，这办法最大受益者是官府，故一度得到推广。在唐代的酒政中还有一个特点就是"委州县领"，诸镇多得自专。即酒利进奉多少，酒税征收高低，私酤量刑轻重，以及如何处理等，地方的权力很大。特别在方镇跋扈之处，皇权衰落之时，此况尤显。总之，唐代的酒政从免税到重开榷酒，实行酒专卖制度，在变化中逐步发展。这些酒政、酒业的变化在当时是无法改变人们的饮酒观的（图2—6）。

　　五代时期，政治上延续了唐后期藩镇割据的局面，在实行酒的政策方面各有不同，大体上，实行的是唐代重开其端的税酒制度。偶尔也曾弛禁，但对私曲私酿者用法残酷。例如后汉时期，一度对私曲者像对私盐者一样，不计斤两，并处极刑。不仅专卖酒和曲，而且还禁同样用曲的醋。从酒政的变化可以看到五代十国的藩镇割据和战乱，致使生产和经济都遭到严重的破坏，物质的贫乏是酒业受到抑制的主要因素，官家对酒税的苛求也妨碍了酒业的正常运作。

　　北宋时期，由于冗官、冗兵、冗费，财政支出庞大，苛求盐酒两税来填充库虚。因此不仅要坚持酒的专卖政策，而且征课越来越重，可以说是历史上榷酤最重者。榷酤在形制上更为完备，办法细密，是中国酒政史上一个非常重要的时期。具体地说，北宋榷酤是榷曲、官卖和民酿而课税的三种基本形式并行，因地而异。例如，"三京（东京汴梁——今开封、南京应天——今商丘、

图2—6 唐代绘画：宫乐图（局部）

图2—7 宋代佚名画：学士们的夜宴图

西京洛阳)官造曲，听民纳直"。仁宗天圣年间起，北京(大名)也"售曲如三京法"。"诸州城内皆置务酿之"，实行官卖。"县镇乡间"有两种情况："或许民酿而定其岁课"，实行包税制；"若有遣利，则所在皆请官酤"。由此可见，京城、州府及县镇乡村的酒税是不同的。有紧有松，有的地方并不实行，有的地方"苛民"，有的地方"惠民"。甚至同一地方的专卖形式也会随着时势而变。太平兴国二年(公元977年)初榷酒，而京西诸州乃实行官卖，但是由于经营管理不善，"岁计获利无几"，而弊病却很多，例如酒的质量下降，卖不出去，就实行摊派。有婚丧事者，令其买足酒量，搞得民怨载道。于是淳化五年(公元994年)诏罢京西诸州的官卖，变民酿而课税。"取诸州岁课钱少者四百七十二处"，"募民自酿，输官钱减常课三之二，使其易办"。还规定民酿者必须具备一定资产，还要有长吏或大家族共同担保，假若课税完不成，则担保者来赔偿。这种只是维护官方经济利益的措施，百姓难以接受，其结果是"其后民应募者寡，犹多官酿"，官酿官卖形式还是改不过来。在宋代的边远地区，由于是夷汉杂居，皇上要"惠安边人"，基本上没有实行酒的专卖政策。如夔、建、开、施、庐、黔、涪、黎、威州及梁山、云安军，及河东之麟、府州，荆湖之辰州，福建之福、泉、汀、漳州及兴化军，广南东西路，就不在禁榷范围之内。这实际上使相当大的一个区域实行的是没有专卖的宽松酒政(图2-7)。

所谓官卖曲，即官造曲。凡官曲，麦一斗为曲六斤四两。东京、南京曲价每斤值钱一百五十五文，西京减五。东京酒户一年用糯米三十万石，规定都用官曲。官府有时对酒户贷给糯米、秫米，到期收钱。官卖曲要多卖钱就多造曲，"曲数多则酒亦多，多则价贱，贱则人户(酒户)损其利"。也就是说曲卖多了，产酒也就多了，酒价就贱。为了解决这一矛盾，政府又出台了减数增价的办法。即酒的产量减少一点，设定一个限额，而酒的售价却提高不少，保证政府的酒税有增不减。神宗熙宁四年(1071年)就规定东京的产酒额度为180万斤，闰年增加15万斤，每斤曲价提高约20%。后来再增东京酒户曲钱，并减少造曲数量，即实行减数增价法。这种政策实行了八年，酒户按日缴钱，周岁而足。官卖曲立法之严，收钱之重，比较官卖酒的做法有过之而无不及。所谓官卖酒，即是在官卖酒的地方都有特设的酒坊，酿造商品酒供应市场。有的地方官府干脆自己建酒楼卖酒。当然，部分官酿酒是通过私商分销零售，官府的酒库则搞批发。北宋政府规定：酒的原料因地而定，通过收购方式取得。粮食集中供酿酒之用，对于酿酒匠只发钱不发粮。

所谓募民自酿，即包税制，实际上就是募民掌权。由包税人承买酒坊，酿酒酤卖。承包以三年为限，到期后再通过有财力者的竞争，产生新的包税人。政府通过"实封投状"之令，即采取投标法获得更高的利。竞标者则不惜抬高包税额获得酿酒权，企图再由酿酒卖酒赚到钱。民酿者为了不赔本而且获厚利，只能是在抬高酒价的同时，想方设法把酿成的酒全部售出。若酒卖不掉，就通过关系搞摊派。这是包税制的又一大弊病，常常为民众诟病。

总之，在官卖酒、卖曲的地方，官府设置了酒税务来征收酒课。在乡村，官府通过包税制的酒坊来获取酒课收入。这一系列的措施使酒课收入逐年增加。按《文献通考》的记载，神宗熙宁十年(1077年)以前，酒课年收入在四十万贯(一贯为一千文)以上的有东京、成都等二十八务。据不完全统计，全国至少有酒务(有定额酒课的)一千八百四十一处，收入中等的居多。酒课刚设立时，收入并不是全部归中央财政，后来有军事行动或战争，例如镇压李顺、王小波起义，才下令诸州以茶盐酒税课利送纳军资府。中央政权加强了对酒税的控制，管得逐渐严些。例如在河北酒税务增设了由中央派去的"监临官"。后来，即使不是战争的原因，中央政府对酒课的直接支配权也越来越大。

北宋的酒课收入一年有多少？据史书所载的统计数字，京城卖曲钱有四十八万余贯，真宗景德中酒课收四百二十八万贯，卖曲为三十九万一千余贯。从北宋中叶来看，一年收入已达一千七八百万贯。例如仁宗时，一年酒课约一千七百万贯，除去酿造成本，净利所得加上商税(酒在城乡之间流通需缴税)达两千万贯。而当时盐课一年为七百七十五万贯，酒课总收入高出盐课一千万贯。与唐代时一年酒税收入一百五十六万贯相比，多过十倍。北宋末酒价提高，酒课收入当有增加。中央和地方政府都视酒利为财源，在分配上必然会出现矛盾。中央要多收，地方则乱加税，加之太多，民怨就大。为了防止民变，皇上不得不下令禁课。其实，中央政府是期望地方多缴一点酒课，曾采取"比较法"，即以原定的上年岁课数为准，几个地方进行比较，看谁岁缴增额多少。多者奖励，少者则罚。这就促使地方官挖空心思增课，酒薄价高，配售强摊，从而把多增数额转嫁于民。到了宋代后期，酒价屡增，升涨几倍之多。

随着酒政的变化，酿酒业和人们的饮酒观也在变。由于唐代嗜酒的遗风仍存，宋代的文人中不乏众多嗜酒者，诗词中也多有赞誉酒和饮酒为乐的篇章。但是，与唐代的文人不一样，宋代的文人开始有节制地饮酒。一则是由于酒税重，酒价高；二则由于唐代丹毒之灾已给方士和百姓留下了深刻而惨痛之印象，逐步丧失了对它的信念。炼丹术中的外丹术也由试炼丹药转向黄白术，炼得的假金假银既可获重利又无损命之忧。炼丹术中的内丹派逐渐占了上风，他们斥炼五金八石为小道，服丹药画符箓为旁门，作黄白、崇玄素为邪术，倡修炼心神、导引吐纳、食气、辟谷等内丹。内丹派是不主张饮酒的，因此，炼丹术的转型也波及饮酒观。炼丹术的衰退促使中国传统医药学又回归本草学，宋代朝廷注重本草学的修订就是明证。此外，唐代的文人喝酒不需自己动手酿酒，而宋代的文人由于酒价高，有的就不得不自己参与酿酒。酿酒的实践，促使他们至少为后人留下了20多篇关于酿酒技术的文字。造就这一状况也是环境所致。无钱买酒畅饮是一个原因，更重要的是由于仕途不畅，或官场失意，他们被迫隐退乡里，闲暇之中自己动手酿酒，并研究起酿酒技术。苏轼、朱肱就是典型。

苏轼（1036—1101年），字子瞻，号东坡居士，是中国历史上著名的大文豪（见图2-8）。他不仅在诗词、散文、绘画、书法等文学艺术领域有极高造诣，成果丰硕，为后人留下了数以千计的诗词及散文。同时由于他热爱生活，关心民间疾苦，无论在任上或在流放中，都通过自己的实践，在水利建设、医药、农学、生物学及食品诸多方面做出过贡献。其中他对酿酒技术从兴趣到研究，通过自己实践经验的总结，完成了《东坡酒经》等著述。正如他在因"乌台诗案"而被贬黄州后所写的杂文《饮酒说》所说的那样："予虽饮酒不多，然而日欲把盏为乐，殆不可一日无此君。州酿既少，官酤又恶而贵，遂不免闭户自酝。"正是在流放黄州期间，他将居所前的坡地种上谷物，收成的谷物专供自己酿酒，从而开始了酿酒实践和研究。当被流放到广东惠州时，因为惠州地处边远地区，

图2-8 苏轼画像

酿酒无须纳税，苏轼不仅自己积极从事酿酒，还向当地的民众介绍中原地区先进的酿酒技术。《东坡酒经》就是在这时候写的。除了《东坡酒经》外，他还写了《洞庭春色赋》《中山松醪赋》《酒隐赋》《浊醪有妙理赋》《蜜酒歌》《桂酒歌》《酒子赋》《真一酒法》等有关酿酒技术的杂文和诗赋。总之，朝廷对酒的官酤，促使苏轼成为酿酒的行家里手。苏轼的饮酒理念显然不同于李白，他是有节制和理性的。他是在肯定现实人生的基础上去追求精神自由，即在不同境遇环境中，都尽量寻找可乐、可观的地方，以应对人生磨难。与友同饮和动手酿酒都是他寻找的生活乐趣。

朱肱，字翼中，于元祐三年（1088年）考取进士，官至奉议郎直秘阁。崇宁元年（1102年），被罢官。朱肱回到杭州大隐坊定居，潜心研究医学和酿酒，过着自在的逍遥生活，自称为"无求子""大隐翁"。从喝酒到自己酿酒，从酿酒到研究酿酒方法，学习和试验使他积累了丰富的酿酒经验，遂成为酿酒高手。他研究医学，花了近10年时间，完成了《伤寒百问》一书。该书不仅把张仲景《伤寒论》加以充实，而且以问答形式讲述了伤寒病的病症和医治方法，被世人称为"南阳活人书"。1114年该书被宋徽宗看中，重新起用他为医学博士。但是在第二年，朝廷又以他书写苏轼诗而将他贬到达州（今四川达县）。一年后又被召还任朝奉郎，不久即病故。《北山酒经》是他在流放达州期间，把他掌握的酿酒经验记录下来而完成的关于酿酒工艺的一本专著。这本专著在中国酿酒史中的学术地位是毋庸置疑的，前面已有论述。朱肱这个人似乎不是酒鬼，他研究酒和酿酒技术完全是出自爱好。今天，借助于苏轼、朱肱及其他一些文人著述的关于酿酒技术的文献，我们可以窥视和讨论唐宋时期的酿酒技术和水平。

自从金人入侵，南宋王朝偏安于东南一隅，国土比北宋减少了三分之一，而庞大的军费、政府和宫廷开支却一点也不比北宋少。包括榷酤在内的各种专卖收入和商税收入就成为支撑南宋政权存活的经济基础。其中酒税的收入占了很大的份额。史书记载绍兴末年（1160年前后），东南及四川的酒课就达到了一千四百万余贯，占财政全年收入近四分之一。榷酤立法之严、酒课收入之多、售曲酒价之贵，南宋远胜于北宋。南宋时酒的专卖也是花样翻新，就以四川的隔糟法为例。所谓的隔糟法即是由官府提供酒曲和酿具，酿户只要出够钱款就可以到官府管理的隔糟上自行酿酒，酿酒多少不限，但要缴纳一定数额的酿酒税。这样官府不花原料和人工成本，就可稳当地坐收租金和酒税了。这种做法在北宋是没有的，却在四川的四路(成都府路、梓州路、利州路、夔州路)被推广。还值得一提的是南宋的专卖商品，范围不仅有盐、酒、茶等，甚至也涉及醋，可见政府财政的困窘。酒的专卖始于西汉，经过唐、五代，至宋，可以说其税制已大体完备。提酒价、包酒税，中央政府一直紧抓榷酤，遂使酒利收入在国家财政中地位愈益提高。在两宋，就明显地表现出它在加强中央集权制的重要作用。政府对酒利的追逐，无形中以半强迫性的多种措施维系和发展社会上遍布的酿酒业，为了推销产出的酒，不惜采取强行摊派等诸多办法，从而造就了更多酒鬼。在这种榷酤政策的推动下，酿酒业进一步成为农产品加工的最大副业。在酒的税制发展和逐渐完备的同时，酿酒技艺作为一项重要的手工技术而初显端倪。

在中国的北方，经历了契丹族建立的辽朝，女真族建立的金朝，直到蒙古族灭金并宋统一了中国。在这一时期，基本上是实行酒的专卖政策，但在各朝的不同时段，酒政也会各有不同。辽代前期，酒由私人经营，后期才实行榷酒政策。一度粮食紧张，还严加禁酒。金代推行酒的专卖政策，实行多年后又改为榷曲和包税制。金代的酒政有自己的特点，它在实行酒的专卖时，曾提出：一是酒课不能太重，致使酒官暗累，承办乏人；二是卖酒不能赊贷，免得奸吏贪污，官府亏蚀。据史书记载，金世宗觉得上京的官酤酒味不佳，指示"欲如中都曲院取课，庶使民得美酒"。才由榷酒改为榷曲，同年又试行包税制。总之，金代的酒政较为宽松，故北方的酒业和酿酒技术都获得较快的发展。

唐宋时期，中国封建社会的发展步入鼎盛状态，以自给自足小农经济为基础的封建经济和以中央集权为特征的专制政体都趋于成熟。有繁荣的农业经济作基础，文化事业也处处展现了封建社会农业文明的各种景象。唐诗宋词的文学，朱程理学的哲学，莺歌燕舞的文艺，修史立传的史学及新的教育制度与科举取士的结合都表明炎黄文化在唐宋时期又沿着传统的轨道向前迈进了一大步（图2-9、图2-10）。对外文化及科技的交流，不仅使中国古代的文明远播至欧亚的许多地区，同时在广泛的交往中，中国与这些地区，特别是周边的地区在经济和科技发展中都取得了互赢。在这种社会背景下，中国古代的科学技术也发展到了一个丰收的阶段，这时期涌现出的大量科技成果，最突出、最

图2-9 韩熙载夜宴图(五代)

图2-10 河北宣化辽墓出土的
备酒图(壁画)

耀眼的是从雕版到活字印刷术,从司南到指南针的应用,从黑火药的发明到火药武器的应用。仅这三项成果在世界的传播和推广就在世界文明的进程中发挥了无与伦比的巨大作用。唐宋时期酿酒业也与其他手工业一样处于发展的兴旺期,酿酒技术在这一过程中逐步走向成熟。由于多种原因,中国的酒和酿酒技术没有像丝绸、瓷器一样通过丝绸之路走出国门。当然中国的酿酒技术一直影响着东亚的酿造业。日本的清酒技术就是从中国传过去的。

五、无果的禁酒之争

寿命不到百年的元朝在中国历史上有着独特的地位,成吉思汗及其子孙建立的蒙元帝国,把统治的疆域扩展到横跨欧亚大陆的辽阔地区。这时期各民族之间的文化交流也达到空前的水平,对中国酿酒技艺的发展产生了深刻的影响。明朝则是农民起义后建立的封建王朝,统治者对酒的复杂情感,一度放松的酒政,迎来了酿酒业发展的又一个黄金时期。清朝在继承明朝酒政的同时,禁酒的争论并没有影响酿酒业的平稳发展。

（一）与朱元璋愿违的客观

蒙古族由于长期的游牧生活，又活动在中国北方较寒冷的地区，酒是生活的常备饮品，左肩背着酒囊，右肩挎着弓弩，威武地骑在骏马上，就是蒙古骑士的画像。对于他们来说，酗酒乃是常态。因此蒙古族的饮酒观是豪放尽情的。元朝统治者对喝酒要纳税有个认识转变过程，但是放胆畅饮是不会受到责难的。当然就没有人提出禁酒之论。到了明朝，情况就有了变化。

图2-11 元代钱选的《扶醉图》（绢画）

明朝开国皇帝朱元璋下达禁酒令20多年，上至皇亲国戚，下至平民百姓，禁酒令实际上很难得到真正的贯彻。洪武二十七年（1394年），朝廷又令民可建酒楼，这实际上是废止了禁酒政策，很快在京都四处就酒楼林立。官吏们常设饮酒大宴，饮酒之风又起。统治者不禁，民间酿酒业很快就有了规模。为什么朱元璋的禁酒令无果而休呢？我们仅从当时人们的饮酒观便可知一二。

自宋代以来，人们耳染了盛唐狂热的酗酒之风，经过反思对饮酒有了新的认识（图2-11）。宋代一个名叫窦苹的小官吏著写了《酒谱》一书，根据"记忆旧闻"议论了有关酒的起源、名称、故事、功用、性味、饮器、神异及败德诫失等十四个问题。其中《酒之功》讲了一些赞美酒的故事，例如勾践醪河劳军的故事。在《温克》一节专讲了许多节制饮酒的故事。他指出："君子之饮酒也，一爵而色温加也，二爵而言言斯，三爵而油油退。"意思是君子饮酒，饮一爵就脸色温和，饮二爵就言谈娓娓，饮三爵就油然而退。随后在《乱德》一节又讲了一些历史上因醉酒而败事伤人乱政的事例。在《诫失》一节搬出了自周文王以后许多名人的饮酒诫言。指出："酒虽然能悦性，但也是伤生的东西。"窦苹的观念反映了一些有识之士逐渐从酗酒中醒悟，认识到饮酒的利弊两重性，这是认识上的进步。在朱元璋推行禁酒令后，许多人重提节制饮酒的观点。例如明朝嘉靖年间的文人屠本畯写了一篇《酒鉴》，罗列了酒席上84种不良表现，希望人们引以为戒。又如万历年间的夏树芳、陈继儒编辑《酒颠》，采辑了古代著名饮酒掌故175则，其中不乏爱饮酒、会饮酒的事例。总之，在著述中，他们不是盲目主张嗜好美酒或绝对禁酒，而且讲述节制饮酒。由此可见，人们的饮酒观开始趋向理性，这正是禁酒令受到抵制和酗酒状况得到抑制的认识缘由。

朱元璋禁酒的结果，倒是促成了官方掌控的酒类专卖的废除。后来朝廷不能完全放弃酒利收入对财政的贴补，遂又推行起税酒政策，酒的税率也是定得较低。在这一政策的鼓励下，民间酿酒、贩酒及制曲业都有了相应的发展。明英宗时，明令"各处酒课，收贮于州县，以备其用"。这实际上将酒税的收入纳入地方财政，这种酒政无疑促进了酿酒业，特别是烧酒业的蓬勃发展。直到明末，由于财政日趋困难，粮食又告不足，朝廷才打起了酒类专卖的主意，但是时间已不允许这种酒政顺畅地贯彻。

（二）清朝的酒政与酒业

明末的腐败再次导致了农民大起义。在东北强悍起来的后金满族在汉族地主阶级的配合下，乘机入主中原，建立了满汉地主阶级联合统治的清王朝。清朝初期，由于连年的战争，不仅使自然经济，甚至那些孕育在商品生产中的资本主义幼芽都遭到严重的摧残。直到康熙、雍正、乾隆三朝，采取了一系列旨在恢复生产的措施，经济才逐渐得以恢复和发展。即使这样，这时期中国的经济和科学技术已被西方蓬勃发展起来的资本主义工业文明远远地抛在后面。

在上述的社会变化中，似乎像酿酒业这样的传统手工业没有受到致命的打击和影响。除了西方较先进的葡萄酒生产技术和啤酒生产技术被引进外，蒸馏酒和黄酒的生产技术大致上维持着原有的水平。清代前期基本上是继承了明代的酒政，对酒的生产采取征税的管法。国家不设专职征酒税的官吏，而是由地方管理赋税。地方官府像对油、盐之类日用品一样，对酿酒业设立了经营税和流通中的关税、船税，数额有限，赋税较轻。例如雍正年间，天下门关所征的酒税总共为十万两银。乾隆年间，北新关税每酒十坛（二百斤）征银二分。嘉庆年间，北京崇文门的酒税：烧酒每十斤征银一分八厘，黄酒每小坛（50斤）征税一分九厘。在有些地方，不禁造曲，而征收曲税，相当于原料税。正是这种税赋较轻的政策，致使酿酒、制曲及贩酒的私营作坊有了很大发展。其中，有一变化引人注目。尽管生产饮用黄酒在市场中还是主体，但是蒸馏酒生产的速度已大大超过黄酒。以高粱为原料，大麦作曲，用蒸馏技术生产的烧锅业获得较快的发展，特别在北方地区，能饮白酒四两始醉者，饮黄酒两三斤仍感不足。加上当时黄酒的实际税率高于白酒数倍，造成价低易醉的白酒在广大平民中有了较大的市场。价高的黄酒不仅难以久贮远运，而且在晚春、炎夏、初秋等季节都不可酿造，生产受季节温度的制约，而生产白酒就不受此限，这是其一。其二是当时酿造白酒的原料高粱、黍、大麦等，当时都被看作较贱的粗粮，售价低就可降低成本。此优势也促成了白酒在北方地区获得较快发展。白酒不仅在北方有了自己的市场，而且其谋利也较大，一些官僚、地主及工商业者都热衷于投资此业，白酒的生产规模也逐渐壮大。与此相适应，白酒的生产技术逐渐成熟定型。

随着酿酒业的发展，供应酒曲的踩曲业也兴旺起来。当时盛产大小麦的河南成为酒曲的主要产地，直隶晋陕等地区所需的曲均购自豫。贩酒也能发财，于是贩酒的商船或挑夫，穿梭于各水陆码头名镇大集，造就出一批批繁华的商埠。人们还应看到，酿酒业的发展，必定会消耗大量的粮食，势必形成与民争口粮的局面。每当遇到灾年歉收的年代，朝廷被迫颁布禁酒令，这一状况在清代中后期时有发生。禁酒令随着农业的丰歉而波动，清代的酒禁较之明代有所不同。清代禁的明确是高粱酿制的白酒，而官僚地主喜饮的黄酒却不在禁酿之列。二是禁酒令的次数多了，从政府到百姓反而皮了，甚至还出现朝廷颁布禁酒令，有人就会出来反对禁酒，并想出一些反限制的对策。其实地方官员为了其自身的利益，对禁酒也常采取阳奉阴违的做法，所以禁酒的效果一直不好。直到清末，由于财政困难，理财者想到的办法就是加重酒税。名目繁多的酒税的出笼，进一步激化了禁酒与开禁的争论。鉴于酒业生产是社会所需，酒税收入又是政府敛财的渠道，所以禁酒之争的焦点不在酒业生产或饮酒与酗酒，而在到底征多少和怎么征。乾隆一朝，禁酒之争就很热闹。咸丰三年

（1853年），户部奏请：弛私烧之禁。奏折上去，依议执行，开禁派取得胜利。商人在缴纳特许税：烧锅税(十六两，后增至三十二两)后，就可以按市场米价的贵贱来安排自己的生产，不再被看作"私烧"而被罚没。因此酒禁开后，锅户增加，耗粮增多，禁酒派又对弛禁之策大加非议。到了光绪四年（1878年），继山西禁烧酒之后，直隶干旱，总督李鸿章也请奏暂停烧锅生产。到晚清，粮食紧张，禁酒与弛禁争论又趋热闹。

禁酒与弛禁的争论对酿酒技术的发展会产生什么影响，难作评估。但是粮食丰歉对酿酒技术的发展，肯定会产生直接影响。丰收之年，酿酒的多了，市场竞争也激烈了，以质取胜是酿酒作坊参与竞争的重要手段。歉收之年，粮食少了，人们往往会寻找一些主粮的代用品用作酿酒原料，用代用品酿出质量可靠的酒，必须在酿酒技术上下工夫。无论是粮食的丰年或歉收，酿酒的技术都会因为社会对酒需求和人们对好酒的追求而在发展。这种进步不仅表现在原料的扩展上，更多体现在酿酒技术的成熟上。蒸馏酒技术在明清时期日趋完备，从而开始形成不同风味的多种蒸馏酒（白酒）的面世。例如山西汾阳杏花村的汾酒，四川泸州的老窖酒，宜宾的五粮液，贵州仁怀的茅台酒，贵州遵义的董酒，安徽亳县的古井贡酒，江苏泗洋的洋河大曲和泗洪的双沟大曲以及广西桂林的三花酒，广东佛山石湾和南海县九江镇的玉冰烧，它们或是明清两朝皇室贡品，或是在巴拿马万国博览会和南洋劝业会等国际展览会上获奖的酒品，或是在国内、东南亚享有盛誉的历史名酒。它们从原料到制曲，从酿造到勾兑都有自己独特的工艺过程，这是在长期酿造生产中逐渐摸索总结出来的。与此同时，黄酒生产中，除了应用蒸馏技术利用酒糟生产烧酒外，还采用蒸馏酒勾兑的办法提高某些品牌黄酒的酒度，以增加新的风味品种。总之，明清朝终使中国传统的酿酒工艺基本定型。

无论是发酵原汁酒黄酒、葡萄酒、果酒，还是蒸馏酒白酒都在这种禁酒与弛禁、饮酒与酗酒的争论中，按照自己的规律在发展，随着酿酒技艺的提升而酒品质量也在提高。争论中有关饮酒的利弊虽然有时也会成为焦点，但是人们的确是愈来愈务实。而真正的务实态度，则只能建立在科学地认识酒和饮用酒的前提之下。

六、中国酒的化学内涵

在历史的长河中，好酒者赞称酒为消愁药，让失意者超脱，给孤独者以温暖，是悲伤者的知己。又称其为振奋剂，让得意者放达，给壮士们以激情，是欢乐者的良友。厌酒者则咒骂酒是穿肠毒药，是败德乱世的罪魁祸首，是万恶之源。两种截然相反的评价，都可以在历史上找到佐证的实例。人们对酒存在对立的情绪是很正常的，因为他们并没有真正认识酒这种物质。

许多物质的使用或饮用都有其两重性。例如人参、鹿茸等都是大补的良药，食用它不仅需要合理的配伍，而且在剂量上也有严格的讲究，并不是多多益善。饭是每天必食的，假若一餐吃多了也会很难受，甚至会撑死人的。这表明食用任何美食或良药都是有个度，即量度的范围，而这个"度"又会因人而异。饮酒也是这样，掌握好饮酒的"度"即是一种科学，科学饮酒的前提首先是对酒这种物质有一个科学的认识。无论在中国还是世界其他国家，古代的人们都知道酒是一种奇特的饮料。但是它究竟是一种怎样的食材？为什么饮酒后人的性状会产生那么大的变化？这些问题曾经很神秘，后来，伴随着近代科学知识的普及，人们对酒才逐步有了科学的认识。

（一）酒精的化学认知

大约在12世纪初，意大利的炼金术士在蒸馏器中放入葡萄酒，再加进各种盐，如普通食盐或酒石（碳酸盐）等。用这些盐类吸附部分水分，并在馏出物中回收到一种可以燃烧的"水液"。这种"水液"即是葡萄酒的精华，它可以证明葡萄酒中具有"火"的性质。这"水液"其实就是酒度较高的蒸馏酒（酒精度高于40度即具有可燃性）。在一本12世纪的炼金术书籍《着色要领》的手稿中也记录有一个相似的实验配方："取优质纯葡萄酒一份、食盐三份，在专用容器内加热，可制得一种水液。这种水液点火后能旺盛地燃烧，但不能引燃其他物质。"这显然是一种酒精稀溶液，燃烧时温度很低，尚不能点燃置于其上的物质。这种溶液当时被称作燃液。在四元素说中水是克火的，而这种"燃液"既是水又能燃，还像酒一样能喝，性质很奇特，迅速引起许多人的关注。

151

佛罗伦萨一位名叫泰都斯·阿尔得罗梯（T.Alderotti）的医生，设计出一套冷却法，不是像以前那样只冷却蒸馏头，而是冷却蒸馏器外的螺旋管和接收器。此后不久，终于可以制造出酒度更高的"燃液"了。这设备和技术很快被推广，并得到医生们的广泛应用。有的医生用它作防腐特效药；自然哲学家称其为第五元素或第五原质；更多的人把它看作"生命之水"。生命之水当然是可以饮用，而且还是保健品。人们争先恐后地抢饮这种神秘的"生命之水"，促进了对它的研制和生产。到了13世纪，制取这种"生命之水"的制

图2－12 早期的酒精蒸馏罐（引自 1526年乌尔斯塔铎的文献）

方层出不穷。当时人们还没有称它为酒精，直到16世纪，瑞士医学家帕拉塞尔苏斯（Paracelsus，公元1493－1541年）根据它来自葡萄酒的精华而命名这种燃液为"酒精"。由于这种用蒸馏技术加工后的酒液不仅醇厚，而且还有醉人的芳香，所以深受酒友的热捧，在西方原先已酿酒、饮酒的许多地区迅速普及。酒中精华即酒精逐渐为人们所熟悉。

酒精又是什么？

早期的化学家通过分析研究知道酒精是由碳、氢、氧三种元素组成，化学式为C_2H_5OH，结构式为$CH_3\#CH_2\#OH$。由于含有决定性质的官能团羟基（$\#OH$），故属于醇类。分子中有两个碳原子，命名为乙醇。乙醇是一种常见的有机化合物，它常温下为无色透明的液体，尝之有香辣味和强刺激感，嗅之有一股醇香，能与水以任何比例混合，混合时还会释放出一定热量。酒精易挥发，所以在贮存酒的地方常能闻到酒的醇香。酒精（一般酒度要过40%）点火即燃，燃烧中变成二氧化碳和水挥发了。因此，酒精可用作燃料，是一种无污染的能源，目前在有些国家就用酒精代替汽油作为汽车燃料。纯酒精的密度为0.7893，沸点为78.3℃，凝固点为-130℃，与水不一样，具有以下的化学性质：（1）与有机酸作用生成酯。例如与乙酸作用生成乙酸乙酯，乙酸乙酯是中国清香型白酒

呈香的主要成分。又例如与己酸作用生成己酸乙酯,它是中国浓香型白酒呈香的主要成分。各种有机酸酯都具有各自独有的香味。(2)酒精与无机酸作用亦生成酯,例如与浓硝酸作用生成硝酸乙酯。硝酸酯在受热分解时会发生猛烈爆炸,故可用作炸药成分。(3)酒精与浓硫酸共同加热会发生失水反应,而反应温度不同,失水效果各异,在高温下失水产生乙烯;在低温下失水产生乙醚。由此,酒精可用作化工原料。(4)酒精与碱金属作用生成烃氧基金属,反应剧烈,会释放出氢气和大量热能。(5)酒精在氧化剂作用下,会先变成乙醛,后进一步变成乙酸(即冰醋酸)。若采用高锰酸钾或重铬酸钾等强氧化剂,反应迅速进行;若在日常的大气中,由于醋酸菌的作用,反应也能缓慢进行。(6)酒精能使细胞蛋白质凝固变性,从而具有杀菌功能。75%浓度的酒精杀菌力最强,若浓度再高,因使细胞表面蛋白质脱水形成一层薄膜,阻止酒精向细胞内部渗透,反而降低了杀菌力。因此,不是酒精浓度越高杀菌力越强。由于酒精具有上述化学性质,遂成为许多重要化工产品的原料,例如制造冰醋酸、乙醚、乙二醇、聚乙烯、合成橡胶及有机酸酯等,在国防工业上可用于制造炸药、雷汞,在农业上可用于制备农药。酒精是常见的有机溶剂,在配制香料、染料、涂料、油漆上也能一展身手。此外还可用于洗涤、冷却等。

(二)酒精的生理功能

酒精作为饮料被饮用后,会随着食道进入胃肠而被吸收到人体内的各种组织和脏器。吸收的同时会被脏器分泌的相关的酶迅速分解,分解的过程会产生热量,故饮酒后人体会觉得发热。酒精在脏器内的吸收分解与积累几乎同时在进行,假若分解得快,积累就慢;分解得慢,积累就快。分解的过程即酒精在体内的代谢过程,主要是依靠酒精脱氢酶(ADH)将乙醇分解为乙醛,再由乙醛脱氢酶转变为乙酰辅酶A,然后进一步降解为乙酸盐后再氧化为二氧化碳和水;或通过枸橼酸循环转变为脂肪酸之类的化合物。当酒精没能被及时分解就会被吸收进入血液和各种脏器,随着不停地饮入酒,乙醇在血液中的浓度就会逐渐增加。一般的情况是饮酒后,被吸收的乙醇在5分钟内就可出现在血液中,在半小时至一小时期间,血液中乙醇浓度达到最高值。假若饮用的酒是酒度高的烈性酒,那么血液中乙醇浓度就高而且积累快;假若是空腹饮酒,那么血液和脏器吸收乙醇就比饱腹要强得多,因为胃肠中糖类和脂肪类食物对酒液可以起到稀释或缓冲作用。根据研究表明，胃内大概能吸收未被分解的乙醇的20%，余下的80%主要在十二指肠被吸收。饮入的酒的60%在1小时内被吸收，约需2小时则能全部吸收，当然，空腹吸收快，饱腹吸收慢。被吸收的乙醇约有90%在脏器组织内被氧化，氧化相当于燃烧过程。乙醇被氧化成二氧化碳和水，同时产生热量和能量，1克酒大约可产生7卡热量。乙醇在人体内一般是边吸收、边转化、边消耗，直到殆尽为止。最后约有10%的乙醇通过尿液、汗液、唾液及呼吸等途径从体内排出，其中由尿液排出的约为3%。在这吸收、转化、消耗的过程中，乙醇会刺激某些脏器，特别是神经中枢，造成血管扩张，血流加快，不仅有发热感，皮肤变得潮红，而且还有神经兴奋、精神畅快、食欲增加的感受。

一个正常的成年人，体内化解乙醇为热能的速度为10～15毫克/小时，速度是有限的，故在大多数餐饮中，通过饮酒进入人体，血液中乙醇的浓度在逐渐增高。据研究血液中乙醇浓度与人体的性状反应见表2－1。

表2－1　血液乙醇浓度与人体性状的大致关系

乙醇浓度(毫克/100毫升)	人体的性状
10～50	口渴，言语和举止基本正常，有欣快感，健谈
50～150	兴奋亢进，感情冲动，行动笨拙，谈话喋喋不休
150～250	头晕目眩，激动谵妄，语无伦次，反应迟钝，步态蹒跚，始呈中毒状况
250～350	头沉眼花，倦睡，手脚失控，精神沮丧，明显中毒状态
350～500	精神错乱，言语含糊，多呈木僵状况，甚至烂醉或昏迷
500以上	醉亡

通常认为醉酒状态实质就是酒精中毒的表现。酒精中毒可分两种情况：一是急性酒精中毒，另一是慢性酒精中毒。急性酒精中毒的临床表现有三个进行期：第一个为兴奋期。饮酒起始不久，血液中酒精浓度没有超过50毫克/100毫升。多数饮者面色发红，是乙醇作用于神经血管使之血管扩张，特别是位于表皮的毛细血管的扩张。也有少数人表现出的是血管收缩，而使脸色苍白。这时候大多数饮者感到身心愉悦，情感豁达，或怒或愠，或喜或悲，个别的甚至在寂静环境中进入朦胧睡意。第二个为共济失调期。饮酒中人体血液酒精浓度明显超过50毫克/100毫升，趋于200毫克/100毫升的高浓度。饮者的神经已受到伤害，神经中枢已无法维系体内多脏器的平衡和运作，思维意识混乱，语无伦次，含糊不清，行动迟疑笨拙，举步蹒跚不稳。第三个为昏睡期。这时候，血液中乙醇浓度已超过250毫克/100毫升。当达到或超过400毫克/100毫升时即是很危险的。饮者因神经中枢受到损伤并在加深中，颜面苍白，皮肤湿冷，口唇微噘，瞳孔有些扩大，遂转入昏睡状况，呼吸变慢，有时会出现鼾声，心率增快。假若延髓中枢(主管呼吸的神经系统)受到进一步抑制，甚至会因呼吸中枢的麻痹而休克死亡。

酒精慢性中毒的患者在我们周围的人群中都会看见。他们曾因嗜酒而造成对饮酒的依赖，即成为酒癖者。一般说来，大量、经常饮用烈性酒5～10年的好酒者容易形成酒癖。这因为乙醇对神经的不断强烈刺激和损伤，造成了神经在自我修整中产生对乙醇依赖性的条件反射，即出现某些行为若不喝酒反而会有障阻的现象，例如吃饭时若不先喝点酒，拿碗的手就会颤抖。实际上，酒癖者除了神经受损外，其他一些脏器也遭受不同程度的损害，其中最常见的是肝脏受到伤害。因大量喝酒不仅造成许多营养食物的进食不足，还会影响肝脏在消化、吸收及排毒等正常功能的发挥，从而造成营养不良，势必影响其他脏器的正常运作和维护。

有的人偶尔一次大量饮食烈性酒后，会很快感到腹部难受或胃痛，同时伴有恶心、呕吐、打嗝(嗳气)等症状，这可能是因为乙醇直接刺激胃肠的黏膜细胞和其相关的神经血管而引起充血水肿的反应，这一症状的发作和延续就会造成食欲不振，即便吃下食物也会感到胃被撑胀而疼痛。这就是患了急性酒精性胃肠炎。若急性酒精性胃肠炎的治疗不彻底，胃肠内黏膜的炎症不消退，就可能导致慢性胃肠炎。酒精性的慢性胃肠炎实际上是酒癖者多见的病变。因为酒癖，一日三餐必须饮酒，甚至上床睡觉前也要饮酒，否则无法安眠。长期下来，饮酒势必影响主副食的饮用和消化吸收，极易造成口干、口渴、口苦、口臭及胃肠不适或疼痛等症状出现。酒精性慢性胃肠炎的长期不愈，必将引发全身性营养不良症的发生和发展，导致身体抗菌免疫能力下降。此外，过量饮酒还可能引发急性酒精性肝炎、急性酒精性胰腺炎及酒精性脂肪肝等疾病。总之，饮酒时"度"的控制是非常重要的。

上述饮酒中人体血液乙醇浓度与人体性状表现的关系的描述，是来自医学研究的统计数值，不是绝对的，它会因人而异。不同的种群，不同的年龄，不同的体魄，不同的生活环境都会有差别，与人体内产生分解乙醇的酶的量有关。年轻、健康、心态好时分泌的酒精脱氢酶会多些，会较快地降低血液中乙醇浓度。这当然也跟人的遗传因子有关，人与人本身分泌酒精脱氢酶的能力就不一样。总之，由于人体分泌酒精脱氢酶的状况不同，就造成人们体内分解乙醇能力存在差异，从而使不同人群有不同酒量。不管是有多大的酒量，超过了那个"度"，总是有害身体的。正常的情况是一个60公斤体重的人一次饮酒量以60～120克（酒度为52°）为度。实验已证明，一次饮酒250～500克烈性酒者必然会造成中毒损害。

（三）中国酒的化学内涵

酒是一类以酒精（乙醇）为主体的含有多种营养成分的水溶液。乙醇是各种酒中的主要成分，不含乙醇的任何饮料都不应冠以"酒"名，例如什么"无醇啤酒"，既然是不含酒精，还叫什么"酒"？然而，乙醇不是酒中的唯一成分，不同的酒含有不同量的乙醇，此外还含有其他许多化学成分。这些其他成分，各种酒有很大的差别，其中大部分是有益于人体的营养物质，也有少数是对身体有害的物质。

中国人现在饮用的酒主要有发酵原汁酒［黄酒（包括米酒）、果酒（包括葡萄酒、蜂蜜酒等）、啤酒］、蒸馏酒（白酒）、各种配制酒（露酒、药酒），此外还有少量进口或仿制的洋酒（葡萄酒、威士忌、白兰地、伏特加）等。下面只对中国传统的饮用酒作介绍。

1.黄酒

黄酒是世界三大古酒(葡萄酒、啤酒、黄酒)之一,是中国的特产。它不仅是历史最悠久的酒种,而且也是最富营养的酒种。在20世纪60年代,通过科学分析,知道黄酒主要成分为乙醇、葡萄糖、麦芽糖、糊精、甘油、含氮物、醋酸、琥珀酸、无机盐类等,还含有有机酸(包括氨基酸)、酯类、醛类等有机物。黄酒含有18种人体所需的氨基酸,日本同仁分析,认为含有21种氨基酸,当时是将氨基酸作为主要的营养成分。当然,蛋白质以类蛋白质总量,矿物质以钙、铁、铜、锌、镁、硒为主要对象来统计,也是营养成分。近年来,随着分析仪器与设备的进步,人们可以更深入地研究酒。根据江南大学生物工程学院的研究成果,黄酒中能明确认定的物质已达200余种,而且尚有100多种物质不能最后确定,仍需继续研究。其中活性成分与功能性成分物质是研究的主要对象,因为它们关系到营养和保健功能。下面以绍兴古越龙山陈酒为标本就中国黄酒的基本成分及部分活性与功能性成分作一简要介绍。

绍兴黄酒是以糯米为原料,酒药、生麦曲为糖化剂,通过发酵而制成的一类低酒度的原汁酒。酒液中主要成分是水、乙醇、糖类、蛋白质、有机酸、酯类和氨基酸,还含有微量维生素、矿物质、多酚物质。其成分含量见表2-2。

表2-2 绍兴黄酒的成分

项目/（克/升）	加饭酒	元红酒	善酿酒	香雪酒
酒精度/%	16.5	13.0	12.0	15.0
总糖	15.0～40.0	15.0	40.1～100.0	100.0
固形物	30.0	20.0	30.0	27.5
总酸	4.5～7.5	4.0～7.0	5.0～8.0	4.0～8.0
氨基酸态氮	0.60	0.50	0.50	0.40
挥发酯	0.15	0.296	0.0315	0.030
pH值	3.8～4.6	3.8～4.5	3.5～4.5	3.5～4.5

绍兴黄酒这些基本成分说明了它的营养价值和质量要求。此外,绍兴黄酒中还含有一些有独特功能或生理活性的物质成分。

①糖分和功能性低聚糖。绍兴黄酒的糖分主要来自原料中的碳水化合物经酶分解后的产物。主要是葡萄糖,其次是麦芽糖、异麦芽糖、低聚糖,其组成见表2-3。

表2-3 绍兴黄酒的糖分

糖分类别	例一		例二	
	含量/（毫克/100毫升）	组成/%	含量/（毫克/100毫升）	组成/%
葡萄糖	2077.2	66.62	1728.6	54.79
麦芽糖	184.2	5.91	40.7	1.29
异麦芽糖	317.4	10.18	102.5	3.25
戊糖	60.4	1.94	88.1	2.79
异麦芽丙糖	112.2	3.6	179.5	5.69
低聚糖	164.0	5.26	793.8	25.16
PAWOSE糖	168.3	5.40	101.9	3.25
TELOROE	32.7	1.05	118.9	3.77

葡萄糖、麦芽糖可以直接被吸收进入人体血液，流布全身，产生能量，其多余部分以糖元形式贮存在肝脏和肌肉中。功能性低聚糖包括异麦芽糖、戊糖、异麦芽丙糖、低聚糖等，则是指一些对人体具有特殊生理作用的单糖数在2~10之间一类寡糖，它们不易被唾液和胃肠内的酶进一步分解，而被摄入体内也不产生热量，却有以下功能：（ⅰ）由于能被肠道中的双歧杆菌等有益微生物所利用，促进双歧杆菌增殖，从而改善肠道内的微生物环境，产生的有机酸降低了肠内的pH值，抑制肠内沙门氏杆菌等腐败菌的生长，调节胃肠功能。还能促进B族维生素的合成和钙、镁、铁等矿物质的吸收，从而提高机体的免疫力和抗病力。（ⅱ）低聚糖类似水溶性植物纤维，能改善血脂代谢，降低血液中胆固醇和甘油三酯含量。（ⅲ）低聚糖属非胰岛素所依赖，不会使血糖升高。（ⅳ）不被龋齿菌形成基质，也没有凝结菌体作用，故可防龋齿。

②丰富的酚类物质。绍兴黄酒中含有丰富的酚类物质，如表2-4所示。

表2-4 绍兴黄酒中的酚类物质

种类	含量/(毫克/升)	种类	含量/(毫克/升)
儿茶素	4.12	绿原酸	3.23
表儿茶素	1.54	咖啡酸	0.47
芦丁	1.68	P-香豆酸	0.14
槲皮素	0.92	阿魏酸	1.56
没食子酸	0.16	香草酸	2.38
原儿茶素	0.18		

这些酚类物质来源于原料和微生物的代谢产物，具有抗氧化功能，能抑制低密度脂蛋白的形成而有助于防止冠心病和动脉粥样硬化的发生。血清中低密度脂蛋白主要是负责把胆固醇从肝脏运送到全身其他脏器，而高密度脂蛋白则是将各组织内的胆固醇送回到肝脏。低密度脂蛋白与高密度脂蛋白的含量应维系在1∶2的比例，这样胆固醇在人体内各脏器的运转就正常。假若低密度脂蛋白过量，则会造成它所携带的胆固醇积存在动脉壁上，久而久之就会引起动脉硬化。此外，酚类物质还具有清除自由基、抗炎症、抗衰老等功能。

③较高蛋白质含量和重要的生物活性肽。绍兴黄酒中蛋白质含量较高，以加饭酒为例，每升约有16克，是啤酒的4倍。蛋白质经微生物的酶分解，绝大部分以肽或氨基酸的形式存在，极易被人体吸收利用。表2-5是检测结果。

表2-5 绍兴黄酒中的生物活性肽

样品	酒样1	酒样2	酒样3
水解AA总量	17.62	22.03	17.11
游离AA总量	3.75	4.48	4.24
肽含量	13.87	17.55	12.87

活性肽又称多肽，是由数个氨基酸偶合而成，它比氨基酸、蛋白质更容易被人体吸收，吸收后呈现独特的生理功能，例如多肽中的胰岛素就能调节血糖，而且多肽具有较高的活性，较少的量也能起到很大作用。因此，多肽较之蛋白质、氨基酸具有更多的生理功能，除胰岛素调节血糖外，多肽还具有促进钙的吸收、降血压、降胆固醇、抗氧化、清除自由基等功能。

④低分子有机酸和r－氨基丁酸。绍兴黄酒中有机酸主要是乳酸和乙酸，其次为琥珀酸、焦谷氨酸、柠檬酸、酒石酸等10余种。它们的含量见表2-6。

黄酒中有机酸主要来自发酵过程中微生物代谢，部分来自原料、酒母、曲和浆水。乳酸是人体必需的有机酸，它能促使双歧杆菌的生长从而维系体内微生物的平衡状态，还对许多致病菌有抑制能力。乙酸则有杀菌抗病功能，能通过酒石酸、琥珀酸的协调，具有扩张血管和延缓血管硬化的效能。最近的研究发现，r－氨基丁酸(GABA)是一种抑制性神经递质，它能作用于脊髓的血管运动中枢，促使血管扩张，加快血液流通，既降低了血压，又促进了新陈代谢活动。血液的合理流通，促进了许多脏器的生理活性，包括脑细胞的旺盛和脑功能的改善，肝功能的正常运作，肾功能的加强等，例如对帕金森综

表2-6 绍兴黄酒中的有机酸

有机酸	例一		例二	
	含量/(毫克/100毫升)	组成/%	含量/(毫克/100毫升)	组成/%
乳酸	444.43	57.76	451.45	58.89
乙酸	142.28	18.49	150.47	19.62
焦谷氨酸	72.11	9.37	72.11	9.41
葡萄糖醛酸	11.80	1.52	7.12	0.93
酒石酸	41.70	5.42	28.70	3.74
柠檬酸	14.60	1.87	11.70	1.53
琥珀酸	42.46	5.52	45.15	5.89
谷氨酸	0.128		0.139	

合征和老年性痴呆症有改善作用。在正常情况下,动植物体中GABA的含量为3.1～206.2毫克/千克,而绍兴黄酒的GABA含量高达348毫克/升,因而绍兴黄酒具有保健功能。

⑤维生素和微量元素。绍兴黄酒中的维生素含量十分丰富,据分析测定如表2-7所示。

表2-7 绍兴黄酒中的维生素

维生素品种	含量/(毫克/千克)	维生素品种	含量/(毫克/千克)
Vit C	105.9	Vit D	微量
Vit B$_2$	4.18	Vit E	微量
Vit B$_{12}$	64.56	Vit K	微量
Vit A	14.3		

维生素具有促进人体发育和预防疾病的作用。据我国营养学会调查,在普通中国人的饮食中,严重缺乏的营养物质有维生素A、维生素B$_1$、维生素B$_2$及铁、锌、硒、钙等微量元素。绍兴黄酒中所含的微量元素也很多,可以测到的有20多种,例如钾、钠、钙、镁、铁、磷、硒、铜、锰、钒、铬、铝、锶、钼、砷、钴、镍、锌、锡等。它们也是人体所必需的。例如钾、钙、镁等对保护心血管系统和预防心脏病有重要作用。硒、锌、锰等对于维护生命活动也是必需的。锌是204种酶的活性成分,是维生素正常活动的关键因子。铜、铁等有造血功能。

对黄酒中这五类功能性物质成分的认识是近年深入研究的成果,相信在尔后继续研究中还会有新的发现。

2.白酒

中国白酒是世界五大蒸馏酒(其余为白兰地、威士忌、伏特加、兰姆酒)之一。因其无色透明或略有淡淡黄色,国人习称为白酒。它是以谷物或某些淀粉类植物根茎果实为原料,经发酵、蒸馏而成。白酒的主要成分是乙醇和水,约占总量的98%,其余的微量成分包括多种有机酸、高级醇、酯类、醛类、酚类、多元醇及其他芳香族化合物。这些微量化合物加起来总量不超过2%,却决定了该酒的香味和口感。在中国白酒目前的香型分类中,它们存量的多少却是关键。

乙醇是白酒的主要成分,在20℃时100毫升酒液中若含乙醇56毫升,则称其酒度为56°。酒度的高低则表示乙醇的含量多少。酒分子与水分子虽然可以任何比例融合,然而以酒度在53°～54°时亲和力最强。这时的酒味协调,口感绵软柔和。假若酒度过低,易出现酒味淡薄,甚至混浊现象;若酒度过高,也易产生较强的刺激和辛辣感,甚至有烧灼感。

多种有机酸的集合在酒液分析中称为总酸。它们是酒的呈味物质成分,当酒液在陈化老熟中,有机酸与醇类物质成分化合生成酯,这些酯则是酒的关键呈香物质。此外,酒液中存在适量的有机酸可以起缓冲作用,减弱酒后上头和口味不协调等现象。一般白酒适宜的总酸含量在0.06～0.15克/100毫升。若酒液中总酸量过小,则使酒味感到淡寡,后味短;若总酸量过大,则使酒味变劣,有酸涩感而降低甘甜风味。一般白酒中,含量较大的有机酸是乙酸和乳酸。它们是酒液中最主要的呈香呈味物质成分。在各类白酒中,乙酸与乳酸之量比也是不同的,例如小曲白酒和米香型白酒,乳酸含量大约为乙酸的两倍,酱香型的茅台酒乳酸含量最高。浓香型的五粮液,其乳酸与乙酸含量大致相等,而己酸含量则明显低于乳酸。清香型的汾酒,乙酸含量略高于乳酸。就氨基酸含量来看,茅台酒、五粮液都是较高的。

酯类化合物是白酒中的芳香性物质成分,它主要由酒中的醇类物质成分与羧酸酯化反应而生成。酒中平均含量为0.2%～0.6%。一般情况下,固态发酵而制成的酒,其总酯含量会比液态发酵白酒要高,名优酒的总酯含量要比一般白酒要高。不同类型的酒由于存在不同的醇类和羧酸，故含有的酯不仅数量不同，而且种类也不同。不同种类的酯具有各自的香气特点，这就构成中国白酒依香型分类的依据。据分析，中国的白酒中含有的酯主要有乙酸乙酯、乳酸乙酯、丁酸乙酯、己酸乙酯、乙酸戊酯、丁酸戊酯等。不同品种的酒中酯类化合物不同，就是同一品种，不同产品批号的酯类化合物在构成或含量上也不同。经过分析研究，总算基本上搞清中国白酒，特别是名优白酒呈香的主体成分。一般说来，白酒的香味成分有上百种，大多是酯类、醇类、酸类及羰基化合物，白酒的香型不仅取决于化合物的种类，还与这些化合物之间的量比关系有直接联系，特别是酯类的量比关系。例如，清香型的汾酒，其主体香由乙酸乙酯构成，其含量占总酯的50%以上，其次是乳酸乙酯，它与乙酸乙酯的合理比例在0.6∶1左右，β-苯乙醇、琥珀酸乙酯也与形成的特殊香气有关，乙缩醛、正丙醇含量也较高。以泸州老窖酒为代表的浓香型酒，其香味成分有136种，己酸乙酯为主体香，其中己酸乙酯的含量约占总酯的40%，其次是乙酸乙酯和乳酸乙酯，含量都比己酸乙酯少，丁酸乙酯约占总酯的4%。米香型的桂林三花酒，其主体香成分为β-苯乙醇、乳酸乙酯、乙酸乙酯，醇含量高于酯含量，乳酸乙酯含量占总酯的73%以上，乳酸含量占总酸的90%。酱香型的茅台酒，其呈香成分很多，不仅酯的种类较多，而且酯类成分复杂，由低沸点的甲酸乙酯到中沸点的辛酸乙酯各种酯类都有，其中乙酸乙酯稍多于乳酸乙酯、己酸乙酯，主体香物质难以确认。正因为酯类多，才能具有"低而不淡，香而不艳"的特殊风格。

白酒中含有多种高级醇。所谓高级醇是指碳链比乙醇长的那些醇，它们是在酿造中由原料中的蛋白质分解而产生。例如由蛋白质分解的异亮氨酸经发酵就产生异戊醇，同样来自蛋白质分解的酪氨酸即产生丁醇。这些高级醇在水溶液中呈油状物，通称为杂醇油。高级醇的总量及各种醇的组成比例，也会给酒的风味带来影响。因为各种高级醇都有自己的香气和口味，它们的组合是否协调也是很重要的。酱香型的酒较浓香型的酒高级醇含量和种类都较多，异戊醇和异丁醇在清香型酒中的呈香作用也不容忽视。因此，在名优白酒中，必须含有少量的高级醇，否则酒就有淡薄之感。但是，这个量必须是适当的，在名优酒中醇∶酸∶酯的量大多维系在1.5∶2∶1的范畴。液态法生产的白酒，由于所含的醇高酯低酸低，不仅酒味不佳，而且还有讨厌的杂醇油气味。高级醇含量高，易使饮者头晕或头痛，且易醉。

白酒中有很多醛类物质成分，主要是乙醛。微量的醛类成分能使白酒清香，但是含量高了，就会增加酒的辛辣味和刺激感。所以，醛类含量过高，酒就成为劣质酒。醛类物质成分的增加是因为发酵不良，特别是酵母菌在发酵中出现营养不良的状态，产生乙醛就多。由于乙醛的沸点低，在刚蒸出的新酒中往往含乙醛多，但是在贮存中，乙醛较易挥发。同时，部分乙醛与乙醇发生缩合反应生成具有芳香气味的乙缩醛。当乙缩醛含量高于乙醛后，它会增加酒的醇香，这就是名优白酒为什么必须贮存一年以上，甚至3～5年后才作为基础酒用于勾兑。这就是陈酒才是好酒的科学根据之一。

白酒中含有少量的多元醇，它是酒醅发酵中的副产品，呈甜味。若发酵期长一些，发酵过程缓慢些，产生多元醇就会多些。白酒中主要的多元醇有：2，3-丁二醇、甘油、环己六醇、阿拉伯糖醇、甘露醇等，其中以甘露醇甜味最大。这些多元醇不仅使酒有醇甜的口感，而且由于它们的缓冲作用，又会使白酒增加了丰满醇厚之感。白酒还含有少量的酚类化合物，它主要来自原料中的单宁和色素，部分出自蛋白质的转化。酚类化合物可以为白酒带来特殊的香气，特别是以高粱为原料的蒸馏酒。

从目前对名优白酒的成分剖析来看，所含的各种微量物质成分种类几乎一致，但是，这些微量成分的量比关系差异较大。这些微量成分的微妙配合才是各种白酒具有独特的香型和风格的奥秘所在。各种微量物质成分若从卫生保健的角度来考察，都有一个合理的量比关系。

3.啤酒和葡萄酒

中国人大量饮用啤酒似乎是从近代开始，有100多年的历史。仅从这个"啤"字就可以知道它是外来的，在中国的古代字典中是没有这个"啤"字的。啤酒在中国是先喝到了啤酒而后才有啤酒厂。大约是许多外国人，特别是西方的传教士来到中国后喝不到他们所熟悉的啤酒，于是就把啤酒厂建到中国，解决了对啤酒的需要。根据史料记载，1900年俄国人在哈尔滨建立了一个啤酒厂。1903年德国和英国在青岛合营创办了英德啤酒公司，这就是青岛啤酒厂的前身。尔后英国人、法国人、美国人、日本人先后在上海、天津、沈阳等地也建立了啤酒厂。中国人自己也在北京、广州、烟台建成了啤酒厂。这些啤酒厂规模都不大，产量有限，主要在一些沿海大中城市销售啤酒。到1949年全国啤酒的年产量加起来也才7000吨。从20世纪50年代起，特别是20世纪的最后20年，中国的啤酒产业获得迅猛发展，无论是啤酒企业的数量、规模，还是啤酒的产量、质量都已迈入世界一流行列。当今许多人已把啤酒看作生活中常见饮料。

以大麦芽和大米为主要原料，加入有特别香味的啤酒花共同酿造的啤酒，是低酒度的酒类，一般乙醇含量不超过4%。啤酒商标所标示的度不是指酒度，而是指麦芽汁的浓度。例如最常见的中浓度啤酒，其麦芽汁浓度为12°，其乙醇含量仅在3.5%左右。啤酒的主要成分为水、乙醇、二氧化碳、麦芽糖、甘油、乳酸、醋酸、糊精、蛋白质、矿物质及苦味物质成分。同样是用谷物酿造的，其化学成分与黄酒相近，但是，由于酿造方法不同，啤酒依靠麦芽分泌的糖化酶，而不像黄酒那样有众多霉菌组合的曲和酒药来帮忙，所以，营养成分的内涵就不如黄酒。饮用啤酒有以下功能：①啤酒含有丰富的氨基酸，其中8种是人体所必需的；②啤酒具有一定的发热量，一公升啤酒可产生760大卡热量；③啤酒内许多营养成分易被人体吸收；④啤酒含有维生素B族和维生素P。如果适当饮用，前者可以增加食欲，帮助消化；后者则有软化血管的功效，有利于降低血压。所以有人称啤酒为"液体面包"是有根据的。

葡萄酒在古代中国经历了曲折的发展，一直规模不大，范围有限，百姓之家很少能喝到葡萄酒。真正让中国人见识葡萄酒还是从近代开始。张裕葡萄酒公司的建立标志着中国葡萄酒生产翻开了新的一页。20世纪50年代开始，种植葡萄和酿造葡萄酒成为发展果业和酒业的重要内容。80年代实行改革开放政策，西方饮酒的风俗也在中国一部分酒客中产生潜移默化的影响，许多人视饮用葡萄酒为时尚，这在很大程度上拓展了葡萄酒的市场。在大量进口葡萄酒的同时，中国的葡萄酒生产也有很大发展。葡萄酒是将葡萄榨汁后加纯酵母酿成，其主要成分为水、乙醇、转化糖、林檎酸、酒石酸、甘油、矿物质、蛋白质、脂肪、色素、鞣酸、树胶质等。各成分之含量由于葡萄品种、发酵贮存方法的不同而有差异。这些成分部分来自葡萄汁，部分来自发酵或陈酿中生化反应的产物。其中许多营养成分都是人体所需要的，例如其内含的多种有机酸都是能开胃助消化的。又如其含有丰富的铁元素和维生素B_{12}，有改善贫血的疗效。

七、好酒的识别

经常有人问：什么酒才是好酒？回答很可能是多样的，因为不同的人对酒会有不同的鉴赏眼光。有的人很欣赏茅台酒，有的人喜爱五粮液或泸州老窖；也有人钟情汾酒；我的许多浙江老乡就爱喝绍兴黄酒；许多白领工薪族则视葡萄酒为良伴；北京市的平民大众就偏爱牛栏山二锅头酒。各有所爱，恰恰是人的个性所致，很正常。酒的好坏除了有一个卫生标准外，实无一个通用的绝对标准。不同地区、不同民族、不同年龄，乃至不同文化水平和生活习惯，对酒类的需求在数量和风格上都会有明显的差异。俗话说"众口难调"是客观的现实。中国白酒可以用香型来分类，但是香型并不能反映酒的优劣。香型的呈现和划分只是一个学术研究的阶段性成果，且不说对酒类呈香的机理研究尚待深入，就是说这些呈香的物质成分究竟对人体有什么生理功能，谁优谁劣实难定论。香型实质上只是酒类商品上的一个标识，不能反映酒品的质量，更不是优劣的尺度。从酿酒工艺上来说，无论是大曲或小曲发酵，窖池或地缸发酵，或多或少存在着一些不易精确控制的工序，从而使不同地方，甚至于不同车间、不同批次，即使采用了统一规范的工艺流程，产品也难免出现明显的质量差异。这其中的奥秘实在是一言难尽。酒质存在差异是个常态，目前几乎多数酒家都是将不同批次、不同口味风格的原酒进行勾兑来提高酒的品味，并达到一个相对一致的品牌标准。勾兑可以说是调配酒的一种手段。对于企业来说，勾兑是保证酒的品味的重要工序，往往都是一批有经验的酿酒技师来掌控操作。当然，勾兑出品味高的酒必须以完全符合卫生标准，并达到一定质量水平的原酒为基础。勾兑调酒就像一门艺术，使勾兑出来的酒像一个艺术品，在口味风格上突出自己固有的特色，这可能是许多名优质酒所追求的效果。然而，有许多人对"勾兑而成的酒"感到恐惧，认为勾兑而成的就是假酒，就是有质量问题的酒，这显然是误会。造成这种误会的原因是社会上的确存在一些以次充好、以假乱真的仿制名优酒行为。有的酒贩子甚至于采用有毒的工业酒精胡乱地添加一些水和其他化学物质，冒充好酒名酒出售，以牟取暴利。发生在1998年初的山西朔州特大假酒中毒案就是一个惊人的案例。

出现在市场上的假酒主要有两类：一是用劣质酒假冒名优白酒；二是用甲醇之类化工产品来兑制饮用酒。山西朔州假酒案中两类情况都有。不法商人陈广义从太原化工厂等企业购进大量甲醇，声称用甲醇生产除臭剂。实际上，他供甲醇给其他不法商人去勾兑成散装白酒，流入市场。许多消费者饮用了这种劣质酒，纷纷中毒，轻者受伤致残瞎眼，重者丧命。汾阳市杏花镇有一个中杏酒厂，其厂长高世发明知故犯，于1997年底又先后购进含过量甲醇酒19.71吨与其他白酒进行勾兑，生产出假酒200吨，未经有关质检部门检验就推向市场出售。后经质检部门鉴定，其所出售酒中，甲醇含量超标几倍、十几倍，最高达到800倍。可以想象这批假酒一旦完全售出，后果将不堪设想。这次朔州假酒中毒案，发现中毒者上千人，入医院救治者222人，医治无效死亡者27人。从1992年至1998年全国公开查处的假酒案多达9起（见表2-8）。可见，加强市场监管是非常重要的。

表2-8 1992年至1998年查处的假酒案

时间	地点	案情	死亡人数	伤残人数	处理结果
1992年12月	黑龙江佳木斯	工业酒精勾兑假酒	7	6	1人无期徒刑
1993年9月	四川什邡	工业酒精勾兑假酒	4	7	2人死刑
1993年9月	河南上蔡	工业酒精勾兑假酒	4	22	2人死刑1人死缓
1994年初	湖北荆门	工业酒精勾兑假酒	3	不详	1人死刑1人死缓
1994年3月	四川宜宾	用甲醇勾兑假酒	8	1	1人死刑
1994年11月	广西柳州	用甲醇勾兑假酒	7	5	1人死刑1人无期徒刑
1995年9月	贵州贵阳	工业酒精勾兑假酒	6	不详	1人死刑
1996年6月	云南会泽	用甲醇勾兑假酒	36	157	5人死刑2人死缓
1998年1月	山西朔州	用甲醇勾兑假酒	27	不详	6人死刑

首先要加强酒类生产管理，严禁用甲醇等化工产品兑制饮料酒，也不能用工业酒精兑制饮料酒。加强酒类市场管理，严格执行《食品卫生法》中有关蒸馏酒、配制酒的卫生标准。其次作为酒的消费者也应增加一些有关酒质识别的基本常识。

白酒生产中会产生一些有害物质，一些是从原料中带来的，另一些是在酿造中产生的。主要有以下物质成分：

①甲醇：俗称"木精"，是最简单的一元醇。最初从木材干馏中得到，现在可由一氧化碳和氢气合成。薯干或柿、枣等水果中，含有较多的果胶、木质素、纤维素等物质，发酵后能分解甲烷基而产生甲醇。甲醇是一种无色易燃的液体，沸点为64.7℃，易挥发，有特异香味，溶于水和其他有机溶剂，有毒。甲醇进入人体后会氧化生成甲酸和甲醛，甲酸的毒性比甲醇大6倍，甲醛的毒性比甲酸大30倍，可见其毒性之大。按照《食品卫生法》，饮用白酒中甲醇含量不能超过0.04克/100毫升。甲醇在体内还有蓄积作用，不易排出体外。积留在人体的甲醇会伤害人的视觉神经和中枢神经。一般误服了5～10毫升的甲醇后，经过8～24小时潜伏期，轻度中毒表现为头晕、头痛、视力减退；严重中毒症状则是逐渐显现，开始时，消化系统出现恶心、呕吐、腹痛等，呕吐物为咖啡色液体。神经系统则表现为头痛、眩晕，继而谵妄、妄想、幻觉、意识朦胧、四肢麻木，持续一段时间后，中毒严重者出现瞳孔放大、视力模糊、神志昏迷、双目失明、脑水肿等。

②醛：主要来自发酵过程中的产物，乙醛对神经的刺激比乙醇大10倍，糖醛则大83倍，因此经常饮用乙醛含量较高的酒容易形成酒瘾。甲醛的毒性更大，饮了含10克甲醛的酒，人将丧命。好在醛类的沸点都较低，例如乙醛沸点仅28℃，易挥发，若经贮存，会自然挥发一些，另一些也会因氧化缩合反应而减少。一般要求白酒中的总醛量不宜超过0.04克/100毫升。

③杂醇油：杂醇油（即高级醇）由原料中的蛋白质、氨基酸和糖类分解而成。虽然是白酒的香气成分之一，但是含量过高对人体是有害的。杂醇油的中毒和麻醉作用均比乙醇大十几倍，饮用含杂醇油多的酒类易使饮者头痛、头晕，即我们通常所说的"酒上头"。杂醇中分子量愈大，毒性愈强。丙醇比乙醇强8.5倍，异戊醇比乙醇强19倍。加上杂醇油在人体内氧化速度慢，停留时间长，易引发长醉难醒。故《食品卫生法》规定，白酒中杂醇油含量不能超过

0.15克/100毫升。

④铅和氰化物：都是由原料或设备引进的有毒成分。前者为有毒的重金属，它可能是在蒸馏器中由锡制冷凝管中溶入；后者为剧毒的化合物，在木薯、果核为原料酿酒中，由内含的有氰醇水解而引入。白酒中铅含量超过0.04克可引起急性中毒，超过20克可致死。若是慢性铅中毒，则出现头痛、头晕、记忆力减退、贫血等症状。故《食品卫生法》规定，白酒中铅含量不能超过0.001‰。若采用本身含有氢氰酸的木薯或某些野生作物酿酒，则必须检测酒中的氰化物含量，要求不能超过0.005‰。

民以食为天，食品的安全卫生关乎每个家庭，关乎国计民生。因此，以上列举的《食品卫生法》中有关酒的卫生指标，应是判定酒质优劣的第一道关卡，即酒出厂前必须检验合格，这是一道质量底线，也是每一个经营者的道德底线。假若故意让有毒的假酒流入市场，就是一种谋财害命的罪行。

饮酒者大多都会从酒的色、香、味、风格四个方面来进行品评。优劣的判定是需要经验的。在一般的品酒会上，在化学仪器检验产品卫生标准合格的前提下，评酒专家用眼睛观察酒的色泽，用鼻子闻嗅酒的气味，以口唇和舌尖辨别酒的口味，综合上述的感觉就可以认识酒的香型和风格。酒的色、香、味及其风格与酿酒的原料、使用的酒曲、采用的发酵设施(酒窖)、酿酒的工艺及发酵时间、存贮时间长短等都有关系。其中的奥秘是个大学问。评酒专家利用其舌尖、舌缘、舌根充分接触入口之酒，再不断地鼓动舌头，使酒分布均匀，将这时获得的口舌感觉对照以往获得或积累的某类酒的标准酒样的口感进行比较，就可以有一个优劣的判定(对比标准样)。不同的酒类或香型，会有不同的标样，因此不同类或不同香型的酒是无法比较的。我很同意一种看法：只要卫生检验合格，合法经营，任何酿酒企业的白酒产品应该在市场上处于平等地位供消费者选择，孰优孰劣，要在市场上接受长期的考验。某些属于香型代表品种不一定占有很大的市场，而某些质量平平的产品可能会因营销得法而辉煌一时。但是，随着市场的成熟和管理体制的健全，只有那些真正优质的产品才能得到消费者的欢迎。也就是说酒的优次，由消费者说了算。

八、饮酒的科学

健康、营养的食品，不是好东西就可以多吃，这里存在一个"量"的问题。好东西过量同样是有危害的。酒是嗜好品更讲究一个"量"，饮酒过量绝对是有害的。这个"量"应该怎样把握，是很多人关注的。不同的人的饮酒量因为遗传基因、年龄、身体状况及饮酒时的氛围、精神状态不同而不同，没有一个绝对的"量"的标准。例如有个别人不能喝酒，甚至接触到酒精或闻到酒精的气味，都可能出现过敏现象，轻者表现皮肤黏膜出现皮疹，重者往往可能诱发支气管过敏的喘息症状或急性支气管炎。这些遇酒过敏的人甚至都不能采用含酒精的消毒剂作皮肤处理。一般情况下，成年人比老年人或幼童少年饮酒量要大，因为成年人在饮酒中，体内分泌的分解酒分子的酒精脱氢酶要多，故耐酒精的能力较强。身体强壮的人较之体弱的人，生命力较旺盛，分泌酒精脱氢酶的速度较快，故酒精在体内，主要在血液中的积累由于分解快而使积累变慢，故饮酒量可大些。一般人精神舒畅的状况下饮酒也会比心情郁闷时饮酒抗醉能力强些。因为人的精神状况会影响大脑的神经中枢，进而干预人体消化和内分泌功能的发挥。

明代医药学家李时珍曾指出："少饮和血行气，醒神御风，消愁迁兴；痛饮则伤神耗血，损胃无精，生痰动火。"这里的"痛饮"即是饮酒过量。前面在讲述酒精的功能时，已清楚地诠释了酒精在人体血液和脏器中积蓄及其产生的生理反应。因此，人们在饮酒中切记三点：①不要空腹饮酒，空腹饮酒乃饮酒之大忌。有一些人在宴席上，喜欢开吃前先要请大家喝三杯酒，实际这是一种不好的习俗。空腹时，胃中没有食物，烈酒入肚，酒精极快被吸收，直接刺激胃壁，易引发急性酒精胃炎。另外，未被分解的酒精在脏器和血液中积蓄，使血液中酒精浓度迅速上升，极易造成那些不善饮酒或酒量不大的人提前进入醉酒状态。所以，大家都知道"美酒配佳肴"是一种通用的饮酒方法。即饮酒中一定要吃菜肴和主食，以降低酒精的浓度和减缓酒精累积的速度。②不要喝急酒。所谓"急酒"即快速喝酒。有人喜欢一碰杯就一口喝尽杯中酒，以显示自己的豪爽，甚至还强迫别人也干杯而尽。其实这样喝酒，舌尖、舌缘、舌根等器官还没有充分接触入口之酒，酒已进入食道，饮者根本就没能辨别酒的美味，品赏酒精刺激带来的愉悦。所以真正喜爱酒的酒友，是会采用小酌慢饮的技巧，这样饮酒才能知道各种酒的独特美味，才能享受饮酒带来的舒适感觉。③几种不同种类的酒不要混在一起喝。例如白酒与红酒(葡萄酒等果酒)、白酒与啤酒混着喝。这样喝，且不说影响对酒的品味，还因造成味觉器官的错觉，极易引诱过量饮酒。总之，要想饮酒不损害身体，首先是每次饮酒都应自觉限量。能喝1斤50度白酒者，只喝半斤，最多7～8两。控制饮量是前提。其次根据自己经验掌握饮酒的技巧，既要享受到饮酒带来的欢乐和舒畅，又要防止酗酒带来的危害。

有人说："好酒不醉人。"这种说法缺乏科学的根据，极易诱导部分人去酗酒或饮酒过量。所谓的"好酒"上面已讲过，没有绝对的标准，只是在符合卫生标准的前提下，酒的组分中哪些有毒成分少些，哪些呈香美味的成分多些。酒精依然是酒精，只是与酒精相混合配伍的组分有所不同，过量饮用照样会醉人。当然，由于组分不同，初始入醉的表现状态会有所不同。例如喝优质的茅台酒，稍微过量一点，头不痛、眼不花、神志仍清醒，但是走起路来，却像踩在棉花上，这就是俗话说"打脚不打头"的醉觉。许多名优质酒，其"质优"不是衡量其酒精含量的多寡，而是与酒精配伍的其他组分的合理搭配和协调发挥，给人色、香、味的综合感觉是舒畅，对人体脏器的有害刺激较小。因此，在不过量饮酒的前提下，饮用名优质酒是可以放心的。

有人极为欣赏"一醉方休"。说难听一点，这是一种慢性"自杀"的行为。特别是有人遇到不顺心的事，心情烦恼，就想借酒消愁，岂不知"抽刀断水水更流，借酒消愁愁更愁"。人在愁郁时饮酒，往往没有节制，常常想"一醉方休"，妄图以酒来麻痹神经，忘却苦恼。事实上，酒是不能消除烦恼的。酒醒后，烦恼的问题依然存在。不管出于何种动机，追求醉酒不仅不能从酒中找到生活的乐趣，还可能因醉酒造成后患无穷。首先对饮者自身来说，醉酒伤身是最起码的。凡是饮酒大醉过的人都知道，醉酒不仅头晕、头痛那么简单，而且会感到胃胀腹痛，伴随恶心、呕吐。酒醒后就像得了一场大病一样，浑身疲倦乏力，这就是酒精急性中毒的常见症状。醉酒造成的社会危害更是罄竹难书，因醉酒引发的事端案件在社会事故中占有相当比例。据不完全统计，交通肇事中因醉酒驾车造成的悲惨事故几乎过半。

第三章

博大精深的酒文化

中华民族五千年的文明史中拥有丰富的文化遗产，酒文化就是其中一部分。酒文化内容丰富多彩，最炫目的大概就是有酒参与的礼仪和风俗。

一、走下神坛的酒

在远古，人们认为众多自然现象，如天空闪电响雷、各种天象灾害，甚至生命与患病等都是由上天的神灵所主宰。为了祈求获得风调雨顺的气候和五谷丰收的农作，也为了社会的安定、民众的平安，都要乞拜上天神灵的恩赐。这就产生了祭祀天地、神明、祖先的多种礼仪。天之祭者有四时、寒暑、日月、星辰、水旱等，地之祭者有诸神之祭和山川之祭，当然人是父母生养，故还有祖先之祭。人们在祭拜中都应拿出自己最好的食材作为祭品。酒作为珍贵的食材，很自然地成为祭坛上必备的祭品。酒作为祭品，应该是很早的，大概始于夏代。据《礼记·明堂位》所说："夏后氏尚明水，殷尚醴，周尚酒。"表明不同时期，祭祀等礼仪上已用酒。但是，酒的内容是不同的。在夏代，酿酒的发明尚处于起始阶段，故有许多地方尚不会酿酒，在祭坛上只能用水代替酒，并将此水冠以"玄酒"之名。随着酿酒技术的发展、传播，到了商代，祭坛上的醴酒成为主要祭品。到了周朝，祭坛上酒品又换成酒度比醴高的"酒"。

从商周到春秋战国，社会处于从奴隶社会向封建社会过渡的转型时期，各种祭拜、庆典及占卜的礼仪日臻完备，甚至达到了繁文缛节、规格森严的地步。有关周朝的祭拜礼仪，《礼记·礼运》中写道："玄酒在室，醴盏在户，粢醍在堂，澄酒在下……玄酒以祭……醴盏以献……"唐代孔颖达注释道："玄酒，谓水也，以其色黑谓之玄，而太古无酒，此水当酒所用，故谓之玄酒。"玄酒是不喝的，其贵在其质，教民不要忘本。醴指醴齐，盏指盎齐，粢醍指缇齐，澄酒即是沈齐，也可以指清酒，它们都是当时的酒名，可见当时用酒是很讲究的，不同的酒放在祭祀的不同位置。"五齐用以祭祀，每有祭祀其

173

造作必有量数，故曰齐焉。"量数即是指米谷之数，又有功沽之巧。由此可见祭祀之酒与人们日常饮用的酒不一样，亦不能混淆，祭祀之酒是特制专用的。本来酒对于古人来说就是相当的神秘，它源自人们赖以为生的谷物，又经过神奇的发酵，最终的产品确是饮食后既能饱腹又能使人陶醉的食材。特别是饮酒后的陶醉效果，很自然地将主持祭祀的人或巫师带进一个神奇的境况，从而认为酒是一种上天赏赐的稀罕之物，通过它与上天沟通是很自然的。稍后，那些部落首领或自以为有特异功能的巫师，则通过饮酒佯醉致幻的手法，以示与神灵对话的本领，从而又将酒介入巫术和占卜等活动。

起初，由于酒十分珍贵，只有祭祀、庆典、占卜等特定活动才敢用酒。祭祀活动结束后，作为祭品的酒不会被倒掉，而由那些主持礼仪活动的头领、巫师及贵宾饮用。如此这般，祭祀之酒的神秘色彩就逐渐消失了。进入周朝，一方面颁布《酒诰》，对饮酒实行某些规范，另一方面酒又被牵引到"礼"的境界，酒在生活的更多领域发挥起作用。例如在多种祭祀活动中，除了"五齐"之外，又延伸出三酒：事酒、昔酒、清酒。东汉经学家郑众就阐释过三酒的定义："事酒，有事而尽饮也；昔酒，无事而饮也；清酒，祭祀之酒。"从这个定义可以看到在神坛上的酒开始分化了。五齐中发酵的终端产品——沈齐经过滤后得到的清酒成为主要的祭品，而专供祭祀仪式主持人饮用的是发酵时间短，酒度较低而不易醉人的事酒。事酒可以随时酿造，应是新酒。关于昔酒，唐代学者贾公彦解释说："昔酒者，久酿乃孰，故以昔酒为名，酌无事之人饮之。"这无事之人指的是在祭祀时"不得行事者"。由此可以推测昔酒是一类酿造时间较长的酒。在当时应是冬酿春熟，酒味较浓厚的酒。那些不行事的人，饮多喝醉了也不会碍事。这三种酒对应不同的人群，表明在祭祀的重大活动中，参加活动的人都可以饮到酒，只是酒度不同而已。饮酒的人群从少数几个主持祭祀的头人或贵宾扩大到所有参加祭祀活动的人，一则表明酒的产量大了，二则说明酿酒技艺有了进步，才能生产多品种的酒。更重要的是反映了一个事实：酒从珍贵的神坛祭品，逐渐成为民众的饮品。

酒业发展的前提是谷物丰裕和酿酒技术的普及和发展，同时也与饮酒观念的改变有关。既然在祭祀这些活动中，人们就可以饮到酒。那么在无祭祀活动的时候，人们是否也可以饮酒呢？只要有谷物就可以酿酒，那么拥有较充裕谷物的大户人家当然能够自行酿酒，自酿自饮。由此，首先在王室建立了一个庞大的酿酒机构，较大规模地从事酿酒活动。所酿之酒不仅保证王室人员的饮酒需求，还用于对下属臣民的赏赐和友人之间的交流。这样的史实，在《周礼》等文献中有记载。在周朝设立了酒官制，专职管理酿酒生产和祭祀用酒及礼宾之酒。同时还建立了酒的赏赐制度，将赐酒作为驾驭臣下和笼络人心的一种手段。

根据考古发掘的大量资料显示，夏纪年的范围内发现一些有谷物遗留的遗址，表明在夏代，农业生产比较稳定，已有充足的谷物供酿酒之用。到了商代酿酒技术的发展使酿酒更为普及。假若认为吃酒是吃饭的一种方式而得到宣扬，吃酒没有节制的状况就很自然在贵族中蔓延。像夏桀、殷纣王这样的酗酒者，不会是个别现象。当然一般平民百姓由于谷物条件的限制是不敢这样挥霍谷物的，但是只要条件许可，他们也会找借口饮酒寻欢。饮酒就像吃饭一样成为社会生活的常态。按周公旦的《酒诰》所说，商代统治阶级大多都沉溺在酒里，腥秽上冲，连天都发怒了。"桀倾夏国，纣丧殷邦，由此言之，前危后则。"在周武王灭掉了殷纣之后，进一步完善了分封诸侯等封建制度。两年后，武王病死，其子周成王继位后，因年幼由其叔周公旦辅政，鉴于殷商酗酒亡国的教训，周公旦颁布了中国第一个禁酒令——《酒诰》。在诏令中制定严格的用酒规范及禁酒的若干条令。实际上是采用"礼"和"规"的方式来控制整个社会的酿酒与饮酒。周朝是个等级森严的社会，"礼"规定了什么样等级的人能饮酒，能饮多少酒，甚至连用什么器具饮酒都有规定。可见"礼"不是禁酒而是把饮酒纳入礼仪的范畴。从《周礼》所述的酿酒机构、规模和酒官的设置及其职权，都清楚表明酒在社会礼仪中的地位和作用及王室用酒的大致情况。用"规"来限制百姓饮酒，百姓只能在规定的庆典、祭祀活动的时候才能畅饮，在平时不能随便聚在一起饮酒。这种用"礼"和"规"来控制酒业和限制饮酒的措施，很难长时间实行。随着社会的发展，特别是王权的削弱，诸侯雄起，许多森严的等级规制和繁琐的礼仪被淡忘了。一般人，特别是贵族有粮有钱就可以随意酿酒饮酒，从而使饮酒迅速地世俗化了。以酿酒卖酒为业的酒肆在各地蜂拥而起。百姓喝酒再也不是难事了，酒终于从礼仪的神坛下来，走进了千家万户百姓家。

二、浸染酒味的民俗

酒走进千家万户，进入世俗社会，不仅是贵族，普通百姓也可以享受酒所带来的乐趣。出现这种社会现象的前提是农业稳定，谷物丰产；其次是饮酒观念的改变和酒成为生活习俗的组成部分。由于酿酒技术相对来说并不复杂，推广普及较为方便。只要有了谷物，就可以酿酒，只是酿酒技艺的高低决定了酒质的优劣。酿酒技艺较精湛的人，要么到贵族家当酿酒师傅，要么自己开建酒坊从事酿酒商业活动。酒作为商品进入市场是商品经济发展的必然，社会对酒的巨大需求是酒业发展壮大的基石。

中国传统的岁时节俗，有的在先秦时期即已形成，有的开始于先秦时期，而定型于秦汉及其后。有的在历史上逐渐被淘汰或融合到其它节日之中，有的仍延续至今，充满活力。这些岁时节俗大致可分两类：一是岁时民俗，例如元旦、春节、元宵等；二是祭祀礼俗。它们都有明确的时间性和地域性。由于自然环境和人文元素的不同，这些传统的文化活动的具体形式和内容会有差别。但是，总的目的都是企盼神灵先祖保佑，来年能有一个五谷丰登、六畜兴旺、风调雨顺、国泰民安的好年景。敬鬼神，就要奉供酒肉美食。因为"神嗜饮食，使君寿考"。因此，酒成为不可缺少的重要供品。

周朝的《酒诰》规定百姓只能在规定的庆典或祭祀活动中才能畅饮酒品，而这些活动民间是有一定的主导权的，例如，周朝之初民间就流行起一种"乡饮酒"的风俗。即聚一乡之众，相会亲睦，互道尊敬，梳理长幼之序，习讲主宾之礼。这种聚会当然是要饮酒的。起初，这种乡饮酒宴每三年一次，后来就逐步缩短为每年一次了。还有一种"乡饮酒"也是合情合理的，例如某家子弟"卒业而出仕"，即当了官了，其家长就会出面组织酒宴，以款待乡亲好友，以示庆贺和感恩。总之，召集这种"乡饮酒"的借口还有很多，它只是表达了在民间交往中，饮酒作为一种礼仪形式受到了追捧。

具有众多内容的"乡饮酒"，后来在有条件的地方除了奠祭之饮外，又逐渐发展出节令之饮、年节之饮、婚丧嫁娶和生离之饮。所谓节令之饮即是古代人们为了祈祷或庆祝农业丰收，而每逢二十四节气之时，多以酒相互祝愿，那些较富裕的家庭则逢时即饮。所谓年节之饮即是当逢佳节之时，例如元旦、春节、元宵、端午、中秋、重阳，多以饮酒相贺、祝福。结婚之喜，生育添丁，长辈之丧，都是人生大事。生日祝贺、亲朋离别也是表示亲情的常规时候，举行规模、形式、内容不同的宴饮，也属人之常情。总之，各种形式的"乡饮酒"在后来大多固化成民俗。民俗多为民族文化的历史积淀，对于许多民族来说，丰富的民俗往往成为一个民族的文化元素和生活特征，也是一个民族自信、自尊、自强的精神支柱。中国汉族的上述"乡饮酒"的民俗不同于西方许多民族。西方的许多民族的节假和民俗大多带有强烈的宗教色彩，例如圣诞节、愚人节、万圣节、情人节等。而在中国，节假和民俗具备明显的世俗性特征。所谓世俗性即这些节庆要么与农业生产有关，要么加进一些纪念名人的大事相辅。这种人神化或神人化的趋向，进一步让风俗中融入礼仪的成分，甚至在节庆中风俗和礼仪融为一体，这种融合被民间所认可，逐渐成为约定俗成的民俗并得到沿袭。民间的节庆是纯粹的民间欢乐或期盼的团体聚会。节庆世俗化的特征决定了酒在活动中占有无可替代的重要地位。几乎所有的民俗活动或聚会必有饮酒助兴，活跃气氛。假若没有饮酒，人们就会失去动力，就像没有过节一样。只有在这种场合，人们豪饮酒品才会被赞许而不会被非议。

在中国，不同的节庆喝不同的酒，表明喝酒还有讲究。例如元旦、除夕、春节喝屠苏酒、椒柏酒。据明代李时珍在《本草纲目·附诸药酒方》中介绍："屠苏酒：陈延之《小品序》云，此华佗方也。元旦饮之，辟疫疠一切不正之气……时珍曰，苏魅，鬼名，此药屠割鬼爽，故名。"可见屠苏酒是古代流传下来的一种药酒，古俗认为元旦饮此酒以辟瘟气。又如端午喝雄黄酒、菖蒲酒。旧时，每逢端午，不少地区都有饮雄黄酒以驱疾除病的习俗。《神农本草经》卷二介绍："雄黄味苦平寒，主寒热、鼠瘘、恶创、疽痔、死肌，杀精恶、物鬼、邪气、百虫毒、胜五兵。"因此认为"饮了雄黄酒，百病都远走"。民间还流传一个故事：战国时楚国的伟大诗人屈原，为了实现"美政"的理想，刚直不阿，与奸佞群小进行了不屈不挠的斗争，最后以死进行抗争，于公元前278年农历五月五日投汨罗江自杀。百姓闻讯赶来，费尽周折也没有打捞到他的尸体。一个渔夫拿出原先为屈原准备的粽子扔进江中，另一个渔夫拿出一坛子雄黄酒倒入江中，他们认为有了粽子和雄黄酒，水中的蛟龙鱼兽就不会伤害屈原尸体。于是就有了端午吃粽子、饮雄黄酒的习俗。也有一些地区端午节还饮菖蒲酒，门插艾叶以避恶气。千里不同风，百里不同俗，还有一些地方（主要在北方）则把端午当作喜庆之节，欢饮佳肴，吟诗作赋。农历九月九日是重阳节。《易经》云："以阳爻为九，将九定为阳数，而两九相重为重九，日月并阳，两阳相重，故名重阳。"如果说中秋是赏月、饮酒、吟诗的三重奏，那么重阳节是登高、赏菊、饮酒、吟诗的四重奏。登高的习俗始于西汉，到了东汉这一活动又被添加了新的色彩。传说有个叫桓景的人，一心想能战胜瘟疫，为民除害。为了提高本领，他拜方士费长房为师，学习道术。一年后他的本领有了很大长进。一天，他正在练剑，师傅告诉他："九月九日汝河的瘟魔又要出来了，你赶紧回去为民除害，普度众生。我给你茱萸叶子一包，菊花酒一瓶，并让你家乡的父老登高避祸。"桓景遵命而行，刚把众乡亲安置在山上，瘟魔就猖狂扑来。但慑于菊花酒散发出浓烈的酒味，瘟魔只能在山下徘徊。桓景趁机抽出师傅所赠宝剑，上前杀除瘟魔。从此以后，每逢重阳节，人们就会外出登高避难，饮用随身携带的菊花酒。在上述习俗活动中，酒的地位是很突出的，人们通过饮酒以期望农业发展，五谷丰登，还希望借饮酒来防病强身。因为他们曾认为："酒是百药之长。"

三、少数民族酒风拾趣

中国是个多民族的国家，在历史的长河中，兄弟民族无论是经济文化，还是在风俗礼仪都有许多交融，既有互助共进的相似之处，又有独呈特色的差异之点。至今仍保留的一些民族各自独有的习俗，恰好反映了中华文化的多元性和丰富多彩，是一笔难得的文化遗产。

蒙古族是北方地区主要的少数民族之一，其祖先曾建立一个地域跨欧亚大陆的蒙元帝国。他们在征战中，不仅将蒙古族的文化习俗，甚至将代表东方的华夏文化传往西方。后来，蒙元帝国垮了，蒙古族的许多部落散居在欧亚的许多地区。尽管民族的融合会使某些习俗消失，然而，自尊的生命力会使民族精粹的文化元素留传至今。蒙古族原先是个爱饮酒的游牧民族，酒在各种习俗中更是不可缺少。蒙古族逢年过节或待友接客中，有一种叫"德古"的礼仪是必不可少的。"德古"译成汉语即是"酒的第一盅"。当客人入座后，户主双手捧着盛有酥油的银碗和盛满酒的酒壶,从长者或贵宾开始逐一敬"德古"。接受款待的客人会双手接过银碗,用右手无名指轻轻蘸一下酥油,向天弹去,此动作重复三次。客人依次轮流做过这个礼节后,主人便斟酒敬客人,接受敬酒的客人,仍应做蘸酒弹向天的动作,然后将酒喝干。这种蘸酒弹向天,意思是敬天、敬地、敬祖先。每年7、8月蒙古族都要举行"那达慕"大会。"那达慕"蒙古语的意思就是娱乐、游戏。在这牲畜膘满肥壮的季节举行包括赛马、摔跤、射箭和棋艺、歌舞等活动是蒙古族人民一年一度的盛大节日。大会期间,酒是不可短缺的饮料。每日畅饮,人欢马嘶,热闹非凡,充分展示了一个民族的强盛活力和欢愉生活。与汉族一样,蒙古族人也非常好客,在宴席上,主人给客人敬酒一次要敬三杯,客人至少要喝两杯。倘若客人不喝,敬酒者就会唱起祝酒歌,且单膝跪下请你喝掉,诚挚感人。当客人喝酒入醉,主人会非常高兴,认为你是尊重他们。蒙古族的婚礼,从定亲的小定、大定到迎亲和整个婚礼过程都是离不开酒的。

满族人的饮酒风俗近似于蒙古族。他们特别重视祭祖之仪,每到祭日,都要奉供酒肉,全家礼拜。满族人的婚期也离不开酒,送酒要整坛成双,喝酒要喝交杯酒。婚礼的第二天,女家还会到男家喝"梳头酒"。朝鲜族的饮酒习俗近似于汉族,但是他们特别强调敬老。每逢老人"六十花甲""七十古稀"时,子女们都要为老人摆宴祝寿。特别是老人结婚六十周年时,子女们要为健在的老人举行隆重的"归婚礼"之仪式,老人穿上当年结婚时的礼服团坐在上,子孙们依次跪下给老人敬酒,祝老人长寿安康。这种仪式,酒是不能少的。在东北地区居住的鄂温克族、锡伯族、达斡尔族、鄂伦春族、赫哲族,他们都是喜爱饮酒的民族,饮酒的风俗大同小异。除了待宾接客中,酒是必要的外,最讲究饮酒礼仪的活动是婚礼。求婚或结婚中,一坛酒和一头野猪是必备的礼品。赫哲族的女婿还要送一张貂皮给岳父做帽子。在整个结婚的仪式中,处处飘逸着酒香。

在中国西北地区居住的回族、维吾尔族、哈萨克族、塔吉克族、乌孜别克族、柯尔克孜族、俄罗斯族、塔塔尔族、裕固族等兄弟民族中,回族的饮酒习俗与汉族相近,其他民族大同小异。同的是将酒作为最好的饮料敬待友人,不同的是饮酒的仪式各有名目。例如西北的土族,主人敬客人饮酒有三个回合。刚进门饮的三杯酒叫"临门三杯酒",入席饮的是"吉祥如意三杯酒",

辞别前饮的是"上马三杯酒"。客人实在不胜酒力，可用无名指蘸酒，对空弹三下，以示祈谅敬谢之意。

在南方少数民族中，居住地域较广的是藏族。藏族历来好客，来客入门，先敬献"哈达"，然后斟上三杯青稞酒。前两杯客人根据自己的酒量，可以喝完，也可以剩一些，不能一点也不喝。但是第三杯酒则要一饮而尽，以示对主人的尊敬。青稞酒是用青稞酿造的，色微黄，味酸甜，酒度不高，许多人都称它为"西藏啤酒"。在藏族欢度藏历年、雪顿节、望果节时，青稞酒是必备的。

壮族主要生活在两广、云贵，是人口较多的一个民族。由于长期与汉族的生活交融，饮酒风俗与许多礼仪一样，较接近于汉族。壮族历来爱唱山歌，有一年一度的歌节，人们团聚在一起进行对歌赛歌，热闹非凡，低酒度的米酒也会成为部分人的兴奋剂。与其他民族一样，从求婚到入赘结婚，酒是常用的饮料，增强气氛，促成联姻。

无论是生活在东南、中南，还是西南的数十个少数民族，其饮酒风俗可谓各有千秋，下面列举一二。生活在四川一些地区的羌族，农历十月初一过年节。这时人们除了要祭天神和家神外，还邀请亲朋好友共聚，跳"锅庄"，饮"咂酒"。"锅庄"即是跳圆圈舞。"咂酒"又名钩藤酒、竿儿酒、芦酒，是用玉米、青稞、小麦、高粱、小米、糯米等五谷中一两种或多种为原料，用曲酿造而成的发酵原汁酒。它酒度不高，一般为各家各户自行酿造。饮用时，只要用竹管或芦管插入酒坛中吸吮即可。几个人团坐在酒坛四周，慢吸慢饮。当酒液少了，还可兑水，亲热温情。饮时往往按长幼之序轮流吸吮。古诗云："万颗明珠一共瓯，王侯至此也低头，五龙捧起擎天柱，吸尽长江水倒流。"其实，在节庆中饮用"咂酒"这种形式的还有土家族、傣族、佤族、苗族等兄弟民族，只是饮酒的细节有所不同。如傣族饮咂酒时，先由主人饮一口后，再让客人们自饮，尽量多饮，以示对主人的尊敬。还有一种接客的方式是主人把酒管传给客人后，客人倒出一点酒，蘸指弹于地，意为祭祖，然后主客同饮。又如瑶族青年谈婚论嫁，由两方家长各选一组唱歌高手，在对歌中议决婚礼事项，商定后双方拿起酒杯，斟酒互敬，婚事谈妥。随后女方家长请大家喝"亲戚头欢酒"。此外，生活在云南大理的白族在火把节上有"摆果酒"的习俗，云南的哈尼族饮酒礼俗中有"喝闷锅酒"的形式，水族人待客常要喝肝胆酒，景颇族人则常用"金竹酒筒"敬客，拉祜族人结婚有摆"火塘酒"的风俗，彝族青年恋爱中常有"喝山酒"，独龙族新婚在婚礼上要共饮"同心酒"。侗族人风行的"串杯"饮酒也很有趣，所谓的"串杯"即是在宴席上，长者举杯致辞后，同席者不饮自己面前的杯中酒，而取饮右侧座人之酒杯。这种宴席又叫作"合拢饭"。

总之，各民族的饮酒习俗既反映了传统文化的遗传，又是当今民族文化的精粹。由于酒作为一种深入人类生活众多领域的特殊食材，不仅礼仪、民俗、民风中飘逸着酒香，甚至连一些文化要素，从诗词到文化著作，从唱歌舞蹈到体育养生，都可以看到饮酒的形象和闻到扑鼻的酒香。

四、散发着酒香的诗词

从古至今，许多文人墨客、狂士逸人都有着恋酒的情结。为什么会有这种情结？流行的解释是饮酒能让人的精神亢奋，思维活跃，较易进入创作的佳境。这种"亢奋论"似乎有点道理。但是人们又会反问：为什么许多嗜酒如命的饮君子作不出好诗、写不出好文章呢？所以，问题就不那么简单了。

文人中以诗人的恋酒情况最为突出，因为诗人创作的灵感主要来自对现实生活的感悟，伴随着强烈的情感，诗人们主要运用形象思维来创作，想象、联想和幻想在其中起了重要作用。著名心理学家弗洛伊德认为，诗人的创作动力和源泉深植于非理性的"本我"，而不是理性的"超我"。在这一点上，酒与诗是"心有灵犀一点通"。酒精的刺激作用能使一个平常生活严谨的人，冲破"超我"的限制而逼近了"本我"，即突破理性的棘篱，进入感性的王国，让想象展翅腾飞。另外，酒精的刺激能让人脱下虚伪的面纱，袒露出真实的情怀，表现出童稚般的纯真，所谓"杯酒见人心""酒后吐真言"，说的就是这种纯真情结。这种情结下创作的诗词较易具有震撼人心或思维的突出感悟。再者，酒能帮助人迸发出某种潜意识，攫取创作的灵感。艺术史上，通常会有"妙手偶得之"的佳话就是这种灵感的呈现。李白斗酒而创作的精美诗篇，张旭三杯而摘取草圣的桂冠，王勃酒中挥毫而就的《滕王阁序》，欧阳修醉后而创作的《醉翁亭记》，陆游在酒与梦中写下了千言万语，都是这种酒后灵感的结晶。但是必须要澄清的是，强调酒与诗在思维方式和审美情感的契合，并不意味着那些酒后呓语和迷狂的昏话也是什么诗歌创作。真正有助于诗歌创作的醉酒，就如武术中的醉拳一样是似醉非醉的。真的到了烂醉如泥，别说"诗百篇"，就是一句连贯的话也写不出来的。

综观中国的诗词发展史，可以清楚地看到诗词与酒的密切关系，可以说翻阅许多诗词文集都可以闻到扑鼻而来的酒香。在本节中，我们不能到浩茫的酒江诗海中去漫游，但是可以粗略地了解一些各个时期的诗词酒赋概况。

先秦时期代表性的诗集为《诗经》和《楚辞》。《诗经》约在公元前6世纪中叶编纂成书，收录了包括风、雅、颂三类的歌谣诗赋305篇。"风"较多地反映当时民间的生活情景，"饥者歌其实，劳者歌其事"。"雅"和"颂"大多是描写贵族生活的。粗略地考察一遍，有20多篇涉及酒和饮酒，从中可以窥见当时的酒在社会生活中的地位和作用。例如《小雅·宾之初筵》这首有五章的长诗（篇幅过长，不能引录），描绘了一个贵族的盛宴。诗中第一章写宾客入席，宴会开始，饮酒之后举行射礼。第二章写奏乐祭祖，然后开怀畅饮，之后再举行射礼。第三、四章写宾客饮酒后的种种丑态，作者的描述生动传神，并给予热嘲冷讽。第五章作者对酗酒者表示不满，并提出了改进措施。宾客在起初还是礼貌周全，在射礼中更是彬彬有礼，但是醉酒后便是丑态百出，这里作者对贵族的腐朽、虚伪给以无情揭露和抨击。作者敢于正面抨击贵族的酗酒，是因为朝廷的《酒诰》正在实施。楚国爱国诗人屈原所作的《楚辞》中，也有不少地方写到酒和饮酒。例如在《招魂》中写道："瑶浆密勺，实羽觞些。挫糟冻饮，酎清凉些。华酌既陈，有琼浆些。""美人既醉，朱颜酡些。""娱酒不废，沈日夜些。""酎饮尽欢，乐先放些。"这些诗句都展示了诗人和他的朋友们饮酒的情景。

两汉时期，诗歌虽然保持了朴素的文风，但是留存下来的好的酒诗不是很多，一则可能是汉代实行了严格的酒的专卖政策，文人畅怀饮酒不是那么容易，更重要的是饮酒仍被束缚在礼仪的范畴内，人们还没有理解饮酒的真正乐趣。甚至到了三国、两晋、南北朝，人们饮酒除了礼俗上的需求之外，大多仍是借酒发泄某种情感而已。例如曹操的名篇《短歌行》：

对酒当歌，人生几何？譬如朝露，去日苦多。

慨当以慷，忧思难忘，何以解忧？唯有杜康。

当曹操挟天子而令诸侯时，为政治上的需要，他力主禁酒。实际上他既爱酒又懂酿酒，还把酒当作排解愁闷的唯一手段。又如竹林七贤，他们因仕途不畅，或因对官场险恶的回避，经常聚居在竹林下放任无羁地饮酒吟诗，自以为清高自在，实际上是借酒发泄对现世的不满和忧患。因此他们的诗虽然含有酒味，但显得十分苍白。在这一动乱时期，只有田园诗人陶渊明（公元352—427年）不一样，他开创了田园诗这一崭新的诗歌体裁的新方向。陶渊明写诗重在抒情言志，语言"质而实绮"，在平淡醇美的诗句中蕴藏着炽热的情感和浓郁的生活气息，无论是松菊还是鸟禽，都象征着暗喻诗人的自我。因而陶渊明的田园诗不是在一般意义反映他的世界观，而是在高一层次上表现他对宇宙人

图3-1 陶渊明醉归图（明代张鹏画，现藏广东省博物馆）

生的认识。陶渊明的诗作中咏怀诗占据较大比重，其中借鉴《古诗十九首》的诗句俯拾皆是，借鉴其他"古诗"的诗句也很多。他还参考了王粲、曹植、阮瑀、张协等人的诗作，博采众家之长，加以融会贯通。在陶渊明弃官归隐田园的生活中，酒也是他的随伴之一。陶渊明现存诗文一百四十二篇，其中说到饮酒的多达五十六篇，约占40%。其中最著名的是《饮酒二十首》：

忽与一觞酒，日夕欢相持……有酒不肯饮，但顾世间名……一觞虽独进，杯尽壶自倾……壶将远见候，疑我与时乖……且共欢此饮，吾驾不可回……一士常独醉，一夫终年醒……醒醉还相笑，发言各不领……故人赏我趣，挈壶相与至……班荆坐松下，数斟已复醉。父老杂乱言，觞酌失行次……悠悠迷所留，酒中有深

183

味……子云性嗜酒，家贫无由得。时赖好事人，载醪祛所惑。觞来
为之尽，是谘无不塞……虽无挥金事，浊酒聊可恃……但恨多谬
误，君当恕醉人。

这些诗都是酒后兴致所作，或表现对人生的看法，或描述隐居生活，或
抒发饮酒的乐趣，凡此种种都是由"饮酒"而发。此诗流传后世，成为许多诗
人仿作"和陶诗"的标本。

到了隋唐时期，许多诗人都意识到陶渊明田园诗的文学价值，推崇、赞
扬和追随陶渊明的人陡然多起来。在唐代，沿袭南朝的文学自创新境，在近体
诗（律诗）和散文上都有很大发展。原先的古诗由于受到六经文体的局限，比
较呆板和空泛，陶渊明的田园诗就较务实，实际上带动了古诗向律诗的过渡。
在唐朝，田园诗受到追捧，无形之中加速并完成了这一过渡。唐朝的前期经
济稳定繁荣，对士人生活给予了适当保障。加上科举取士，作诗就成为获取名
禄的正路。唐朝的文人几乎都是诗人，只有作诗好坏的区别。初唐的诗人王绩
（535－644年）也像陶渊明一样多次退隐田园，以琴酒自娱。他在《醉后》诗
中写道：

阮籍醒时少，陶潜醉日多。

百年何足度，乘兴且长歌。

他所作的散文《醉乡记》，以想象的手法构思了一片神奇的乐土，他称
之为"醉乡"。他的许多诗作都有模仿借鉴陶渊明诗篇的痕迹。代表唐代文学
的律诗，在盛唐时也达到了高峰。当时的大诗人多至数十人，其中李白、王维
及稍后的杜甫为其代表。这三个诗人的诗作也正是道教、佛教和儒家三种思想
的文学结晶。

李白（701－762年）才气横溢，但是在政治上很幼稚。他初入长安，贺知
章看了他写的《蜀道难》就夸他为仙人下凡。李白便以谪仙人自居，相信自己
是神仙。他接受了道家的神仙思想，自以为可以像神仙一样享受物欲，行为
不受拘束。他的放浪不羁，是因为觉得自己与凡人不同，只好寻找一个避世
的处所，那就是沉湎在醉乡。李白的诗作几乎篇篇说饮酒，正如有人评说：
"三百六十日，日日醉如泥。"他的诗奇思涌溢，想人之不能想，说人之所不
敢说。他大胆写出自己要说的话，无丝毫畏惧。在这些富于想象的诗作中，为
后人留下了许多不朽的名篇。例如《月下独酌》：

花间一壶酒，独酌无相亲。举杯邀明月，对影成三人。月既不解饮，影徒随我身。暂伴月将影，行乐须及春。我歌月徘徊，我舞影凌乱。醒时同交欢，醉后各分散。永结无情游，相期邈云汉。

又如《客中作》：

兰陵美酒郁金香，玉碗盛来琥珀光。但使主人能醉客，不知何处是他乡。

又如：

提壶莫辞贫，取酒会四邻；仙人殊恍惚，未若醉中真。贤圣既已饮，何必求神仙；三杯通大道，一斗合自然。

这些诗说明了李白追求"醉中真"的意境，他把饮酒之乐看得高于得道的仙人，有了美酒，就不必追求神仙了。现实的生活使李白对陶渊明的为人和诗作追慕不已，他在《戏赠郑溧阳》中写道：

陶令日日醉，不知五柳春。素琴本无弦，漉酒用葛巾。清风北窗下，自谓羲皇人。何时到栗里，一见平生亲。

李白的诗作中明确提到陶渊明的有20多处，是魏晋人物中最多的。

王维（701－761年）成名比李白早二十多年。开元天宝年间，他被公认为文宗，诗名盖世，他所作的五七言绝句，与李白同为唐人绝唱。他们二人都擅长音乐，制成绝句，容易合乐，因之传播既广，享名亦大。同时，王维又是佛教禅宗在文学上的代表人物，地位相当于道教的李白。他还是唐代著名的画家，尤擅长山水画。他作画随手抹成，显得自由无拘束。然而作诗却极精致，谨守声律，却闲适无碍。王维早年曾对陶渊明归隐田园的行为大加责难，直到晚年因投降了安禄山而在政治上失意，也过上半官半隐的生活后，他才流露出对

图3－2 太白醉酒图（清·苏六朋画）

图3-3 王维画像

陶渊明的景仰之情。在《送六舅归陆浑》中他写道："酌醴赋归去，共知陶令贤。"王维酒诗也不少，例如《少年行》：

新丰美酒斗十千，咸阳游侠多少年。

相逢意气为君饮，系马高楼垂柳边。

《送元二使安西》

渭城朝雨浥轻尘，客舍青青柳色新。

劝君更尽一杯酒，西出阳关无故人。

诗人杜甫（712-770年）是代表儒家思想的大诗人，他自称少年时"读书破万卷，下笔如有神"。他从政的抱负就是忠君、为民众服务，这在当时是不切实际的。现实的生活却是流离失所，不仅做不到大官，连当小谏官也因言事而被斥革。生活贫苦艰难，使他贴近百姓，诗作呈现现实色彩。他所作的《兵车行》《丽人行》《春望》《春夜喜雨》《新安吏》《石壕吏》《潼关吏》《留花门》等，特别是像"朱门酒肉臭，路有冻死骨"等诗句，无情地抨击了社会的阴暗，为劳苦民众呼号。由于他好学勤奋，成为集古今诗人之大成。杜甫待人谦和，朋友众多。与朋友交往酒是不可少的。杜甫的嗜酒程度不亚于李白，据粗略统计，杜甫现存诗有一千四百多首，其中与饮酒有关的约三百首，约占总量的21%。十四五岁的杜甫已是酒中豪杰，到了壮年时期，与许多酒友聚会，都要畅怀饮酒的。例如同李白交往，有景同赏，有酒同醉，亲如兄弟。就在杜甫在长安任左拾遗时，他仍然和往常一样纵酒作乐，时常典当衣服来换酒喝。在后来颠沛流离的贫苦生活中，也引陶渊明为知己，他在《可惜》一诗中道：

宽心应是酒，遣兴莫过诗。

此意陶潜解，吾生后汝期。

进入暮年，杜甫嗜酒的欲望愈强。"酒酣耳热忘白头，感君意气无所措。"最后在酒后的一个晚上，杜甫在船上悄然去世。

安史之乱后的唐朝从强盛转为衰败，中唐时期的诗作还维持了一段繁荣，其间影响最大的诗人是白居易（772-846年）和元稹（779-831年）。他们都扬杜抑李，白居易就明言其创作的宗旨是："文章合为时而著，诗歌合为事而作。"这与杜甫为民众疾苦呼吁的做法是一致的。当他身为谏官时,每日论事,有些不便明言直说的事,他就用诗歌来表达自己的意见,希望引起皇帝注意。白居易把自己的诗分为四大类:讽喻诗、闲适诗、感伤诗、杂律诗。写讽喻诗是志在兼济,写闲适诗是意在独善。兼济是为解救民众疾苦,有时还敢于犯颜直谏;独善是保身养性,他不参加党争,不为世俗所累。白居易生前写定诗集五本,每本有诗文三千八百四十首。五本分藏五处,希望子孙世守,诗名永传。在传世的作品中,咏酒之作多达八百余首,可以说是咏酒诗之冠。白居易诗云:

昨日北窗下,自问何所为。所亲惟三友,三友者为谁?琴罢辄饮酒,酒罢辄吟诗。三友递相引,循环无已时。

他把琴、酒、诗当作知心朋友。他所到之处皆以酒为号,作河南尹时号醉尹,贬江州司马号醉司马,当太子少傅时号醉傅,总号醉吟先生。隐居洛阳龙门以后,白居易更是无日不酒,无酒不诗,那篇《醉吟先生传》就是他的形象写真。白居易的诗通俗易懂,堪称为"老妪能解",例如《草》:

离离原上草,一岁一枯荣。野火烧不尽,春风吹又生。远芳侵古道,晴翠接荒城。又送王孙去,萋萋满别情。

他的叙事诗也达到了唐诗艺术成就的高峰。例如:《长恨歌》《琵琶行并序》等。作为白居易最亲密诗友的元稹,也擅长写通俗诗,其诗作同样广传民间,许多诗还被采入乐歌。他学白居易的正直,但是经不起考验,在几次贬官后改色变节,一度谋得了相位。他学得白居易的诗格,却缺失了真情实意,留给后人的印象成了没有骨气的鄙夫。

唐后期朝廷走向衰亡,文学也转为衰颓。不过这时却出现一种新的潮流,晚唐诗人脱离了五言七言诗的旧形式而开辟了诗的新体长短句(词)的广阔境界。词很快成为宋代文学史上绽放的新花,人们习称它为"宋词"。词在长短句式上,讲究定法,合辙押韵,明白如

图3—4 白居易画像

话。它是一种配乐而歌唱的抒情诗体，先前仅是宫廷行乐时将五七言诗配上和声。流入民间后被发展成用长短声填长短句，使合曲拍，形成新的诗体。在唐末五代的文苑中，新兴的词开始替代诗的地位。到了宋代，在许多文学大家的扶持下，获得了长足的发展。因为娱宾遣兴中常有酒相伴，酒词就常充盈在各类词中，所谓酒词则是以酒为内容或借酒抒情遣兴的词。宋代的文学大家都善作酒词，欧阳修、苏轼等就是代表。欧阳修（1007－1072年）字永叔，号醉翁、六一居士。能有醉翁之号就可以窥见他喜饮酒，他既吟酒诗，又作酒词，成果卓著。苏轼爱酒、饮酒、酿酒、赞酒之情，在他的诗、词、散文及书信中都得到形象的展示。为了介绍好酒和酿酒技术，他专门写了六篇酒赋。他在晚年被流放在岭南的惠州、儋州时，尽管生活清贫，他仍没有放弃对劳苦百姓贫困生活的关注。他认为喝酒，特别是添加某些药材的养生酒能抗瘴毒和治病，因而又介绍了包括真一酒在内的酿酒方法。《酒经》就是他在那时写的。苏轼爱喝酒，酒量却不大，喝上一两杯就醉了。他还喜欢看别人饮酒，当看到别人举杯慢酌、醉意朦胧的样子，他很高兴。故此，他待客必须有酒，买不起酒就自己种谷酿酒。实践使他成为"酿酒专家"。苏轼的恋酒情结是很有趣的。总之宋词中的酒香不亚于唐诗。

五、文学著作中的酒饮

文学创作的源泉来自现实的生活。酒作为一种特殊的食材，与人们物质生活和精神生活密不可分。在中国浩如烟海的文化积累中，专门论述酒文化和饮酒艺术的著作虽然不算多，但是，有关酒和饮酒的神话、传说、笔记、散文、小说犹如灿烂的群星，闪耀着迷人的光彩。

有关论酒、饮酒及酿酒技艺的专著，除了前面已作介绍的《齐民要术·造神曲并酒》《北山酒经》《东坡酒经》《本草纲目·酒》《遵生八笺·酿造类》《天工开物·酒母》及大量的诗词歌赋外，至少还有20多种著述应该被关注。下面列表简述之（见表3－1）。

这些著述大致上可以分为五类：一是指出饮酒危害，对酒徒给予告诫的《酒诰》《抱朴子·酒诫》《日知录·酒禁》等。二是介绍酒的历史和各种酿

表3-1 古代有关酒的主要著作

书名	作者	年代	主要内容
酒诰	姬旦	西周初年	禁酒文诰
酒德颂	刘伶	西晋	赞颂"惟酒是务，焉知其余"的酒客
南方草木状	嵇含	西晋	记述一种女酒和草包曲
抱朴子·酒诫	葛洪	东晋	论述饮酒危害
醉乡记	王绩	唐初期	构思一个神奇乐土：醉乡
醉吟先生传	白居易	唐中期	塑造一个耽于诗酒的老人形象
醉乡日月	皇甫松	唐中期	系统介绍当时的饮酒艺术
岭表录异记	刘恂	唐后期	介绍"南中酒"及小曲
投荒杂录	房千里	唐后期	记载"新州酒"及小曲
续北山酒经	李保	宋	补充一些酒和曲的酿制方法
桂海酒志	范成大	北宋	介绍南方的几种酒
山家清事	林洪	北宋	讲述当时的酒具
新丰酒法	林洪	北宋	记述长安近郊新丰的酿酒方法
酒尔雅	何剡	北宋	主要对酒释义
酒谱	窦苹	北宋	分13项论述酒的诸多问题
文献通考·论宋酒坊	马端临	元	论述南宋两浙的酒坊及酒税
饮膳正要·饮酒避忌	忽思慧	元	讲述过量饮酒的忌讳
五杂俎	谢肇淛	明	对饮酒利弊和各种酒进行评论
酒鉴	屠本畯	明	指出酒席上84种不良表现
酒颠	夏树芳著陈继儒补	明	采辑古来饮酒掌故175则
觞政	袁宏道	明	对饮客在宴席上的行为提出建议
酒警	程弘毅	清	指出饮酒中应注意的五种不良习惯
仿园酒评	张莐	清	就"酒德""酒戒""饮酒八味"进行评说
觞政	沈中楹	清	讲述赴宴饮酒注意事项
酒律	张潮	清	仿法律条款来处罚酒席上的违规
日知录·酒禁	顾炎武	清	引论历代禁酒的情况

酒和酒文化知识的《酒经》《酒尔雅》《酒谱》《酒小史》《曲本草》等；三是展示酒徒风采，讲述饮酒之乐的《酒颠》等；四是自述饮酒感受，宣扬和赞美酒的功德的《酒德颂》《醉乡记》《醉吟先生传》等；五是专谈饮酒艺术，甚至还对某些不良饮酒习性予以批评的《醉乡日月》《觞政》《酒律》《酒警》《酒政》《酒鉴》《仿园酒评》等。通过上述著作，后人不难了解古代社会的酒及其酿制技术、先民的饮酒习俗和饮酒观念，甚至还可以知道许多有教益的掌故趣闻。

在众多食品饮料中，像酒这样饮后能产生兴奋、陶醉等奇妙感受的不多，酒这种神奇的功能使人惊奇，令人赞叹，太神秘了。信神的人都认为酒是天上神作，是上天恩赐给民间的美食。对酒的功用再经过某些人的夸张就变得神乎其神了，由此产生了许多与酒相关的神话传说，或描写仙人饮酒，或描写凡人饮酒成仙。例如在《山海经·大荒西经》里就讲述了西王母娘娘这样的女神及其瑶池宴饮的神话。在上古神话中还有一则羲和醉酒的传说，羲和是中国的太阳神，他由于醉酒而没有及时预告日食而造成了社会的混乱，为此受到惩罚。"八仙过海，各显神通"这一成语大家都很熟悉，这故事也是缘酒而来。在王母娘娘的蟠桃盛宴上喝醉的八仙，在过海时，吕洞宾提议大家不要用腾云驾雾的方式，而要踩踏各自的宝物过去，于是八仙各显神通过了海。

人们在文学创作中很自然地经常将酒或饮酒的典故、感慨作为调味剂穿插于许多故事情节之中，借酒来抒发和寄托人们的喜、乐、哀、愁、悲、怒、离、合等种种情感。因此，关于饮酒的民间传说遍布在民间文学的作品中。当有人想摆脱无情的自然法则对人性的束缚时，往往会借助于酒，醉酒后人的精神惘然、飘逸，会使自己感到达到某种超越而实现了"自我"。为了赞美酒的神力，民间就编造了"上天造酒说""张公吃酒李公醉""杜康美酒醉刘伶""月到中秋酒正阑"等民间传说。中国古代的神话传说有一个共同特点，那就是内容被政治化、伦理化、人格化而带有明显的世俗色彩。例如古代文学名著《西游记》，它描写的天界王国与人世间的社会并无多大差异，那里也是等级森严、尊卑有别，玉皇大帝有至高的权力，是真理的化身，是一切事务的仲裁者。正因为上天相似于天下，《西游记》所编造的故事实际上就是世俗社会的曲折映象。

《三国演义》《水浒传》是中国家喻户晓的两部古典名著，它们都是以一定史实为依据，融进了许多民间故事而加工成的长篇历史小说。内容中有惊心动魄的政治斗争，有各色刀光剑影的鲜活人物，有大量的诡谲莫测的智谋较量。该书对许多读者来说，可以成为"人生训，处世方，成功法，领导术，战略论"的极好教材。其实，在现实的社会中，每个人的人格大致由原形人格和变形人格所构成。原形人格主要由本能、欲望、感悟、情性等非理性因素组成，变形人格则主要由友爱、责任、道义、伦理等理性因素所组成。每个人面对复杂的社会和艰辛的处世，只能把真实的情感、欲望等原形人格因素用隐晦曲折的方式来示人，而直接袒露出来的往往是变形人格因素。这种人格分裂的情况在历史上的政治活动中表现得更为突出。唯有饮酒能使人胆敢将自己的原形人格展现出来，所谓"酒酣胸袒尚开张"说的就是这一状况。李白敢于高呼"人生得意须尽欢，莫使金樽空对月""天生我才必有用"，都是借酒生胆的张扬。杜甫也是借酒表达了对现实政治的爱憎褒贬，抒发了大济苍生的政治抱负。

在《三国演义》中，这种酒与政治情怀、酒与政治谋略、酒与英雄豪杰的密切关系，比比皆是。例如刘关张桃园三结义，关羽温酒斩华雄，关羽单刀赴会，曹操大宴铜雀台等等。曹操深知刘备也是争夺天下的"枭雄"，是自己的一个竞争对手，他便借酒酣点破此事，而刘备为防曹操加害，只能是韬光养晦，装傻充愣，共同演出"煮酒论英雄"这场戏。以酒释仇的故事在《三国演义》中很多，就连有勇无谋的吕布也深谙此道。当袁术出兵攻打刘备时，刘备势弱莫敌，他只好求助吕布。吕布救刘备也是为了保自己，于是宴请袁术的统兵大将纪灵喝酒，并请刘备作陪。酒过三巡，吕布就借用"辕门射戟"的方法，扬威于纪灵，让他罢兵，从而成就一段以酒释仇的佳话。《三国演义》中的关羽、张飞与酒都有不解之缘。关羽饮酒增加了他作为统领兵将的豪气和军威。他温酒斩华雄，展示了他的英雄本色。他敢于"单刀赴会"，酒席上谈笑自若，豪气逼人，使埋伏在帐外的刀斧手不敢轻举妄动，从而使鲁肃索要荆州阴谋破产。张飞性格虽然鲁莽，喜饮酒，往往饮酒使气而贻误军机。但他也会以饮酒诈醉的计谋赢得多次战役的胜利。所以张飞成也在酒，败也在酒。当他听闻关羽死讯后，急报兄仇而酗酒，苛令将官赶制白旗白甲，逼得将官刺杀醉中之张飞。这种以酒用计的故事不仅在《三国演义》中，而且在历史上的政治军事斗争中都是不胜枚举的。

《水浒传》中描写了聚集在梁山的一百零八条好汉造反的故事，人物众多，头绪纷繁。尽管这些起义的勇士每个人都有自己的阅历，有不同的坎坷，甚至有不同的诉求，但是他们却是由一个"义"字集聚起来的。贯穿在他们的"义"的行为活动中，酒被当作增味剂、强力剂，通过交杯饮酒，彼此袒露胸怀，交流情感，增进友情，让这个"义"字超越了"自我"，甚至可以牺牲"自我"。因此，在《水浒传》中也有许多与酒相关的故事和关于饮酒、醉酒的精彩描写。例如，吴用智取生辰纲、武松醉打孔亮、醉打蒋门神、醉杀白额虎、鲁智深醉杀镇关西、醉闹五台山、宋江醉酒题反诗等等。饮酒、醉酒的描绘使故事情节更加形象生动。

　　《红楼梦》作者曹雪芹"好饮"，自称为"燕市酒徒"。据传曹雪芹经常和朋友到香山附近正白旗洞峪村一家小酒肆里喝酒，因付不起酒钱，常以画抵酒钱，画上落款则署"燕市酒徒"。曹雪芹的"好饮"也体现在《红楼梦》中。熟读《红楼梦》的读者甚至都可以数出该书在哪一回描述了哪种酒，满纸的酒香正好反映了作者对饮酒的痴迷。

　　据统计，在《红楼梦》中曹雪芹共描述了十余种酒，例如第38回写了"黄酒"，第63回写了"绍酒"，第44、45、71、79回写了"黄汤"，第16、62回写了"惠泉酒"，以上都属于黄酒类发酵原汁酒。第38回写了"烧酒"，这是对当时中国蒸馏酒的称谓。第53回写了"屠苏酒"，第38回写了"合欢花酒""菊花酒"，第78回写了"桂花酒"，这些酒都属于配制的露酒，以香花或药材泡浸在酒中而制得，有养生保健作用。第60回还写了"西洋葡萄酒"，这酒在当时只有贵族家才能享用。此外还写了温酒、烫酒和醒酒石、醒酒汤之类常识。《红楼梦》所描写的贾府这个大家庭，几乎是三日一小宴，五日一大宴，宴宴有酒相伴，人人饮酒助兴，酒给人们带来刺激，带来欢乐，激发灵感，增添光彩。饮酒听戏，饮酒唱曲，饮酒联诗，饮酒游戏等这些由酒衬托的文化娱乐活动不仅成为故事情节的必需，而且还成为展现艺术才华的亮点。曹雪芹的"醉笔得天全"在这些情节里得到充分的展现。

　　除了以上中国古代四大名著，其他许多文学著作，例如《聊斋志异》《三言二拍》《镜花缘》等都有一些精彩的饮酒、醉酒的描述，足以反映在封建社会里，酒在人们生活中是不可或缺的，有酒就可以增加生活的情趣。

六、酒与书法绘画

文学艺术的许多门类都与酒有程度不同的交融，除了上述的诗词歌赋、散文小说外，酒与书法和绘画的关联也较引人注目。在历代的书法名家中，蔡邕以"醉龙"名世，王羲之以醉中书写的《兰亭集序》而流传千古，张旭沉醉而草书终成"草圣"。书法艺术是中华民族的传统文化瑰宝，与中国的汉字一样是世界文苑的奇葩，是无声的诗、无象的画、无音符的乐章。在远古，中国先民创造了汉字，经历甲骨文、金鼎文、石刻文，到了秦汉才完善自己独特的四方体的汉字体系。汉字的书写又发展出隶书、小篆、楷隶、草书等多种表现形式。书法创作要展现出线条美和结构美的契合，让人们在不可言传的意境中体会书法艺术之美。作者的书法创作需要灵感和直觉，因此可以因酒得力、借酒为助、巧构妙想，妙笔生花。

东汉时期的蔡邕被称为"醉龙"，就是因为他以隶书见长，字体呈现"骨气洞达，爽爽有神"，他的名作大多在醉眼蒙眬中完成的。东晋时期的王羲之是书法史上的巨星。他所写的《兰亭集序》为传世名作，后为唐太宗所珍藏。据传，公元353年农历三月三日，王羲之和当时的名士孙统、孙绰、王彬之、谢安等四十一人聚会山阴(今浙江绍兴)之兰亭修禊(一种被除疾病和不祥的活动)。修禊完毕后，大家曲水流觞，饮酒赋诗。最后请王羲之为诗集作序。王羲之正酒酣之中，挥毫而书，写成绝代《兰亭集序》。当酒醒之后，"更书数十百本，终不及之"。唐代既是诗的黄金时代，也是书法的黄金时代，科举考场上不仅比好的诗文，也要有好的书法相配，因此书法家辈出。以草书见长的张旭就是一个代表。号称"草圣"的张旭生性嗜酒，得意之作多写于酒酣之后，"每大醉，呼叫狂走，乃下笔，或以头濡墨而书，既醒自视，以为神，不可复得也，世呼张颠"。除了杜甫在《饮中八仙歌》中描绘过张旭外，高适在《醉后赠张九旭》，李颀在《赠张旭》，韩愈在《送高闲上人序》中都描写过张旭的书法与酒的关系。

宋代文豪苏轼的书法与黄庭坚、米芾、蔡襄并称为宋代四大家，其传世名作《洞庭春色赋》等，既有古槎怪石之形，又有大海风涛之气，这种独到的艺术风格的形成，得力于苏轼的好学、勤奋，也与酒赋予他的神韵有关。他的好友黄庭坚就评论说："东坡道人少时学《兰亭》，故其书姿媚似徐浩；至于酒酣放浪，意忘工拙时，字特瘦劲似柳诚悬。中岁喜学颜鲁公、杨风子书，其合处不减李北海。至于笔圆而韵胜，挟以文章妙天下，忠义贯日月之气，本朝善书自当推为第一。"苏轼曾把自己新建的堂房(即书房兼待客之处)取名"醉墨"，可见他对酒的倚重。有"小太白"之称的南宋诗人陆游，其书法水平虽然难与四大家相比，但是他却喜爱醉中狂草，以抒胸中闷气和心中豪气。他的诗和他的书法一样充满了激情和豪放。

以上书法大家的创作豪情和佳作都与酒结下了扯不断的缘分。书法名家可以借酒之神助而锦上添花，不是名家的书法爱好者有时也能在酒酣兴浓之际有超水平的发挥，创造出让人叹为观止的奇迹。这在书法史上有许多生动的事例。这并不是说书法创作必须先喝酒，更不是只有喝醉了酒才能创作好书法。好的书法创作首先要求有坚实的书法功底，酒酣只是激发灵感和给予勇气。苏轼之所以成为宋代四大家首位，就是少年学王羲之，中年又学颜真卿、柳公权，融会贯通，独辟蹊径，自成一家。

与书法一样，绘画也需要创作灵感。但又与书法不同，书法主要讲究线条美和结构美的契合，而绘画还要关注物体对象的真实展现及其神韵。绘画艺术十分重视画家的高雅人品和他对"神"和"气韵"的直接感悟。有些画家在饮酒微醺时，能更好地领略这种"神"和"气韵"，故在部分画家看来，饮酒将有助于他们的创作。盛唐时期有个杰出画家叫吴道子(道玄)，他二十岁已穷尽丹青之妙。他在挥毫作画前必须畅饮励情，仰仗酒力作画已成他的习惯。他画的人物、山水、草木、禽兽、神鬼、佛像极为出色，被当时人称为"冠绝于世，国朝第一"，在中国绘画史上留下辉煌的一页。一次长安平康坊菩萨寺的住持会觉上人想求吴道子为寺庙作画，特意酿造百石美酒，放在西廊下，并告诉吴道子，如果能为寺庙作画，就把这些酒都送给他。吴道子见到如此多的佳酿，心中大喜，欣然允诺作画，并画出了《维摩变》《礼骨仙人》《智度论色偈变》等佳作。吴道子长期浪迹于长安、洛阳两地的道观寺院，绘制了三百余幅宗教壁画，奇纵异状无有雷同者，可见其艺术水平之高超。唐代还有一名长期隐逸于江湖之间，自称为"烟波钓徒"的画家张志和，他的音乐、书画俱佳，常在酣醉后，或击鼓吹笛，或舐笔作画，对酒有着天然而生的依恋。

宋代的画家中，嗜酒的仍然不少，有个叫宋李成的画家，本系唐代宗室，却因家运衰微，只好纵情于诗酒风月、琴弈书画之中。若向他索画，必须先备酒席，因为他常在酒酣之后才挥毫作画，所作之画烟云万状，栩栩如生。还有一对擅长画虎的包贵、包鼎父子，他们作画要"酒扫一室，屏人声，塞门涂牖，穴屋取明，一饮斗酒"，然后再"脱衣，据地卧、起、行、顾"，模仿老虎各种动作，体会老虎神态特点，然后又复饮一斗，乘着酒兴，取笔一扫尽意而去。他们父子画的虎惟妙惟肖。以画龙见长的画家陈容，也是动笔前先要饮酒至微醺，当大脑兴奋起来后，手舞足蹈，大喊大叫，再"脱巾、濡墨，信手涂抹，然后以笔成之"。他画龙完全得力于由酒酣所引发的幻觉想象。范宽、郭忠恕、赵孟坚等画家都自称为"高阳酒徒"，可见当时画家与酒的亲密关系。

明清之际，众多画家依然自愿地加入"高阳酒徒"的队伍。以江南才子唐伯虎为例，举凡山水、人物、花卉、翎毛等画作无一不能，无一不精。他筑室桃花坞，与友把盏对饮，当酒酣兴浓，便挥毫作画，频出精品。到了晚年，因倦于人情世俗，不再轻易作画送人。但是熟悉他的朋友还是有办法索画，那就是携酒来访，与他"酒酣竟日"后，再提要求，便十有八九可以如愿以偿。"扬州八怪"之一的郑板桥是清代为数不多的全才艺术家之一，诗、书、画俱佳，名声远扬，慕名求字画者甚多。郑板桥为人刚正不阿，性格孤傲，不喜与达官巨富打交道。其字画"富商大贾饵以千金而不可得"。有一位扬州盐商非常想得到他的真迹，但屡遭拒绝，颇为失望。后来打听到郑板桥爱饮酒吃狗肉，于是选择郑出行必过的一片竹林的院房中，煮好一锅狗肉并备好酒宴。当

郑板桥路过时请他入院，见到酒宴和香喷喷的狗肉，他喜形于色，痛快受请入席，大吃大喝一通后，兴高采烈的郑板桥环视房屋四壁，见无一字画，就问主人。这位盐商故意说：这一带好像没有有名气的人的字画值得挂，听说郑板桥水平很高，但是我从来没有见过他

图3-5 郑板桥的字画

的作品，未敢轻信他人之传言。经他一激，郑板桥按捺不住，豪兴顿生，让人研墨备纸，挥毫而作。就这样盐商用一锅狗肉的酒宴换来了几幅价值连城的板桥字画。后来郑板桥在《自遣》中自嘲说：

> 啬彼丰兹信不移，我于困顿已无辞。束狂入世犹嫌放，学拙论
> 文尚厌奇。看月不妨人去尽，对花只恨酒来迟。笑他缣素求书辈，
> 又要先生烂醉时。

以饮酒情景作为绘画的题材，目前见到的最早的作品大概应算1957年在洛阳老城出土的西汉古墓的一幅壁画。据专家考释，这壁画大概取材于历史故事鸿门宴。随着唐宋时期文人饮酒、酗酒现象成了常态，描绘酒醺的画作就更多了，现在许多博物馆的古代画作收藏中就可以见证这一史实。例如宋代刘松年的《醉僧图》、佚名的《夜宴图》等。仅关于李白的醉酒图，明清时就有很多幅。

戏剧和歌舞与绘画一样，也有许多表现饮酒、醉酒的剧目或情节，例如《贵妃醉酒》《鸿门宴》《蒋干盗书》《祝酒歌》《酒号子》等都是大家所熟悉的。甚至连体育健身项目还有醉拳等。

图3-6 (宋)佚名：《夜宴图》(局部)

第四章

名酒中的文化与科技

黄酒和葡萄酒、啤酒一样,是世界公认的三大古老的酒种。这种酒呈黄亮色或黄中带红的色泽(有些初榨出来的酒呈白色,但在放置中,由于酒液内的生化反应,色素逐渐析出而会变成黄色),故人们习称这类酒为黄酒。有的学者还认为,黄酒之"黄"不仅在于颜色,还有其深刻的内涵。黄酒的"黄"表明曾哺育华夏文明的母亲河——黄河,表明生养炎黄子孙的黄土地,喻示这酒是我们黄色人种酿制的。总之,黄酒最富民族特色,是中华民族的国粹之一。

黄酒以多种谷物为原料,用料广泛,在长期的实践中形成了精细的工艺,特别是采用多种生物制品进行多菌多酶的复式发酵,生产出各具特性、不同风格的饮用酒,在世界酿酒史上写下了辉煌一章。黄酒是中国的特产,在技术上对朝鲜的米酒、日本的清酒及东南亚许多地区的发酵原汁酒也有着深刻的影响。在中国辽阔的大地上,由于酿造原料的差异,特别是生态环境的不同,从发酵的菌系到具体的技术规范都会有各自的特点。因此,黄酒的品种繁多,各呈诱人的特色,展现出一幅百花齐放的情景。下面只介绍几个具有代表性的优秀品种。

一、越文化的积淀

在众多品牌的黄酒中,酿酒界公认能代表中国黄酒特色的,首推浙江绍兴黄酒。绍兴酒起源于何时,借助于文物考古,或许我们能获知某些线索。根据对余姚河姆渡文化遗址和杭州良渚文化遗址的发掘研究,可以看到遗址出土了大量谷物(水稻)和类似酒器的陶器。对这些出土的清晰可辨的稻谷,农业专家鉴定为人工栽培的水稻。有了稻米,就可以设想,在当时,酿酒应与栽培水稻同步。这样可推测在5000年前越人已开始用稻米酿酒了。

绍兴是古越国的都城,关于古越文化有文字表述的当推秦国宰相吕不韦编纂的《吕氏春秋》,此外还有《国语》。《国语》是我国第一部按国纪事的国别史。它是战国初期一位熟悉各国历史掌故的人，根据春秋时代各国史官的原始记录，加工整理汇编而成。它反映了春秋时期各国政治、经济、军事、外交等各方面的历史，勾勒出奴隶社会向封建社会转化的时代轮廓，表现出当时许多重要人物的精神面貌。在书中卷二十《越语上》篇中有一段介绍了越王为激励生育，增加人口，增强兵力和劳力而推行的一项政策："生丈夫，二壶酒，一犬；生女子，二壶酒，一豚。生三人，公与之母；生二人，公与之饩……"这里把酒当作激励生育的奖品，一则说明酒是当时珍贵的产品，二则表明酒已开始成为千家万户的饮品。《吕氏春秋》是先秦时期的重要典籍，在其卷第九《季秋纪·顺民》中记载："越王苦会稽之耻，欲深得民心，以致必死于吴……三年苦身劳力，焦唇乾肺。内亲群臣，下养百姓，以来其心。有甘脆不足分，弗敢食；有酒流之江，与民同之。身亲耕而食，妻亲织而衣。"这里描述了越王勾践为了获得百姓支持，他苦身亲历，与民同劳同苦，就是有一点酒也要倒入江河中与民共饮。据《嘉泰会稽志》所传，这条江河就是会稽（绍兴古名）的投醪河。由此可见，饮酒在当时仍是一种高档的享受。这两则春秋时期的记载，表明绍兴酒至少已有2500年的历史了。

最早赞扬绍兴酒为地方名酒的，大概是南朝梁元帝萧绎（公元552－555年在位）。他在其著的《金楼子》中记录了他少年读书时一个片段："银瓯一枚，贮山阴甜酒。"他的幕僚颜之推在《颜氏家训》中也记载说，萧绎11岁在会稽读书时，"银瓯贮山阴甜酒，时复进之"。山阴也是绍兴古名。作为皇族的萧绎从小就喜饮山阴甜酒，说明此酒是好酒，在当时很有名气。祖籍在上虞（绍兴的东邻）的晋代南阳太守嵇含在《南方草木状》中不仅陈述了当时不同于北方的块曲而流行于南方的草曲（小曲的一种），还介绍了盛行于江南的女儿酒："南人有女数岁，即大酿酒，既漉，候冬陂池竭时，填酒罂中，密固其上，瘗陂中。至春潴水满，亦不复发矣。女将嫁，乃发陂取酒，以供宾客，谓之女酒，其味绝美。"这种女酒即是后来声誉鹊起的"花雕酒"的前身。这种酒的出现至少说明三个问题：一是饮酒之习已深深地介入民俗民风，故此，生活的许多场景已离不开酒；二是当时人们已找到贮存酒的好方法，即是将其密封埋在陂地之中（当然在酒入罂之后要作加热灭菌的工作）；第三是酒在适宜环境中贮存，由于后发酵的作用，酒是愈陈愈好，故人们喜欢饮用绍兴的陈年老酒。

在唐代，绍兴酒作为地方名酒，还是受到不少文人墨客青睐。作为"酒八仙"之一的贺知章，晚年从京城长安回到故乡越州永兴（今浙江萧山），再次来到鉴明之滨饮酒赋诗："落花真好些，一醉一回颠。"他的好友李白寻踪而来，到了永兴，方知贺知章已仙逝。李白心中十分惆怅，在遗憾之余，他带上一船贺知章的家乡酒踏上返程，用这船酒来表示对好友的怀念。为此李白留下《重忆》的诗句："欲向江东去，定将谁举杯？稽山无贺老，却掉酒船回。"假若绍兴酒不好，他就不会带上一船酒。在唐穆宗长庆年间(821－824年)，大诗人白居易(772－846年)任越州刺史，其好友元稹任浙东观察使。两人居所虽有钱塘江相隔，但是他们的书简往来更频，还经常相聚，诗书传情，借助酒兴，共同抒发忧国忧民、仕途不得志的伤情愤慨。元稹在《寄乐天》一诗写道："莫嗟虚老海堧西，天下风光数会稽……安得故人生羽翼，飞来相伴醉如泥。"乐天是白居易的字号，这里描写了他们在越州饮酒相伴的情景。元稹在《酬乐天喜邻郡》诗中最后一句写道："老大那能更争竞，任君投募醉乡人。"在这里元稹把越州称为"醉乡"，后来许多文人都把越州称作"醉乡"。这种称谓至少有两种含义：一是越州（会稽是越州的官府所在地）酒好，好酒才能让酒客贪杯；二是越州的自然环境好，文人墨客都喜欢到这里相聚共饮，进入一个醉生梦死的境界。

在宋代，苏轼两次到杭州为官，对绍兴酒应该有所了解。他在贬官黄州时，在城东的营房废地种植稻谷，并用收获的谷物亲手酿酒，其酿酒的技术就是在杭州时学的。后来在流放广东惠州时写的《酒经》也基本上是绍兴酒的工艺。可见绍兴酒留给他的深刻印象。朱肱在离开官场后，在杭州西湖边寓所潜心从事酿酒技术的探索，后来写出酿酒专著《北山酒经》。总之，绍兴酒作为当时的地方名酒已为世人所关注。到了南宋，情况有了进一步的发展。靖康二年(1127年)，金兵攻破汴京，宋徽宗、宋钦宗被俘北上，康王赵构南逃建立南宋政府。越州两次成为南宋临时都城。1131年，宋高宗赵构以"绍祚中兴"之义，改年号为绍兴元年。同时升越州府为绍兴府，绍兴之名由此而来。它一度作为临时都城，自然也成了南方政治、经济中心。在这一背景下，不仅酿酒业获得更快的发展，酒税的收入也成为政府的主要财政收入。绍兴地区盛产糯稻，因此黄酒成为酒类的大宗，不仅满足宫廷官府的需求，还要为百姓提供充裕的酒品，绍兴酒因而走向江南各地。酿酒业在绍兴成为主要的手工业，当时有谚云："若要富，守定行业卖酒醋。"南宋诗人陆游就感叹地说："城中酒垆千百家。"

明清时期，绍兴黄酒又进入一个发展的高峰。不仅花色品种繁多，而且质量上乘，无论是产量还是生产规模都确立了中国黄酒之冠的地位。像沈永和、谦豫萃等数十家规模较大的酿酒作坊所生产的"善酿酒""加饭酒""状元红""绍兴老酒"等都名声大震。清代光绪初年，绍兴各酒坊加上农家自酿，产量达到了22万缸，折合成品酒约7.5万吨。故此康熙年间编纂的《会稽县志》说："越酒行天下。"

1915年，在美国旧金山举办的巴拿马太平洋万国博览会上，"云集信记"酿坊的绍兴酒获得金牌奖。1929年，在杭州举办的西湖博览会上，"沈永和墨记"酒坊的善酿酒荣获金牌。在1955年全国第一届评酒会上，绍兴加饭酒被誉为八大名酒之一，以后历届评酒会绍兴黄酒都荣登金牌或国家名酒之列。

图4-1 绍兴酒酿造工艺图(录自《中国黄酒》2011年3期)

传统绍兴酒的生产工艺经过几千年的传承，在宋代业已定型，经过明清时期的发展，更为成熟。传统的经验指出：原料大米像"酒之肉"，糖化麦曲像"酒之骨"，酿造用水像"酒之血"。这一比喻十分形象和贴切，所以生产绍兴酒首先要关注的是糯米、麦曲、鉴湖水三要素。其酿造工艺主要有六大工序：浸米、蒸饭、开耙发酵、压榨、煎酒、储存(陈化)。与其他黄酒生产不同的，属于绍兴酒的独到之处一是浸米，它是绍兴酒传统工艺中最具特色的工序。浸渍时间长达16天之久。它不仅使糯米淀粉吸水不再膨胀后便于蒸饭，更是为了得到酸度较高的浸米浆水，作为酿造中的重要配料。二是开耙，这是绍兴酒传统工艺中的独门绝技。开耙操作主要是调节发酵醪的品温，补充新鲜空气，有利于酵母菌生长繁殖。酿酒师傅根据一听、二嗅、三尝、四摸的经验来掌握开耙的时间和力度，其操作极需丰富的经验和熟练的技巧，是酿好酒的关键。三是陈化，绍兴酒与众不同的特点是越陈越香，陈化的环境、手段和方法是有讲究的。

绍兴酒已发展到四大类两百余个品种。其中传统的、著名的有元红酒、加饭酒、花雕酒、善酿酒、香雪酒。元红酒又称状元红，因酒坛外表涂朱红色而得名，是绍兴酒中的大宗产品。这种酒用摊饭法酿造，发酵完全，残糖少，酒液呈橙红色，透明发亮，有显著的特有芳香，味微苦，酒精度在15～17度。加饭酒是绍兴酒中的精华品种。因为它口感特别醇厚，用摊饭法制成，且在酿造中多批次添加糯米饭，故而得名。因增加饭量的不同，又分为"双加饭"和"特加饭"。因加饭的缘故，口感特别醇厚，风味更加醇美，酒液呈深黄色，芳香十分突出，糖分高于元红酒，口味微甜。酒精度通常在16～18度。善酿酒是绍兴酒中的传统名牌酒。用摊饭法酿造，特点是以贮存1～3年的元红酒代水落缸发酵酿成。酿成新酒后尚需陈酿1～3年以上。酒液呈深黄色，糖分较多，口味甜美，醇厚鲜爽，芳馥异常，酒精度在13～15度。香雪酒是绍兴酒中最甜的酒。它以陈年糟烧代水，用淋饭法酿制而成。因为只用白色酒药，其酒糟色如白雪，又以糟烧代水，味特浓，气特香，故名香雪酒。其酒精度在17～20度，总糖为18%～25%。淡黄色清亮透明有光泽，味鲜甜醇厚。花雕酒是绍兴酒中的精品。它是将优质加饭酒装入精雕细琢的浮雕酒坛搭配而成，是中国文化名酒的典型代表，常当作珍贵的礼品赠送友人。花雕酒源于两晋时的女儿酒，酒坛浮雕描绘的是绍兴历史中的美丽传说。

图4-2 工艺美术大师徐复沛在制作绍兴花雕酒酒坛

二、齐鲁的"珍浆"

我国淮河以北的广大地区生产的黄酒大多以黍米为原料，因而不仅口感风味不同于南方的黄酒，而且在酿造工艺上也有自己的规范。山东即墨老酒即是久负盛名的北方黄酒的代表。

黍米，又称黏黄、糯小米、大黄米，是我国北方地区最早栽培的粮食作物之一。它不仅用于主食，还是酿酒的主要原料。即墨当地就出产一种品质特佳的大黄米，不仅粒大饱满，而且含易水解的支链淀粉较多，特别适宜酿酒，出酒率还高。据推测，即墨地区很早就有酿酒业了，在春秋战国时期以黍米酿酒已很盛行。秦始皇和汉武帝等君王东来泰山登山封禅，到蓬莱、崂山寻仙拜祖时，即墨酒必定是祭祀的供品之一。贾思勰的《齐民要术》在介绍当时流行于黄河中、下游地区酿酒技术时，有五六种方法都是以黍米为原料的酿酒方。特别是酿黍米酎法与近代的即墨老酒工艺很相近。宋代苏轼在密州(今山东诸城)任知府时，对当地生产的酒大加赞扬，很可能就是即墨老酒一类的黄酒。也就是在这一时期，即墨老酒的酿造工艺与绍兴黄酒一样，步入成熟定型的阶段。

即墨老酒既具备了中国北方以黍米为原料的黄酒的典型，又融入了当地环境和文化的诸多因素。例如在原料上就有其特点：一是只选用当地生产的龙眼黍米。这种黍米粒大色黄黑脐(胚部呈黑色)；二是以伏天生产的麦曲和陈曲为糖化剂。所用酵母也有特色，它是由黍米饭和焙炒的麦曲各半，再加1/4的白酒混合制成圆状坯，自然接种而成；三是酿酒用水只用崂山下清澈洁净的"九泉水"。

即墨老酒的酿造工艺也有一些独特的技术。例如麦曲在投用之前，要加香油焙炒，以除邪味和杀灭杂菌，增加成品酒的香气。又如煮糜技术，一般是在多组传统的锅灶上，在大铁锅中煮黍米，先加入115～120千克清水煮沸，再把浸泡、洗净后的黍米逐次加入，约20分钟加完。开始用猛火熬，不断地用木榾搅拌，直至米粒出现裂口、有黏性，此时改用铁铲不断翻拌。约经2小时，黍米由黄色逐渐变成棕色，而且产生焦香气，此时应及时将锅灶的火势压弱，并用铁铲将糜向上掀起，以便散发水分和烟雾。这样持续2～3分钟后即可迅速出锅。这种煮糜的操作可以说是形成即墨老酒特色的关键技术之一。因为煮糜产生了焦香气，但不能有煳味和保证米质不焦。从化学反应来讲，煮糜是进行轻度的褐变反应，由此产生非常复杂的香气成分和色泽。再如，高温糖化，定温定期发酵。将焙炒后的麦曲磨成粉末，加入装有蒸糜的发酵缸里，同时加入发酵旺盛的酒醪0.5～1.0千克作发酵引醪。混拌均匀后，上加缸盖，周裹麻袋进行保温复式发酵。品温上升至35℃，即进行第一次打耙，将浮起的醪盖压入醪液。又经8～12小时，再进行第二次打耙，将缸盖掀起。一般经过7天的发酵即告成熟。

即墨老酒色泽黑褐中带紫红，晶莹透亮，浓厚挂碗而盈盅不溢，具有焦糜的特殊香气，其味醇和郁馨，香甜爽口，饮后微苦而有余香回味。陈酿一年后，风味更加醇厚甘美。酒度约为12度。由于该酒中含有大量维生素和较多淀粉、糊精、糖分，适量常饮可以促进新陈代谢，强身健脑。山东的民众都深信它具有良好的医疗功效，特别是祛风散寒、活血散瘀、透经通络、舒筋止痛、解毒消肿等。所以人们要么当作药引，要么直接作药饮用。尤其对于产妇和老人，即墨老酒更被他们视为珍浆。

三、红曲绽放出的佳酿

龙岩沉缸酒是一种甜型黄酒。因为在酿造中，酒醪必须沉浮三次，最后沉于缸底，故得此名。龙岩沉缸酒的起源有多种传说。在民间流传最广的是在明末清初(约17世纪)之际，在离龙岩县城30余里的小池圩，因聚集了不少来自近邻上杭的民工在那里伐木造纸，形成了一个热闹的集市。有一年从上杭白沙地方来了一位名叫五老倌的酿酒师傅。他发现小池的山泉甜美，水质特别适合酿酒，附近又产品质优良的糯米，于是就地安家，开了一个小酿坊造酒。起初，他还是按照传统的技术(在秋末冬初，将糯米和酒药制成酒醪，再入缸埋藏三年后再起缸饮用)生产糯米甜酒(冬酒)。酒客们感到这酒虽然醇厚味甜，但是酒度不高，酒劲不足。于是王老倌在酒醪中加入一些酒度较高(20度左右)的米烧酒，榨得的酒称作"老酒"。老酒的酒度高了，而甜度不减，品质高了一个档次。后来在摸索中进一步发现，若在酒醅中加入"三干"，效果更佳。

所谓"三干"是用18斤米为原料酿制约10斤的50度米烧酒。方法是用6斤米酿造蒸馏得10斤酒度不高的酒，然后在这酒中渗入由第二批6斤米制成的发酵醅，发酵后再复蒸得酒10斤。再将这10斤酒投入第三批6斤米制成的发酵醅中，最后再通过蒸馏得到酒度在50度以上的米烧酒10斤。因为这10斤米烧酒经三次蒸馏，故称为"三干"。由此可见，沉缸酒的工艺实际上是由老酒的技术改制而来。

沉缸酒选用上等糯米为原料，以红曲和白曲(药曲，在特制的药曲中，还加入当归、冬虫夏草、丁香、茴香、木香、沉香等多种药材)为糖化发酵剂。其工艺与其他黄酒工艺不同之处，最突出的就是在酿造酒醅中两次加入米烧酒。第一次先加入米烧酒总量的19%左右，目的是为了降低发酵温度，避免酸度过大，从而使酒醅中的酒、糖、酸的配比恰到好处；第二次是为了调整到标准的酒度。很明显，米烧酒的品质与成品酒的关系极大，要求必须是清亮透明，气味芳香，口味醇和。

所谓的三次沉浮指的是，"沉"就是加米烧酒抑制了酒精发酵，让发酵停止，没有二氧化碳气泡产生，酒醅就下沉了。"浮"即是酒精发酵旺盛，产生大量二氧化碳气泡上冒将酒醅托起而浮于缸面。三次沉浮就是表示酒精发酵形成三次高潮，以此来提高醇度和保存糖分。酒醅开始时，酒味胜过甜味，当酒醅经过三次沉浮，沉入缸底后，甜味就胜过酒味了。产品既成，仍需贮存1～3年进行陈酿。在陈酿中，酒精度从18.5度左右降到14.5度；糖分则从22%提高到27%左右，酒的风味更是香醇协调。假若加酒发酵中酒醅没有出现三次沉浮，则意味着含糖量不够，酒的质量不佳。

小池坪出产的沉缸酒，由于具有独特风味和极好的质感，深受欢迎，在民间名气益涨，特别是那些病弱体虚者和老人、产妇都要喝，认为该酒对身体有滋补作用，"斤酒当九鸡"的说法也在民间流传开来，这就是龙岩地区民众对当地沉缸酒的赞语。制它的酿坊也逐渐发展到六七家。成型的技艺也很快得到推广。1965年，在龙岩登高山下著名的新罗名泉罗盘井旁，建起了龙岩酒厂，采用日臻完善的传统工艺，生产民众需求的沉缸酒。龙岩沉缸酒也先后在1963年和1979年的全国评酒会上荣获国家名酒的称号。

沉缸酒为什么这样受到人们的欢迎？评酒专家们认为：呈鲜艳透明红褐

色的沉缸酒，不仅有琥珀般的光泽，而且香气醇郁芬芳。这香气是由红曲香、国药香、米酒香在酿造中形成的，纯净自然不带邪气，入口酒味醇厚，糖度虽高，但无一般甜型黄酒的黏稠感。糖、酒、酸的味感配合得恰到好处，有独特的风味。饮后余味绵长，经久不息。该酒糖的甜味、酒的辛味、酸的鲜味、曲的苦味十分和谐。当酒液触舌时，各味同时毕现，妙味横生。

四、封缸的美酒

丹阳封缸酒是江南的历史文化名酒之一。丹阳地处江苏省南部，土地肥沃，盛产糯稻。特别是一种曾作为贡米的色泽红润的籼米（又称元米），它性黏，颗粒大，易于糖化，发酵后糖分高，糟粕少，非常适宜酿甜型黄酒。故此民间流传"酒米出三阳，丹阳为最良"之说。历史上绍兴酒也曾外购丹阳糯米而酿制。

史籍中有关丹阳美酒的记载就很多。《北史》中有一则故事，讲的是北魏孝文帝（471－499年在位）发兵南朝，委任刘藻为大将军。发兵之日他亲自送行到洛水之南，孝文帝对刘藻说："暂别了，我们在石头城相见吧！"刘藻回答说："我的才能虽然不及古人，我想我一定会打败敌人，希望陛下到江南去，我们用曲阿酒来接待大家。"曲阿就是丹阳，可见当时的丹阳酒已是人们向往的名酒。有人曾用"味轻花上露，色似洞中春"的诗句来赞美丹阳酒，故当地人又称它为"百花酒"。在唐代，大诗人李白对丹阳酒就十分赞赏，他先后作诗云："南国新丰酒，东山小妓歌。""再入新丰市，犹闻旧酒香。"丹阳有辛丰镇，因邻近有新丰湖，故又名"新丰"，故新丰酒即是丹阳酒，是当时的名酒，闻名天下。宋代诗人陆游在他写的《入蜀记》中说："过新丰小憩。李白诗云：'再入新丰市，犹闻旧酒香。'皆说此非长安之新丰。"可见丹阳酒在当时的名气。宋人汪莘作的《过丹阳界中新丰市》一诗中写道："道过新丰沽酒楼，不须濯足故相酬。"可见新丰的酒市繁荣。宋代的乐史还在《寰宇记》中讲了一个关于丹阳美酒的传说："丹徒有高骊山，传云：高骊国女来此，东海神乘船致酒礼聘之，女不肯，海神拨船覆酒流入曲阿湖。故曲阿酒美也。"曲阿湖即丹阳之练湖，这传说也是讲丹阳酒好，有神助也。元代人萨都剌在其所著的《练湖曲》中说："丹阳使者坐白日，小史开瓮宫酒香，倚栏半醉风吹醒，万顷湖光落天影。"丹阳酒又获得"宫酒"的雅号，宫酒即官方用的招待酒。到了明清丹阳新丰镇仍然是个繁华的酒市。清代文人赵翼在《辛丰道中》描绘道："过江风峭片帆轻，沽酒新丰又半程……向晚市桥灯火满，邮签早到吕蒙城。"

丹阳酒作为江南甜型黄酒的一枝奇葩，是因为其酿造工艺有自己的创新和特色。丹阳酒除了采用当地特产元米外，在工艺上，在以酒药为糖化发酵剂的糖化发酵中，当糖分达到高峰时，兑加50度以上的小曲米酒，并立即严密封闭缸口。养醅一定时间后，先抽出60%的清液，再将酒醅中压榨出的酒，两种酒按比例勾配（测定糖分和酸分），定量灌坛再严密封口。贮存2～3年才成产品。因二次封缸，故又名封缸酒。

丹阳封缸酒呈琥珀色至棕红色，明亮，香气浓郁，口味鲜甜，酒度约14度，是江南甜型黄酒中别具一格的佳酿。历年全国评酒会都被列入优质黄酒前列。专家们认为此酒鲜味突出，甜性充足，酒度适中，醇厚适口。

五、杏花村里酒如泉

汾酒是我国最早生产的蒸馏酒，它的生产工艺由晋商和山西酿酒技师传播到半个中国，传到武汉酿制的酒叫汉汾酒，传到湖南湘潭酿制的酒称湘汾酒，传到江西的有瑞康汾酒、回龙汾酒。此外还有"滨汾""溪汾""佳汾""吉汾""龙汾""仿汾"等，这些酒名带"汾"字的酒十分明确是传承汾酒工艺而生产的。由于酒坊的老板来自山西，许多地方的名酒虽然称谓中不带"汾"字，但其酿制工艺与汾酒工艺有着直接的渊源关系。在明清时期，喝白酒并不注重什么香型，因为那时节绝大多数蒸馏酒都是清香型，故汾酒既是名副其实的清香型代表，又稳坐历史文化名酒宝座。

汾酒产于山西省汾阳市杏花村。据对杏花村及其周边地区的遗址考古发掘研究表明，在4000年前，居住在这里的先民已开始酿酒和饮酒。经历了殷商、西周、春秋战国、秦汉和魏晋时期的演进，在南北朝时，汾阳所产的汾清酒已迈入当时的宫廷御酒之列。在唐代，汾阳杏花村是南下盐湖和到古都长安要道上的重镇。据传古代的杏花村酒业兴隆，是一著名的酒村闹市。唐宋时期全村的酒坊有70多家，美景好酒曾吸引众多文人墨客在此聚会畅饮。当时的汾清酒亦被叫作"干和酒""干酿酒""干酢酒"。唐代诗人张籍说，"酿酒爱干和。"宋代窦苹在《酒谱》称："今人不入水酒也，并、汾间以为贵品，名之曰干酢酒。"由此可见干和酒的称谓来自一项酿酒技术的进步，这一技术就是酿酒中对用水量的控制，用现代的术语说即是掌握了浓醪发酵。当时汾清酒技术的另一个特色就是"清"，不仅是酒色洁净透明，而且在整个酿造过程突出一个洁净：从原料到器具，从操作到环境都讲究清洁。这两个技术要素一直得到传承。在元代，蒸馏酒技术得到迅速的传播，杏花村是率先运用这一技术生产白酒的地方之一，汾酒采用的地缸发酵就是一个证明。因为蒸馏酒的生产是从蒸馏黄酒开始的，黄酒发酵大多在陶缸中进行。杏花村生产的白酒，色如冰清，香如幽兰，味赛甘露，是酒中极品。在1915年美国的巴拿马万国博览会上获得甲等金质大奖章，从此杏花村汾酒名扬天下，在中国历届的评酒会上都是金牌不倒。

为什么杏花村一直能产美酒？除了上述深厚的文化积淀外，还有一个适宜酿酒的生态环境和传承发展中的酿酒技艺。传统的汾酒酿制一直使用杏花村八槐街的古井亭井水和卢家街的申明亭井水。其水质清澈，甘馨爽净，无悬浮物，无邪味。洗涤时手感绵软，沸煮时锅内不结垢，煮饭不溢锅，不生水锈。经分析，这井水虽然碱度稍大，但不是强碱性，正是所谓的"甘井水"，是适宜酿酒的。晋中盆地汾河一带盛产优质高粱，俗称"一把抓"。它颗粒饱满、均匀、壳少，淀粉含量在70%以上，蛋白质在10%以上，水分在15%以下，脂肪在4%左右，粗纤维2%左右，灰分不超过2.3%。大麦、豌豆也产自晋中，粒满皮薄，含水量不高于13.5%。原料主要来自本地，质量有保障，这是汾酒发展的物质基础。水质、原料、微生物菌种对于汾酒酿造都具有决定性意义，而这些因素又与自然环境密不可分。因此，汾酒酿造具有得天独厚的生态环境，形成人与自然"天人合一"的和谐关系。

汾酒精湛的工艺优势主要表现在制曲和酿造两个阶段。行话说：曲是酒骨头，没有好曲就生产不出好酒。汾酒大曲采用的原料是将大麦、豌豆，按比例混合，在石磨上粉碎。然后将粉碎好的原料在铁锅里加水手工搅拌，搅拌均匀后的原料装入曲模里，人工踩制成曲坯。踩曲有这样一首工艺口诀："踩曲工序是前提，环节重要须精细，豌豆大麦严配比，曲面粗细多留意。水分适中按比例，充分搅拌要牢记，生面疙瘩是大忌，影响培曲最不利。踩制过程要细腻，踩匀踩平不麻痹，四周光滑厚薄齐，重量匀称遵工艺。"踩制好的曲坯搬运到曲房去堆放，称为"卧曲"。周围空气中微生物种群在曲坯上繁殖复合菌系。曲坯再经过晾、潮火、大火、后火加热的"两晾两热"工艺，生产出清茬曲、后火曲、红心曲三种曲型。清茬曲经历了小热大晾，后火曲经历了大热中晾，红心曲则是中热小晾。也就是说通过卧曲中的品温和湿度控制与调节，使曲坯中所繁衍的菌系有所差别。从曲坯入曲房到出曲房总培菌天数为26～28天。制曲温度没超过50℃，故酒曲属于中温曲（见图4－3、图4－4）。

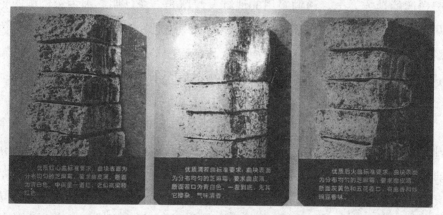

图4－3 汾酒酿造的三种曲型

图4－4 人工制曲老照片

汾酒生产有六个主要的工序，称为一磨、二润、三蒸、四酵、五馏、六陈。一磨主要指原料加工。高粱粉碎一般要求粉碎成4～8瓣/粒即可。细粉不能超过20%。酒曲采用清茬、红心、后火三种曲，按30%、30%、40%的比例混合使用。二润即是润糁，粉碎后的高粱原料，人们习称它为红糁。在蒸料前要将它用热水浸润，润糁的目的是让红糁吸收一定的水分以利于糊化。润糁后，要求红糁润透，没产生淋浆，无异味，无疙瘩，用手搓能成面。三蒸是指蒸料。先将底锅水煮沸，将500千克润料后的红糁均匀撒入甑桶。待蒸汽上匀后，再用60℃的热水15千克（原料的25%～30%）泼在表面以促进糊化，俗称闷头量。蒸料时间若从装完甑起算，至少80分钟。假若在红糁上覆盖辅料——糠，可以一道清蒸，但是清蒸的辅料必须当天用完。经清蒸的红糁要求达到"熟而不黏，内无生心，有高粱糁的香味，无其他异味"的标准。

四酵是指红糁拌曲入缸发酵。糊化后的红糁趁热从甑桶中取出堆成长方形，然后泼入原料重量28%～30%的冷水（18～20℃的甜井水），边泼边翻拌，用木锨将红糁扬到空中冷却，俗话叫扬片。随后进行通风晾渣。冷却到一定温度后，加入磨细的大曲粉，大曲粉用量为原料总量的9%～11%。加曲拌匀后即成为酒醅，稍后即可入缸发酵。酒醅入缸时的温度最好低于气温1～2℃，夏季则越低越好。入缸时酒醅的水分应达52%～53%。水分过少，糖化发酵就不完全；水分过多，发酵也不正常，此后烤出来的酒味淡不醇厚。因此，温度和水分是发酵的首要条件。酒醅入缸后，缸口用清蒸后的小米壳封，再盖上稻草保温。地缸发酵分三个阶段进行。前期升温缓，中期保持一定的高温，后期温度缓慢降落，即常说的"前缓、中挺、后缓落"。传统的发酵期为21天，根据经验，现已延长至28天。前期发酵是低温入缸，这是一项不容忽视的要领。这期间由于微生物的作用，糖化反应使淀粉含量迅速下降，酒醅中还原糖迅速增加，酒化反应也开始进行，酸度也在增加。中期发酵一般从入缸后的第7～8天开始，大约需要10天。这段发酵通常被认为是主发酵阶段。其间微生物繁殖及由此产生的发酵极为旺盛。酒醅中的淀粉迅速被糖化、酒化，酒精含量明显增加，通常在12度左右。酵母菌的迅速繁殖能有效地抑制产酸菌的活动，所以这期间的温度虽高一点，酸度的增加却很缓慢。假若发酵温度过早过快降下来，就可能导致发酵不完全，产酒率低，酒质较次。后期发酵一般指酒醅在缸中发酵的最后11～12天。由于大量的淀粉已耗尽，糖化发酵作用较微弱。由于缺乏营养源，真菌会部分死亡而减少。酵母菌也由于酒化作用的减缓而逐渐死亡。这时候产酸菌开始活跃起来，酸度增加较快，因此温度应缓慢下降。后发酵期往往又是生成酒中呈香物质的过程，即酯化过程。为了有利于酯化反应的正常进行，品温不宜下降过快。解决矛盾的方法就是控制温度缓降。在整个发酵过程中，应控制好整个发酵过程的保温和降温工作。为了保证前、中、后发酵期对温度的不同要求，在控温中要不断调整保温措施。在发酵的28天里，一般在酒醅入缸后的前12天，隔天检查一次。12天以后检查次数可少些，甚至可不检查。若在发酵室里能闻到一种类似于苹果的芳香味，则意味着发酵进行良好。随着发酵的正常进行，酒醅会逐渐下沉，通常酒醅会下沉到全缸1/4的深度。下沉的酒醅愈多，则产酒率会愈高。

五馏是指出缸蒸馏。发酵28天后，将成熟的酒醅从缸中取出，加入原料总量的22%～25%的辅料——稻壳加小米壳（3∶1），拌匀后即可入甑蒸馏。酒醅和辅料装甑，根据经验，要遵循"轻、松、薄、匀、缓"的要领，使酒醅在甑桶中疏松，便于蒸汽通行。蒸馏中采取"蒸汽二小一大""酒醅材料二干一湿""缓汽蒸酒，大汽追尾"的方法。所谓的"醅料二干一湿"，指的是装甑垫底的醅料要干些，中间层醅料可湿一点，最上层的醅料又要干些。调节干湿主要通过添加辅料的多少来实现，辅料加少一点就湿些。进入甑桶内的蒸汽要求底小中大顶又小。在盖上甑盖后，蒸汽要缓，不要过早加大蒸汽量，要使蒸汽与酒醅充分接触，在一个适当湿度范围内，蒸汽将酒醅中所含的酒精成分和呈香有机分子烤出。一般流酒速度控制在3～4千克/分，流酒温度为25～30℃。烤酒后期，酒醅中所含的酒精大多已烤出，再来个大汽追尾，把剩余的酒精尽量烤出。采取这种措施，通过控制温度最大限度地减少酒精和呈香成分的损失，还可以最大限度地排除有害杂质，从而保证或提高酒的质量和产量。由于蒸汽和温度及酒醅成分的变化，烤酒过程产出的酒先后质量是不同的，前头烤出的酒不仅酒精度较高，而且芳香成分也较多，有害的醛类物质也较多。到了烤酒的后头，烤出的酒液中酒精度明显降低，当流出液体的酒精度下降至30度以下时，此后烤出的酒人们习惯称它为尾酒。尾酒中的酒精度虽低，但是其中所含的有机酸、有机酯类物质却很多，它们大多是酒中的呈香或呈味成分。通常，人们在烤酒中总是要摘头去尾。摘头即是将前头烤出的酒头截取下来，回缸发酵。截取多少应视成品酒的质量而定。一般平均每甑烤酒截取酒头约1千克。尾酒的酒精度已低于30度，留它过多会降低酒度而影响酒的质量，要适时摘尾。摘取的尾酒可以返回甑桶进行重新蒸馏。在流酒结束后，还要抬起排盖，敞口排酸10分钟。原料中的淀粉不可能一次发酵就被完全分解为糖类，因而在蒸馏后的酒醅中仍含有部分淀粉。为了充分利用原料中的淀粉，常将第一次用于蒸酒的酒醅(称为大楂)在蒸酒后再继续用于发酵，此次发酵的酒醅称为二楂。二楂发酵的工序基本同大楂。二楂淀粉含量明显低于大楂，糠含量明显高于大楂，糠主要来自蒸酒时拌入。所以二楂入缸后不仅比较疏松，还会带入大量空气。空气多显然不利于发酵，还有可能促使醋酸菌的繁殖，为此必须在二楂入缸后适当将醅子压紧，然后再喷洒少量尾酒。二楂酒醅蒸出来的酒，称为二楂酒。烤完酒的酒糟则弃掉，部分也可作为饲料。

六陈即是指贮存勾兑。蒸烤出的酒在掐头去尾之后，要分班组入库，入库前应由质检部门逐批进行品尝鉴定。再按大楂酒、二楂酒、合格酒、优质酒分别贮存在耐酸防漏的陶瓷容器中，一般贮存三年。再重新品尝鉴定，再按大楂酒(一般在75度左右)、二楂酒(一般在65度左右)某一比例混合，勾兑出优质酒或合格酒。

上述的汾酒生产工艺流程可用图4-5来表示。

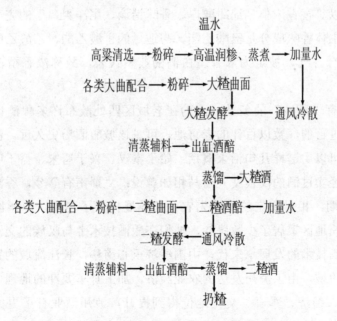

图4-5 汾酒酿造工艺流程图

汾酒酿造技艺的最大特点是"固态地缸分离发酵，清蒸二次清"的发酵和蒸馏方法。即每投一批新料，这批新料就清蒸糊化一次，发酵二次，流酒二次。汾酒发酵的设备是一个个埋在地下，口与地面平齐的陶缸。使用陶缸发酵是汾酒工艺的特色，它继承了黄酒酿造使用陶缸的传统。由于陶缸发酵易于保温，曲中所含的微生物在28天的发酵期内作用旺盛，酒精发酵及其后的酯化过程顺利进行。因为在蒸酒中严格做好掐头去尾，成品酒的质量得到保证，才能达到酒质纯净、优雅醇正、绵甜味长的汾酒三绝（据测试，汾酒主体香味主要由乙酸乙酯和乳酸乙酯按55%和45%构成）。1933年中国微生物学家方心芳来到杏花村，与汾酒义泉泳作坊老掌柜杨德龄一起总结出汾酒酿造的七大工艺秘诀："人必得其精，水必得其甘，曲必得其时，粮必得其实，器必得其洁，缸必得其湿，火必得其缓。"这是杏花村近千年酿酒技艺的传承和结晶。

六、川南窖香传四方

泸州老窖大曲酒，酒液透明晶莹，酒香芬芳馥郁，酒味绵柔宜人，酒体丰满醇厚，以"窖香浓郁、绵甜醇厚、香味谐调、尾净爽口"的完美风格而享誉古今。其主体香味成分是己酸乙酯，与适量的丁酸乙酯、乙酸乙酯、乳酸乙酯等构成复合香气，被定为浓香型白酒的典型代表，故称浓香型白酒为"泸型"酒。

泸州素有"酒城"的美誉，因为在老城区四处散布许多酿酒作坊，特别是那些窖龄过百的、数以百计的老窖池，可见该城酿酒历史久远。泸州谷物酿酒的历史，可以用这样几句话来概括：始于秦汉、兴于唐宋、盛于明清、发展在当代。曾经卖过酒的汉代文人司马相如曾说："蜀南有醪兮，香溢四宇。"隋唐五代时期，相对安定的环境为农业的发展提供了契机，泸州酒业相当兴盛。加上泸州地区聚居了少数民族，他们在酿酒技术上与汉族的交流进一步推动了泸州酿酒技术的发展。宋代，中国经济重心南移，长江流域的繁荣超过历史上的黄河流域。由于泸州发达的农业经济，加上舟车要冲的地理位置，使得泸州的政治、经济、军事、文化地位得到提升，泸州酒业有了更大的发展背景。北宋诗人黄庭坚曾因被贬，蜗居泸州半年，在他的《山谷全书》里，描绘了当时泸州酒业的兴盛："州境之内，作坊林立。官府士人，乃至村户百姓，都自备槽床，家家酿酒。"这一点，从当时酒税征收的数额便可反映出来。《文献通考》记载，宋熙宁年间，泸州是全国年商税额达十万贯以上的26个州郡之一，其中，酒税占泸州商税的十分之一。仅熙宁十年(1077年)泸州缴纳的酒税就有6432贯。而且赵宋王朝对泸州实行了"弛其(酒)禁，以惠安边人"的政策，有助于泸州酒业的昌盛。宋代诗人唐庚用"万户赤酒流霞"的名句来描绘宋代泸州酿酒饮食的繁华景象。宋代大文豪苏轼也曾称赞说："佳酿飘香自蜀南。"当时泸州一带出现一种"腊酿蒸粥，候夏而出"的大酒，这种酒因酿造时间长，酒度较高。其在原料选用和发酵工艺上为以后的泸州老窖酒的出现准备了经验。清代《阅微堂杂记》记载，元代泰定年间(公元1324年)泸州酿酒人郭怀玉总结了前人经验，研制出"甘醇曲"曲药，提高了酒的质量。明代洪熙年间（公元1425年），泸州酿酒师傅施敬章改良了制曲成分，剔除曲药中燥、涩成分，随后发展出"泥窖生香、固态发酵、甑桶蒸馏"一套特殊技术，使泸州酿酒工艺得到提升，为泸州大曲酒的生产工艺诞生了雏形。

技艺是随着酒业的兴旺而进步。据《永乐大典·泸字韵》载：泸州南门(来远门)至史君岩之间的修德坊"酒务街"内，酒楼、酒肆遍及。传说明代泸州有一位姓舒的武举，此人嗜酒如命，对当地所产佳酿每餐必饮。他为了保证自己日日都能饮到美酒，便决定自己开糟坊。他选在泸州城南营沟头龙泉井旁开建了六口酒窖，并用龙泉井的清冽泉水为酿酒用水。这便是至今保存完好、连续使用时间最长的明代老窖池酿酒作坊——舒聚源糟房。1958年国家轻工部组织来自全国的有关专家，对国家名酒泸州老窖大曲的酿造工艺和老窖窖龄进行考察，专家们一致认为，这些老窖的建成时间在明代万历年间(公元1573年－1619年)。舒聚源糟坊继承洪熙年间施敬章所传授的曲酒酿造技艺，生产出质量更高的大曲酒。此后酿酒技艺与酒窖一起代代相传，在传承中不断创新、不断发展，逐渐成熟定型。

大约到了清代乾隆、嘉庆时期，舒氏将已发展至十口窖池的糟坊转卖于饶天生。饶天生经营酒坊至同治八年(1869年)，又将窖池转卖给从广东来泸的温氏。据"温永盛"糟坊第11代传人温筱泉回忆，温家祖籍广东，清代雍正七年（1729年）迁到四川泸州，世代开设酿酒作坊。清代同治八年，温家九世祖温宣豫买下这十口窖池，并将酒坊改名为"豫记温永盛曲酒厂"，酿制"三百

图4-6 泸州老窖酒厂400多年窖龄的老窖

年老窖大曲酒"。《泸县志·食货志》记载了清末泸州酒业的概况:"以高粱酿制者曰白烧,以高粱、小麦合酿者曰大曲。清末白烧糟户六百余家,出品远销永宁及黔边各地……大曲糟户十余家,窖老者尤清冽,以温永盛、天成生为有名,远销川东北一带及省外。"民国元年(1912年),温筱泉继承祖业,改"豫记"为"筱记",酒厂更名为"筱记温永盛曲酒厂"。1915年,该厂将陶瓦罐包装的泸州大曲酒送往旧金山参加巴拿马万国博览会,夺得金质奖章。这是泸州老窖大曲酒获得的第一块国际金牌。当时老窖池遍布泸州市区,共有老牌酿酒糟房36家,窖池1000多口。这些酿酒糟房相互学习,你追我赶,推动了酿酒技艺的蓬勃发展。1952年正式成立了"四川省专卖公司国营第一酿酒厂"。经合并和扩大,于1954年更名为国营泸州曲酒厂。1994年更名为"泸州老窖股份有限公司"。至此泸州老窖已成为以酿酒业为主,集生物科技、米业、房地产、宾馆等为一体,跨行业、跨地区、跨所有制、跨国经营的大型现代化企业集团公司。

从古至今,泸州一直产出美酒,既有社会经济背景和文化积淀的因素,还有赖于有着一个适于酿酒的自然地理环境。泸州处于四川盆地南缘与云贵高原的过渡地带,北部平坝连片,为鱼米之乡;南部河流深切,森林矿产水利资源丰富。长江与沱江交汇于泸州,凭两江舟楫之利,历史上的泸州很自然形成川、滇、黔三省结合部的物资集散地和川南经济文化中心,是川南走向全国的物资集散地。商贾云集，文人交汇，经济繁华，酒业兴盛，使蕴藏丰富的地俗文化得到不断的张扬。历朝历代，都有文人骚客、风流名士在畅饮泸州好酒后留下赞美的诗篇。与酒相关的文化现象遍布四处。泸州好酒自元明以来的声名鹊起，与文人墨客的诗酒文化是密不可分的。

泸州的土地土层深厚、土壤肥力高、矿物质含量丰富、胶质好，特别适合于高粱、小麦等种植，为酿酒原料的生长提供了优异的条件。因为是泥窖发酵，那种循环使用的装窖黄泥成为建窖发酵的独特设备材料。泸州老窖所采用的黄泥主要来自五渡溪的黄泥，这种泥色泽金黄，绵软细腻，不含砂石杂土，黏性极好，不仅本身含微生物，而且适宜微生物的存活和繁殖，可以说是稀罕之物。泸州的气候使"蜀南粮仓"确保酿酒对皮薄红润、颗粒饱满糯红高粱的需求。"软质小麦"也是泸州的特产。这种小麦面筋质丰富、支链淀粉含量高，曲药中微生物容易形成繁殖生长优势，用它制作大曲从原料上保证了曲药的高品质。当年"舒聚源"挑选窖址时，首先考虑的条件就是龙泉井水。数百年来，它已成为泸州人酿酒和饮用的源泉，用其所酿之酒，清冽甘爽，远近闻名。经过专家分析，龙泉井水清澈透明、口感微甜、呈微酸性、硬度适中，能促进酵母繁殖，有利于糖化和发酵。可见老窖大曲酒成为泸州的特产，这既是自然环境的天成，又是历史文化的沉淀。

在泸州的诸多名酒中，名气最大的要数在巴拿马万国博览会上摘取金牌的泸州老窖大曲酒。名酒的产出必须有一套与之相配伍的先进的独特酿酒技艺。泸州老窖大曲的酿酒工艺在经历长期的经验积淀后，有一个从发端、发展到成熟、完善的过程。下面作一简单的叙述。

从郭怀玉创制"甘醇曲"，到施敬章开创了"固态发酵，泥窖生香，甑桶蒸馏"的技艺新途径，从此有了泸型酒酿造工艺的雏形。据陈铸《泸县志》载："初麦面一石，高粱面一斗浇水和匀，模制成砖，置于隙地上，以物覆之，数日发酵，再翻之覆如故，听其霉变，是为曲母。始用高粱四石磨面，每石和曲母一石，加枯糟六石，浇水和匀，收制地窖(窖在屋内，先以黏土泥和烧酒，筑成长方形，深六尺、宽六尺、长丈许)，上覆以泥，俟一月后酝酿成熟，取出以小作法蒸馏之，三日能毕一窖，即市中所售大曲也。"这就是雏形的泸酒工艺。经过一代代的传承，泸州老窖大曲的生产已形成一套先进的技术系统，酿酒技师们对酿酒中粮、糠、水、酒、曲、糟之间复杂的量比关系，对发酵中水分、温度、湿度等技术要素都有深切的感知。这些技术大多没有系统的文字记载，而是通过师傅带徒弟、言传身教的方式相传。1958年成立"泸州老窖大曲酒操作法总结委员会"，负责整理历史经验，总结优良传统的老操作法，使之规范化、系统化，便于学习推广。被总结、完善的工艺包括：窖泥的制作维护技艺、曲药的制作鉴评技艺、微生物传承的曲药制作技艺、原酒的酿造摘酒技艺等。下面简释原酒酿造的工艺流程（见图4-7）。

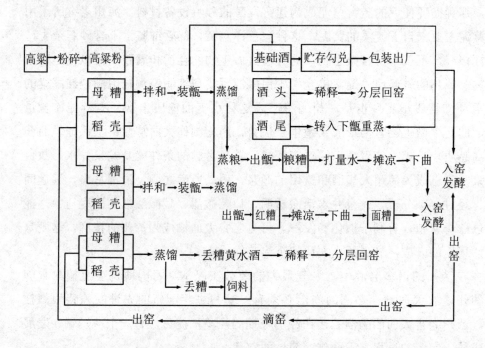

图4-7 泸州老窖酒酿造工艺流程

（1）高粱：采用本地产的糯红高粱，要求颗粒饱满，无霉烂、无虫蛀，杂质少。（2）高粱粉碎：采用石磨将高粱粉碎成4~8瓣。（3）挖糟：将堆糟坝上的糟醅整齐地挖取一定量（拌粮拌谷壳后约为一甑），堆成平台，铺上高粱粉（粮糟比为1∶4~1∶5）。（4）糟醅拌粮：用耙梳将高粱粉和糟醅翻拌匀，再用铲子将高粱和糟醅进一步铲匀，利用糟醅中的水分和酸度达到润粮的目的。（5）糟醅拌糠：拌粮后的糟醅，盖上本甑要用的谷壳（约为高粱的20%）待上一甑出甑前夕，用耙梳将谷壳和糟醅翻匀，再用铲子进一步铲匀，使得谷壳吸收水分尽可能少，起到疏松作用。(6)糟醅上甑：用端撮将拌和好的糟醅一撮一撮地端起来往甑内铺撒，遵从"轻撒匀铺、回马上甑、探汽上甑"的要求，在45分钟左右将一甑糟醅装完，盖好云盘(甑盖子)，连好烟杆(连接甑子与冷却器的过汽筒)。(7)蒸酒蒸粮：发酵成熟的糟醅和高粱粉拌和在一起，称为"混蒸混烧"，蒸馏前期为蒸酒，当酒流完后，开大火力，继续蒸煮，使高粱粉蒸熟糊化。(8)摘酒：盖好云盘蒸馏，5分钟内必须流出酒来，开始0.5千克左右为酒头，单独接收，下甑重蒸。然后开始接正品酒(一般3千克粮食酿造1千克酒)，直至酒花断(看花摘酒)，将酒精度较低的酒尾接至无酒精度，酒尾也下甑重蒸。(9)糟醅出甑：将蒸煮好的糟醅用叉子撬出，用叽咕车将其运到地晾堂，并泼洒80℃以上的"量水"，促进高粱淀粉的进一步吸水糊化。(10)糟醅摊凉：将上述糟醅摊开，用耙梳、铲子反复翻造，用芭蕉扇等措施降温至适宜(一般为热季平地温、冷季13℃)，采用酒师的脚踢感受温度的高低。(11)糟醅拌曲药：将磨碎的曲药粉均匀地撒在已摊凉的糟醅上面，用耙梳、铲子等将曲药粉和糟醅拌匀。(12)糟醅入窖：将拌好曲药粉的糟醅用叽咕车运至泥窖内，热天将每甑糟醅铺平，用脚一层一层地密踩，冷天则只是沿边密踩，糟醅高出窖池地平面一尺左右，将糟醅拍光，用踩柔熟的泥把糟醅密封。(13)封窖发酵：密封后，糟醅在微生物的作用下，开始产酒生香，窖内温度变化遵循"前缓、中挺、后缓落"的规律，前七天每天清光封窖泥一次，由于发酵的缘故，糟醅往下沉跌，叫"跌头"；封窖泥上冒气泡，叫"吹口"。(14)开窖鉴定：发酵成熟的糟醅，将封窖泥扒开，由大瓦片(大组长)带领酒师们一起，通过"看、闻、尝"糟醅、黄水来鉴定糟醅的发酵情况，并依据糟醅发酵情况，确立下一轮配料和入窖条件(温、粮、水、曲药、酸、糠、糟)，同时也趁机传授经验。(15)糟醅滴黄水：将上层糟醅起到堆糟坝后，在窖池一侧将糟醅挖起放在另一侧，形成一个坑，糟醅的黄水就源源不断地流到黄水坑内，再不断地舀出，称为"滴窖勤舀"，一般12小时左右，再将窖内剩下的糟醅起到堆糟坝上。(16)起运母糟：将发酵好的糟醅起运到堆糟坝的操作过程。(17)堆砌母糟：如(15)所述，将发酵好的糟醅，一层一层地挖起来，并一层一层地堆在堆糟坝上，踩紧，拍光，撒上一薄层谷壳，称为"分层堆糟"。堆砌好的糟醅通过"挖糟"配料步入下一循环，由于又入在上一轮同一个窖池内发酵，称为"本窖循环"。

泸州老窖大曲酒技艺经历数百年的演进、积淀，形成了独特、高超的技艺水平。以下的典型特点可以用"无可比拟"来表述。

（1）泸州老窖大曲酒窖池群是泸州老窖最宝贵的财富。现存的泸州大曲老窖池百年以上的就有300余口，其中明万历年间的老窖池现有4口，1996年被国务院定为全国重点文物保护单位，为中国至今保存完整而且仍在使用的最古老的窖池，其窖壁及底部泥土均为深褐色弹性黏土，微生物种类有己酸菌、乙酸菌、霉菌、丁酸菌等400余种，且数量庞大。这些不间断地在使用的泥窖，其泥中所含的微生物菌种，虽然历经了生长繁殖、物质代谢、衰老死亡的往复过程，但是，它们始终不断地从粮糟中获得营养，菌群得到不停的驯化和富集，致使这些"千年老窖"性能越来越优良。

（2）与"千年老窖"相匹配的定"万年母糟"。在续糟配料中，每轮发酵完成后，80%左右的糟醅都作为母糟，投入新粮拌和继续发酵，仅把增长出来的20%左右的糟醅在发酵后丢弃。犹如一杯水，每次倒掉1/5，再把这杯水盛满，如此循环，这杯水中永远有其最原始的母本水存在。通过原始母本成分的积淀，"万年母糟"使酒质的香味成分越来越丰富。

（3）每轮部分替换的"千年草"技艺，与"千年老窖""万年母糟"一样是酿造微生物菌群传承的重要途径。作为覆盖物

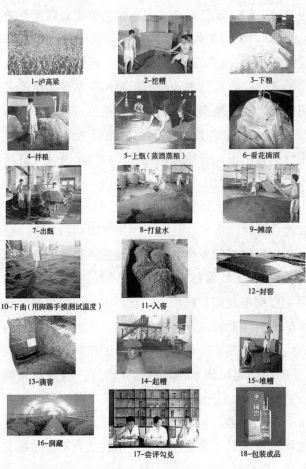

1-泸高粱　　2-挖糟　　3-下粮
4-拌粮　　5-上甑（蒸酒蒸粮）　　6-看花摘酒
7-出甑　　8-打量水　　9-摊凉
10-下曲（用脚踢手摸测试温度）　　11-入窖　　12-封窖
13-滴窖　　14-起糟　　15-堆糟
16-洞藏　　17-尝评勾兑　　18-包装成品

图4-8　泸州老窖酒传统酿造工艺场景图

的稻草，首先给新鲜曲坯接种当地所特有的微生物菌群。微生物在曲坯内生长繁殖后，又向稻草反馈微生物，周而复始的操作循环，制曲微生物菌系得到螺旋式的驯化和富集，这种"千年草"在提高曲药质量上就显得很重要了。

（4）在泸州古酒坊附近有醉翁洞和八仙洞两大自然山洞群，山洞内常年恒温恒湿，温度在20℃左右、湿度在80%左右，非常适宜放置陶缸贮酒。贮存中酒体内的化学变化可使某些优质的调味成分得以增加和积淀。因此，山洞储酒也是提高和保证泸州老窖大曲酒品质的秘密之一。

七、茅型酱香的奥秘

具有特殊的酱香口感的茅台酒，在清代已成为贵州的酒品状元。由于地理和交通的劣势很难走向全国。当时的大城市中，只有重庆离它较近，因而它首先在重庆的市场上成为珍品。当然，当时的重庆人和川南人一样最喜爱的是吃着麻辣火锅，饮品着泸州大曲。茅台酒作为西南名酒被人们所赏识有一段机缘。1935年中国工农红军长征到达茅台镇，缺医少药的红军用茅台酒代替酒精救治了不少创伤化脓的伤员。在此，共产党人与茅台结下情结。"西安事变"时，张学良就是用茅台酒来宴请周恩来。抗日战争胜利后的重庆谈判，蒋介石也是用茅台酒招待毛泽东。这就逐渐有了"外交礼节无酒不茅台"之说。招待美国总统尼克松的国宴，饮茅台酒。送日本首相田中角荣的礼品酒是茅台酒。茅台酒就是这样荣升为"国酒"。当然，茅台酒被誉为"国酒"更重要的是与众不同的韵味。

茅台酒产于贵州省仁怀县城西13公里处的茅台镇。古有"蜀盐走贵州，秦商聚茅台"之说，茅台镇在明清时已成为黔北重要的交通口岸。贵州省三分之二的食盐由茅台起程转销，随着食盐的运销，素有独特风味的茅台酒得到迅速的发展。茅台也成为"家唯储酒卖，船只载盐多"的繁华名镇。据考古资料，仁怀和茅台一带的土著居民濮人很早就有酿酒、饮酒的生活习俗。由于特别的生活环境，当地酿造的酒一直受到当地居民的追捧。《史记·西南夷列传》记载了这么一则故事：公元前135年，鄱阳令唐蒙出使南越（今广东番禺），吃到了产自古夜郎国习部地区的饮品"枸酱"，"啖之甘美如饴"，于

是，便绕道取之献与汉武帝，"帝尝甘
美之"。根据这一故事，清代仁怀直隶
厅同知陈熙晋写下了"尤物移人付酒
杯，荔枝滩上瘴烟开。汉家枸酱知何
物，赚得唐蒙习部来"的诗句。西汉的
枸酱究竟是何物，《遵义府志》称：
"枸酱，酒之始也。"枸酱可能是一种
添加水果的发酵原汁酒。

据茅台镇现存的《邬氏族谱》表
明，茅台镇早在1599年前就有一定规模
的酿酒作坊。据不完全的统计，清道光
年间，茅台镇的烧酒作坊已不下20家。
《遵义府志》（清道光年间）引《田居

图4-9 20世纪40年代的"赖茅"酒瓶

蚕室录》说："茅台酒，仁怀城西茅台村制酒，黔省称第一。其料用纯高粱者
上，用杂粮者次，制法：煮料和曲即纳地窖中。弥月出窖烤之，其曲用小麦，
谓之白水曲，黔人称大曲酒，一曰茅台烧。仁怀地瘠民贫，茅台烧房不下二十
家，所费山粮不下二万石。"清朝张国华在竹枝词《茅台村》中写道："一座
茅台旧有村，糟丘无数结为邻；使君休怨曲生醉，利锁名疆更醉人。于今酒好
在茅台，滇黔川湘客到来，贩去千里市上卖，谁不称奇亦罕哉！"同治元年
（1862年），原籍江西临川的华联辉，康熙年间就来贵州经商，以盐务致富，
在茅台开办"成裕酒房"，1872年改为成义烧房。该酒坊的酒质地优良，供不
应求，遂扩大了生产。原先只有两个窖坑，年产1.75吨，最高年产量曾达到5
吨。取名为回沙茅酒，人称华茅，仅在茅台和贵阳的盐号代销。1944年窖坑
增至18个，年产量最高达21吨。继成义烧房之后，还有荣和烧房（1879年设
立），恒兴烧房（由1929年开设的衡昌烧房更名）。荣和烧房年产仅1吨多，
人称"王茅"，酒的最高产量也近4吨。恒兴烧房所产酒，人称赖茅。发展到
1947年，酒的年产量也提高到3.25吨左右。1915年茅台酒在巴拿马万国博览会
荣获了金奖，其荣誉就由成义和荣和两家烧房共享。

1951年11月仁怀县政府购买了成义烧房，成立了贵州省专卖事业公司仁
怀茅台酒厂。1952年荣和烧房、恒兴烧房也先后合并到国营茅台酒厂。当年酒

图4-10 原"成义烧房"全景

图4-11 20世纪50年代"天锅"蒸酒器

图4-12 "天锅"的人工搅拌冷却

图4-13 20世纪50年代的人工踩曲

图4-14 酒曲房的一角

223

厂仅有职工49人，酒窖41个，甑子（即蒸锅）5个，石磨11盘，年产酒75吨。从1953年起，国家开始投资扩建茅台酒厂。特别是1964年，在轻工部的主持下，成立了"茅台酒试点委员会"，用了两年的时间完成了茅台酒两个生产周期的科学试验，进一步总结了茅台酒传统的操作技术，进行了酒样的理化分析以及茅台酒主体香成分及其前驱物质和微生物的研究，揭开了茅台酒的一些质量秘密，初步认识了茅台酒的生产规律，基本上了解了茅台酒酿造过程中微生物的活动规律，用科学的理论完善了传统的操作技术。通过试验，肯定了茅台酒师李兴发提出的茅台酒中存在三种典型体香型——"酱香、窖底香、醇甜"的观点。1976年以后，茅台酒的产量、质量及经济效益有了明显增长。1977年生产量达到763吨，1978年达到1068吨，1980年产量为1152吨，到1985年增至1265吨。1986年，茅台酒厂用现代的科技手段研究并总结了茅台酒酿造的历史经验，阐明了茅台酒传统工艺中高温酿造这一工艺精髓的科学奥秘，解开了自然环境条件与茅台酒之间存在的内在联系。此外还收集整理了大量的与茅台酒相关的经济、政治、军事、文化及民俗的历史文献和历史文物。

酱香突出，优雅细腻，醇厚丰满，回味悠长的茅台酒不仅占据中国酱香型白酒的鳌头，同时，它的独特口味传承和发展了茅台地区古老、原始、传统的酿造技艺，也传承了茅台地区悠久的多民族融合的文化传统。

茅台镇大约在明代万历年间就有了蒸馏酒的生产，由于充分吸取了传统的酿酒经验，形成了自己的独特风格。民国期间赵恺、杨思元编纂的《续修遵义府志》写道："茅台酒，前志：出仁怀县西茅台村，黔省称第一，《近泉居杂录》制法，纯用高粱作沙，蒸熟和小麦面三分纳酿地窖中，经月而出蒸烤之，即烤而复酿，必经数回然后成。初曰生沙，三四轮曰燧沙，六七轮曰大回沙，以次概曰小回沙，终乃得酒可饮，品之醇气之香，乃百经自俱，非假与香料而成，造法不易，他处难以仿制，故独以茅台称也，郑珍君诗'酒冠黔人国'，乃于末大显张时，真赏也，往年携赴巴拿马赛会得金牌奖，固不特黔人之珍矣。"这是对当时茅台酒工艺的比较详细的记录，不难看出当时的茅台酒工艺已经定型。茅台酒酿造工艺的亮点可以概括为："高温制曲，季节生产，高温堆积发酵，高温蒸馏接酒，长期陈酿，精心勾兑。"简要阐释如下：

高温制曲是茅台酒酿造的基础环节，它鲜明地区别于其他香型白酒的制曲要求，形成茅台酒特有工艺的要素。制曲工艺的核心技术主要是："精心用料，端午踩曲，生料制作，开放制作，高温制作，自然培养。"制曲用的小麦选自赤水河流域的原料生产基地。"端午（伏天）踩曲"，是指每年端午节前后开始踩曲，重阳节结束。这个时段恰好处在炎热的夏天，茅台镇的河谷环境，气温高、湿度大，弥漫在空气中的微生物不仅种类、数量多，而且十分活跃，故能使制得的曲饼中网罗培育更多更好的微生物菌系。"生料制作"，是中国传统制曲技术的一个重要经验。生料是有利于厌氧菌（酿酒中的有益菌主要为厌氧菌）的繁殖。"开放制作"，是指在整个制曲过程中，都是让曲坯暴露在空气中，与空气中弥漫的微生物菌种广泛接触并侵入曲坯，从而嫁接并培育了曲坯中的菌系。"高温制作"，是茅台制曲工艺中的又一关键和特色。茅台酒酿造所用的酒曲是高温曲，所谓的高温曲是指其曲坯在酿制中经历了一段高达60℃～65℃环境的堆放，这种高温曲中存活下来的微生物耐高温，代谢产生的香气成分与中温曲不同，且较稳定、不易挥发。在高温制曲中，部分分泌糖化酶的霉菌没能存活，因而较少存在。而那些分泌蛋白化酶的霉菌又因耐高温而存活下来，故香气成分就会多些。"自然培养"，是指整个高温曲的制作过程是个自然生成过程，品温高，培养时间长，特别是培养过程中的温度变化纯属自然控制。曲坯所经历的60℃以上高温培养，其间只需两次翻曲，待40天才成熟。成熟后还要存放半年，才能投入生产使用。曲块在长时间存放中，自然干燥，酶活力虽然有所降低，但是曲块的香味则有所增加。茅台高品质酒曲的制造尽管是个自然培育的过程，但是，人们在制曲温度的控制、麦粉精细的搭配，水分轻重的把握，曲母掺曲的比例，翻曲时间的恰当，曲醅入仓发酵堆积的方式等操作环节的讲究，做到了环环相扣，独具匠心。

茅台酒酿酒工艺也是非常有特色的，概括起来有以下几点：(1)生产从9月重阳投料开始到丢糟结束，恰好需要一年时间，故生产周期为一年。(2)茅台酒全年的生产用料——高粱，要在两个月内分两次投完。第一次为下沙投料，第二次为造沙投料，两次投料量相同。(3)同一批原料要经过8次发酵，即8次摊凉，8次加曲，8次堆积，8次入窖发酵。每次入窖前都要喷洒一次尾酒。这种回沙技术既独特又科学。(4)经窖池发酵的酒醅要经7次取酒。由于每一轮次的酒醅的基础不一样，发酵过程的环境因素不一样，造成发酵后的酒醅内涵也不尽相同，故每一轮次取得的酒都会各有特点。即便是同一窖的酒醅，也可以生产不同的酒。一般来说这些酒的香味香气是由酿造产生的酱香、醇香、窖底香三种典型香体为主融合而成的复合香。构成这些香味香气的物质成分非常丰富，据目前的科学分析，构成这些香味香气的微量成分多达1200余种，其中能叫得出名称的就有800多种。正是这些复合香的酒体经多次勾兑，取长补短，最终构成酒体丰满醇厚的茅台酒。(5)茅台酒使用的酒曲是特有的高温大曲。酿酒中用曲量较大，这在白酒酿造中十分突出，是茅台酒酱香突出的重要原因。(6)茅台酒生产中还有高温堆积、高温润料、高温发酵、高温接酒等工艺特色。特别是其中的高温堆积，是茅台酒酱香突出的关键工序。因为在高温曲中，部分起糖化、酒化的霉菌、酵母菌在高温中失活，造成大曲中微生物的某些品种的不足，这一缺陷在高温堆积中得以补偿。在堆积中再次从空气中网罗、繁殖、筛选了某些微生物。只要掌握好堆积发酵的条件和程度，就能决定入池发酵前酒醅的微生物品种、数量和其中的香味物质及香味的前驱物质，也决定了入窖发酵中产生代谢物质的品种、数量。酱香型物质成分的生成就取决于高温堆积的工序。(7)茅台酒所用的高温曲要经过6个月以上的贮存才能使用，而茅台酒的原酒的陈酿时间，最短也要四年以上。在陈酿中有生化反应的变化，只有经过长时间陈酿，勾兑好的茅台酒才更显优雅细腻、酒体协调。

茅台酒酿造工艺中的八次发酵，第一轮称下沙，第二轮称造沙，沙即原料高粱。第三轮至第八轮都是发酵蒸

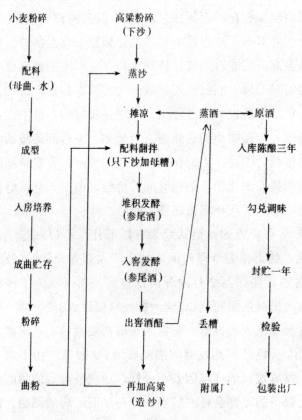

图4-15 茅台酒生产工艺流程图

酒。第一轮实际是原材料的加工，从第二轮到第八轮才生产原酒，故为7次摘酒。下沙投料，先将高粱破碎后，用高温热水润料（茅台人称发粮），粮食润透后，加一定数量的母糟（为5%～7%）拌匀进行混蒸。高粱蒸熟后出甑摊在凉堂里，经洒水、摊凉、加尾酒、加曲粉、掺拌均匀，立即进行堆积发酵。堆积发酵约6小时，成熟后下窖继续发酵。入窖发酵时间长达一个月。以上为下沙操作。造沙操作则是在高粱破碎、润料后加入等量的上述下沙的出窖酒醅进行混蒸，其后的工艺流程同下沙一样。第三至八轮的酿造流程，已不再添加原料高粱，而是将上轮蒸酒后的酒醅，重新进行堆积发酵、入窖发酵直至蒸酒。只是在堆积前加入曲粉和尾酒进行拌和。经过了八次发酵，七次接取原酒后，其酒醅除少量用于下沙外，大部分将被弃作饲料或综合利用。这时的酒醅中含有淀粉类物质已较少。

在蒸馏接酒方面茅台酒也有自己的独到之处。它要求接酒温度达到40℃以上，比其他蒸馏酒的接酒温度高出15℃左右；而接酒的浓度（体积分数）则为52%到56%，比其他蒸馏酒低10%至15%。这样不仅最大限度地排除了如醛类及硫化物等有害物质，而且使茅台酒的传统酒精浓度达到了科学、合理、和谐的境界。这正是茅台酒为何酒度高而不烈，饮时不刺喉，饮后不上头、不烧心的关键原因。

茅台酒的陈酿也是很特别的。一般情况下，新酒入库后，首先经检验品尝鉴定香型后，装入大酒坛内，贴上标签，注明该坛酒的生产日期，哪一班，哪一轮次酿制，属哪一类香型。存放一年后，将此酒"盘勾"。盘勾后再陈酿两年。前后共经过了三年的陈酿，可以认为酒已基本老熟，此时进入小型勾兑，再将勾兑后的样品摇匀，放置一个月，与标准酒样进行对照，如质量达到要求，即按小型勾兑的比例进行大型勾兑。然后再将大型勾兑后的酒密封贮存，一年后，再检查一次，确认酒的质量符合或超过质量标准，即可送包装车间，装瓶出厂。在茅台酒厂酿造车间品尝刚烤出的原酒，会有一种爆辣、冲鼻、刺激性大的感觉。这些原酒经过陈酿后，新酒变成陈酒。新酒具有的缺点基本上消失。因为在陈酿中，经过氧化还原等一系列化学变化，有效地排除了酒液中那些醛类和硫化物等低沸点的化学成分，从而清除了新酒中令人不愉快的气味。又通过乙醛的缩合，辛辣味的减少，增加了酒的芳香。还增加了水分子和酒精分子的缔合，酒体变得柔和、绵软、芳香。总之，长期的陈酿对于茅台酒质量保证是至关重要的。

茅台酒厂对勾兑工艺特别重视，它将本厂酿制的不同香型、不同轮次、不同酒度、不同年龄的茅台酒相互勾兑，取长补短，达到色香味俱佳的完美境界。从上述生产流程也可以看到勾兑不是一次，而是多次。茅台酒的勾兑，融合的是酒体，收获的是极品、奇香、美誉和钟情。

茅台酒曾进行过易地生产试验，结论是："离开了茅台镇，就生产不出茅台酒。"人们认识到茅台酒的品质与生产它的自然环境条件之间存在着难以割舍的联系。这种天人作合的结果是有其科学根据的。中国的白酒酿造大多采用传统的固态发酵，这是一个开放式与封闭式相结合的发酵过程。整个发酵过程不像西方酿造酒那样采用纯种微生物发酵，而是利用自然环境中的微生物群，故发酵依靠的是自然环境和当地的气候。茅台酒是茅台镇自然环境的"内在价值"的释放，也是茅台人继承中华酿造科技文明精髓的创新成果。正如现任贵州茅台酒股份有限公司董事长袁仁国所说的："历史对茅台酒的选择，中华文化和酿造文明对茅台酒的熏陶、培育，成就了古老、传统的茅台酒。但是，我们不满足于挖掘历史，我们有必要，也完全有能力创新茅台酒文化。茅台酒传承中华酿造文明的本质力量源泉，就是'在继承中创新、在创新中发展、在发展中完善、在完善中提高'。"

八、太白应恨生太早

"深恨生太早"这句对五粮液酒的褒语出自中国著名的数学家华罗庚之口，是许多人料想不到的。华先生不是酒鬼，甚至说不上是酒友，为什么对五粮液酒有这样的感慨呢？不妨先看他所作的诗的全文："名酒五粮液，优选味更醇；省粮五百担，产量增五成。豪饮李太白，雅酌陶渊明；深恨生太早，只能享老春。"原来是华先生在1979年到五粮液酒厂推广他创立的优选法，不嗜酒的他喝到了真正优质的五粮液酒，饮后赞不绝口，才写下了这首值得回味的五言绝句。

宜宾酿酒肇始于先秦时期，汉代已具备一定规模，唐宋两代的名酿层出不穷，明清之时，达到鼎盛。五粮液酒传统酿造技艺就是在宜宾这一有着悠久酿酒传统和技术优势的地区得以孕育，于明清两代产生、发展，不断完善，并最终成型的。宜宾市位于四川省南部，自古处于巴、蜀、滇、夜郎等部族王国往还的要冲之地，被誉为"西南半壁古戎州"，当代又有"万里长江第一城"之称。就气候而言，宜宾属中亚热带湿润季风气候区，兼有四川盆地南气候类型，常年温差和昼夜温差小，湿度大，阳光、温度、湿度同步协调，非常有利于多种植物尤其是酿酒原料的生长。宜宾具有三江（金沙江、岷江、长江）分隔，三山（翠屏山、七星山、催科山）对峙，山环水绕，水贯山行，树木葱茏，是生态型山水园林风貌。土壤肥沃，土质以黏土为主，兼有河流冲积而成的沙土，适于开挖酒窖。其弱酸性黄黏土，黏性强，富含磷、铁、镍、钴等多种矿物质，尤其是镍、钴这两种矿物质是本地酿酒业培养泥中所独有的。其地温适宜于酿酒菌群的培养与繁殖。在这个生态环境下，150多种空气和土壤中的微生物可以参与发酵，再加上安乐泉水的优质水源，为酿制高质量白酒提供了充分的物质条件。丰富的原粮、独特的窖泥、优质的水资源、便利的交通等得天独厚的条件及宜宾人民善饮好酒的风俗和丰厚的人文底蕴也为酒业的兴盛营造了独特的文化氛围，特别是明代始建的地穴式酒窖群，是五粮液酒传统技艺得以传承的重要根基。

宜宾的酿酒业有着两千多年的悠久历史。从秦汉之际的"蒟酱"，到唐宋时期的"重碧酒""荔枝绿"，名酒辈出。这些名酒都是多民族酿酒技艺交融的结晶。以杂粮酿造为特色的五粮液，其前身可追溯到宋代的"姚子雪曲"。姚子雪曲是居于戎州岷江北岸索江亭附近的绅士姚君玉私家酿酒的名称。北宋著名词人黄庭坚在寓居戎州的三年中写下了17篇有关酒的诗文，在这些诗作中，诗人尤其推崇"姚子雪曲"。明代，"温德丰"第一代老板陈氏在这里开设糟坊，亲任酿酒师傅，几经摸索创立了至今仍在使用的"陈氏秘方"，陈氏酿造的杂粮酒由此声名鹊起。几经传承，到民国初年，又多次对配方进行了调整，对高粱、大米、糯米、玉米、荞麦、小米、黄豆、绿豆、胡豆等9种粮食不断筛选，最后留下了今天的这五种粮食和比较科学的配比，酿出了醇美的杂粮酒。晚清举人杨惠泉说："如此佳酿，名为杂粮酒，似嫌凡俗。此酒集五粮之精华而成玉液，何不名为五粮液。"五粮液的美名由此流传。在1915年的巴拿马万国博览会上，五粮液获得了金质奖章。1932年，五粮液正式注册了第一代商标。"陈氏秘方"的传人邓子均于1952年献出秘方，形成了五粮液有史以来配方的首次文字记载："荞子成半黍半成，大米糯米各两成，川南红粮用四成。"此后，经过长期的实践，五粮液的配方得到不断完善，推动了酿酒科学的发展。在1956年国家第二次评酒会中，五粮液以"香气悠久、口味醇厚、入口甘美、入喉净爽、各味谐调、恰到好处、酒味全面"的品质，荣登榜首。1960年以后，经无数次试验和验证，得出了沿用至今的优化配方，用小麦取代了荞麦，并对五种粮食的配比进行了精细的调整。五粮液配方的日臻完善是几百年来众多劳动者不断创新的结晶。

五粮液酒是以高粱、大米、糯米、小麦、玉米五种粮食为原料，以纯小麦生产包包曲为糖化发酵剂，采取泥窖固态发酵、续糟配料、甑桶蒸馏，再经陶坛陈酿、精心勾兑调味工艺而生产出来的。整个生产过程有100多道工序，三大工艺流程：制曲、酿酒、勾兑（组合调味）。

（1）包包曲生产工艺：以优质小麦制成中高温大曲——包包曲。

①工艺流程：小麦出仓→热水润料→原料粉碎→加水拌料→装箱上料→踩制成型→入室安曲→培菌（接种适应增殖前缓期、生长繁殖代谢中挺堆烧生香期、后火收拢呈香期）→出室→入库储存→粉碎、计量、包装成袋。②制作技艺：润料"表面柔润"，破碎麦粉"烂心不烂皮呈栀子花瓣"，加水拌和"手捏成团而不粘手"，踩制成型"大小均匀、厚薄一致、紧度一致"，安放"不紧靠不倒伏"，培菌"前缓、中挺、后缓落"，纯粹自然接种，富集环境微生物，过程驯化淘汰，消涨和多菌群自然发酵等制作技艺。③技艺特色。形状独特：包包曲突出的包包使曲块比其他平板曲表面积更大，更有利于网罗富集环境中各种微生物参与繁殖和代谢，特别是包包曲由于密度、厚度差异，有利于定向培养驯化耐高温芽孢杆菌等微生物，在很大程度上决定着酒的风格，有利于酒的香味物质的形成。工艺独特：包包曲具有高温曲和中温曲的优良品质。曲块的高温部分具有成熟老练浓郁的大曲香味特征，耐高温芽孢杆菌受到高温条件的驯化，具有耐高温微生物活性的特点；曲块的中温部分具有较高的生物酶活性和耐温范围更广的微生物活性的特点。这种结合非常合理、完善。④质量的鉴评：通过"眼观、手摸、鼻闻"的方式对大曲质量进行感观鉴定，其质量标准为：曲香纯正、气味浓郁、断面整齐、结构基本一致，皮薄心厚，一片猪油白色，间有浅黄色，兼有少量（≤8%）黑色、异色。

（2）五粮液原酒酿造工艺：采取泥窖固态发酵、跑窖循环、续糟配料、

图4-16 现代包包曲的生产车间

混蒸混烧、量质摘酒、按质并坛的原酒独特工艺（图4-16）。

①工艺流程：原料（五种粮食）检验出仓→按配方配料→拌和粮食→混合粮粉碎→开窖→起糟→滴窖舀黄水→配料拌和→润料→蒸糠→熟糠出甑→添加熟（冷）糠拌和→上甑→蒸馏摘酒→按质并坛→出甑→打量水→摊凉→下曲拌和→收摊场→入窖踩窖→封窖→窖池管理（图4-17）。

②制作技艺：按五种粮食配方碎粮"四、六、八瓣，粗细适中"，配料"稳定、准确"，上甑"轻撒匀铺，探汽上甑"，混蒸混烧"缓火流酒、大火蒸粮"，蒸馏摘酒"分甑分级、边摘边尝、量质摘酒、按质并坛"，入窖发酵"前缓、中挺、后缓落"，黄水"滴窖勤舀"，分层起糟、跑窖循环等原酒酿造技艺。

③技艺特色：五种粮食配方，利用多种粮食的不同物理、化学特性的区别，更好地满足各种微生物的需要，使其代谢更加充分，产生全面的香味物质成分，从而使五粮液产品体现出五谷杂粮的风味。

苛刻的入窖工艺条件：入窖酒醅要求淀粉含量达18%～22%，酸度达1.3～2.4，水分低（50%～54%）。这些条件的合理调节、协调平衡是生产好酒的关键和环境条件。

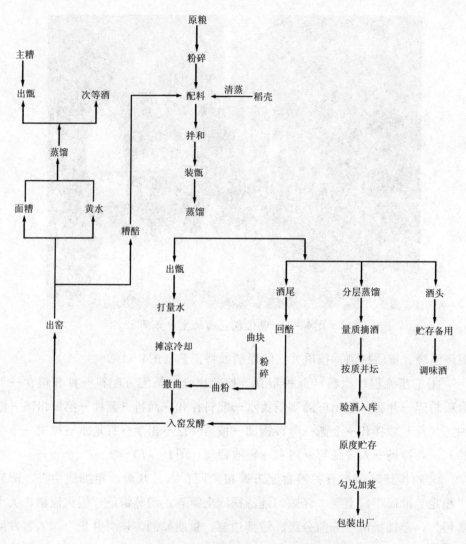

图4-17 五粮液酿酒工艺流程

　　跑窖循环、续糟配料：跑窖循环使优质的母糟不断扩展延续到其他窖池，有利于以糟养窖，促进窖泥的良性循环。续糟配料使母糟已有的香味物质得以留存和延续，有利于微生物繁殖、代谢和香味物质的积累，糟醅的不断续用就成了"万年糟"。

　　采用的双轮底发酵，发酵期长（一般为70天以上，双轮底为140天以上）。有利于酯化、生香和香味物质的累积，其主体香味成分较高。

图4-18 工人在加粮混拌　　　　　　图4-19 工人在出糟摊凉

分层起糟、分甑蒸馏：将不同层次酒醅产出的不同类型的原酒准确有效地区分开，为陈酿勾兑提供种类丰富的基础原酒。

分甑分级、量质摘酒、按质并坛：由于糟醅层次不同，发酵状态有别，蒸馏中各层次不同时段馏分的组分含量和量比也不同，利用这种规律将原酒质量细分，有利于精选出质量最佳馏分，更好地勾兑优质酒。

五粮液工艺决定了五粮液酒的酒味全面协调的独特风格和特点：具有浓郁纯正的己酸乙酯香气为主的复合香气。味香、浓、醇、甜、净、爽，香气优雅，底窖风格突出。

（3）陈酿、勾兑工艺。

通过蒸馏出来的酒头酒、中间酒等只是半成品的原酒。原酒具有辛辣味和冲味，饮后感到不醇和、燥，并含有硫化氢、硫醇、游离氢和丙烯醛等臭味物质。因此，必须经过一段时间的贮存，利用原酒在储存过程中受到氧化还原、脂化、水解、螯合，以及储存酒的陶瓷坛中金属离子的催化老熟等化学作用，一年四季温度的变化，酒库小环境等物理作用，使酒的味道变得醇和、浓厚，酒液中自然产生出一种令人心旷神怡、优雅细腻、柔和愉快的特殊香气，从而改善原酒的感官风味，促进原酒品质的提高。这一过程即是原酒通过"老熟"而成为陈酿的过程。陈酿生产是原酒生产的重要组成部分，对稳定和保证原酒质量具有重要的作用。白酒的勾兑是酒与酒之间的相互掺兑（组合调味），使香味微量物质成分的含量与比例平衡，达到酒体香和味的协调，是白酒生产工艺内在质量控制的最后一个环节，是酿酒业中一项十分重要而独特的技术。"陈酿勾兑"是按照一定原理（相生相克、平衡协调）的配置，利用物理、化学、心理学原理，利用原酒的不同风格，有针对性地实施组合和调味。传统的人工尝评勾兑法，是完全按照眼观其色、鼻闻其香、口尝其味的方式逐坛验收合格酒，按照香、浓、醇、甜、净、爽的感观印象进行组合掺兑的勾兑方法。这种方法工艺独特（分级入库、分别陈酿、优选、组合、调味的精细化控制），提高了产品的一致性，降低了成本。

五粮液酒传统酿造技艺传承了传统的"五粮配方""脚踢手摸""泥窖固态发酵、跑窖循环、续糟配料、混蒸混烧、量质摘酒、按质并坛"的独特酿造工艺，特别是依托于其独有的老窖窖池，历代重要技艺传人以师徒相授或口口相传的形式，一方面将酿造用泥窖作为传承的重要设备保留并使用至今，另一方面，也使相关酿造技艺形成其独特的传承体系。五粮液明代老窖以及其他一些窖龄在百年以上的窖池中的各种微生物，经过长期的驯化、富集和作用，形成了一个庞大而神秘的微生物生态体系。五粮液酒的高贵品质正取决于这个微生物宝库。

九、浊酒一杯家万里

"一家饮酒千家醉，十家开坛百里香。"这是一位诗人赞美古井贡酒的诗句，诗句虽然出自文人的夸张，但是古井贡酒给许多人留下秀醇美味确是事实。古井贡酒属于浓香型白酒，酒度高达60～62度，评酒家们认为它酒液清澈，幽香如兰，黏稠挂杯，味感醇和，浓郁甘润，回味悠长。古井贡酒虽与五粮液、泸州老窖同属浓香型大曲酒，但其在口感和理化指标等方面均有明显不同。例如所含醛类、酮类物质成分就有较大差异，特别是新发现的5－羟甲基糠醛物质，是古井贡酒所独有的物质成分，与酒中的醇类、酯类、酸类、醛类、酚类、酮类成分共同形成古井贡酒幽香淡雅的独特风格。古井贡酒传统酿造技艺也有别于五粮

图4-20 古井贡酒所依存的"古井"

液、泸州老窖所代表的川酒，因为它们有不同的地理位置和自然环境，还有不同的文化积淀。

古井贡酒产于安徽省亳州市。亳州是三朝古都，全国首批历史文化名城，曹操、华佗的故里，人文璀璨，物产丰饶，商贸繁荣，素有"小南京"之称。古井贡酒顾名思义就知道与古井有关。据说亳州地方多盐碱，水味苦涩，唯独减店集一带井水清澈甘美。这井水显然对于酿制好酒非常重要。在酒厂里就有一口古井，据《亳州志》记载，这眼古井在南北朝中大通四年（公元532年）就有了，迄今已近1500年。这口井中的水属中性，矿物质含量极其丰富，是理想的酿酒用水，即使在干旱的春天，它仍像泉水一样突突冒涌，终年不竭。古井贡酒因此得名。

亳州地处中纬度暖温带半湿润季风气候区，四季分明，光照充足，气候温和，雨量适中，兼具南北气候之长，光、热、水组合条件较好。表层土壤多为黄泛冲积，富含有机物，利于微生物繁殖；往下逐步变为青黄色、棕黄色、灰黄色亚黏土层和浅黄色亚砂土层，富含锗、锌、锶等对人体有益的微量元素，既宜粮食作物生长，也适酿酒制窖、养窖。历史上，亳州农业有增、间、套、混种栽培习惯，造就农民有丰富的种植经验。今天的亳州不仅主产小麦、大豆、玉米、高粱、红芋，而且也是中药材、棉花及烤烟的重要产地。小麦中的靠山红、红芒糙，高粱中的朝阳红、黑柳子、黄罗伞、铁杆燥、骡子尾等产量较高的品种非常适宜在亳州栽种。这也为亳州酿制好酒提供了可靠的物质保障。亳州位居中原战略要地，素有"南北通衢，中州锁钥"之称，历史上它就是群雄逐鹿的重要所在。这里水陆交通较为发达，有著名的水旱码头，成为黄淮之间商品集散地。陆路四通八达，水路辅以涡河。亳州城内会馆云集，商店星罗棋布，手工业和商业十分繁荣。唐宋以来，手工业门类渐趋齐全，酿造、粮食加工、织染、木作等手工技艺全国闻名。明清时期，亳州已成为黄淮一带酒业生产中心，同时也是全国四大药市之一。上述的社会经济背景都为传统的酿造技艺在亳州的传承和发展创造了一个良好的环境。亳州，上古时属豫州，道教之祖老子、庄子及神医华佗，皆生于此。城内书馆林立，名流辈出，人文荟萃。丰富的文化遗存，表明亳州在黄淮一带的政治、经济、文化发展中占据一个重要地位。

亳州减店集出好酒，历史可追溯到东汉三国时期。出生在亳州的曹操特别欣赏家乡的美酒，在东汉建安年间(公元196－220年)，他专门写了一个奏折给汉献帝刘协，推荐家乡美酒九酝春酒，并介绍了该酒的酿制方法。表明当年亳州产出好酒，而且技艺上乘。唐宋时期，亳州减店集一带酿酒业依然兴盛，色、香、味俱佳的减店集美酒远近闻名。当时民间流传"涡河鳜鱼黄河鲤，减酒胡芹宴嘉宾"的民谚。据《宋史·食货志》记载，亳州当时的酒课(税)在10万贯以上，居全国第四，也反映了该地酿酒业的规模和兴盛状况。据《亳州志》记载，明代万历年间(1573－1619年)减店集有酒坊40余家。家住减店集百里之外的当朝阁老沈鲤，把减酒进贡皇宫。万历皇帝饮罢称好，钦定此酒为贡酒。此为"减酒"作为贡品的又一历史记载。当年生产"减酒"的最著名的酒坊当数怀氏的"公兴糟坊"。怀氏为当地望族，其先祖曾是三国时吴国尚书怀叙，其后代怀忠义经商过亳州，发现此地环境甚好，于是在明初举家由金陵迁往亳州，在减店集南建成了"怀家楼"。减店集即是古井镇的前身，该地因古井和用它酿制的美酒而名声远扬。怀氏看好酒业的前景，在此创办了"公兴糟坊"，酿酒卖酒。他们为所卖的酒取名"怀花"，生产工艺采用当时在黄淮一带流行的"老五甑"(雏形)酿酒法。这是古井贡酒传统酿酒技艺(指蒸馏酒)的开端。据《怀氏家谱》载，"公兴糟坊"经怀厚祖(明正德年间)、怀传民(明嘉靖年间)、怀家仁(明万历年间)的相继经营，生产规模有了扩大，形成了"前店后坊"的合理格局，酿酒技艺在传承中也在进步，遂使"怀花酒"声名远播。"公兴糟坊"占地48顷，有酒池数十条，工人数百，所产减酒行销全国，成为减店集乃至亳州最大的酿酒作坊。1959年，在"公兴糟坊"基础上，建立国营安徽亳县古井酒厂(即现安徽古井贡酒股份有限公司前身)，酿出浓香型独特风味的"古井贡酒"。这酒以其"色清如水晶，香醇如幽兰，入口甘美醇和，回味经久不息"的崭新风格，从1963年始，连续四届在全国评酒会上获评金奖，跻身全国名酒之列。

古井贡酒一直采用流行于苏、皖、鲁、豫等省生产浓香型大曲酒的混烧老五甑法工艺。这种工艺有别于四川浓香型大曲酒的生产工艺。正是工艺的差异，所产的浓香型大曲酒形成两种流派：川酒是纯浓香型的流派；古井贡酒与洋河、双沟、宋河粮液等大曲酒属浓中带陈味型的流派。所谓的"老五甑法"即是将窖中发酵完毕的酒醅分成五次蒸酒和配醅的传统操作法。在正常情况下，窖内有4甑酒醅，即大糙、二糙、小糙和回糟各一甑。一般的混烧老五甑法工艺流程如图4－21所示。原料经粉碎和辅料经清蒸处理后进行配料，将原料按比例分配于大楂、二楂和小楂中，回糟为上排的小楂经发酵、蒸馏后的酒醅，不加新原料。回糟经发酵、蒸馏后为丢糟。各甑发酵材料，经蒸馏出原酒，再验收入库、贮存、勾兑和调味，达到产品标准，包装为成品。

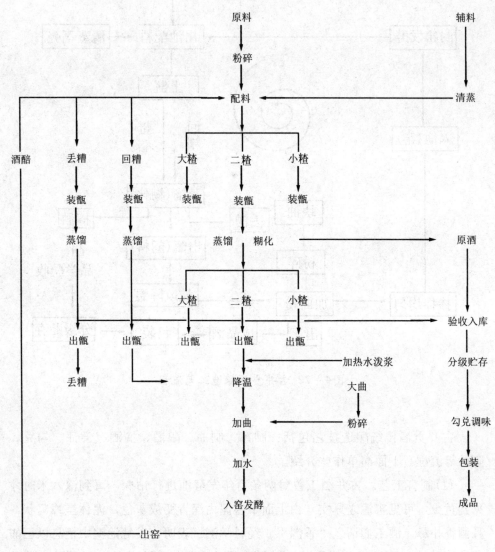

图4－21 混烧老五甑酿造工艺流程

当今古井贡酒所采用的工艺有所发展，在具体操作上有自己的特点，如图4-22所示。

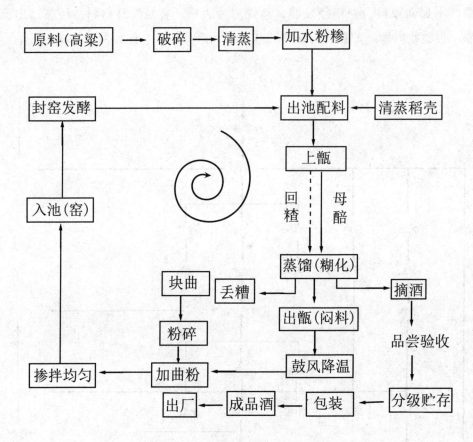

图4-22 古井贡酒酿造工艺流程

古井贡酒传统酿造技艺包括：制窖、制曲、酿酒、摘酒、尝评、勾兑、陈酿等流程。下面简单作些介绍。

(1)制窖工艺。古井酒工曾对两条百年发酵池进行钻探，直到深六米时才见到黄土，可见窖泥之厚实，由上而下窖泥由深青变成灰色，泥体呈蜂窝状，且酒香扑鼻，酒工们谓之"香泥"。经科学测试表明，发酵池泥中栖息以己酸菌、丁酸菌、甲烷杆菌为主的多种微生物，它们以泥为载体，以酒醅为营养源，以泥池与酒醅的接触面为活动场所，进行着永不停息的生化过程，产生了以己酸乙酯为主体的几十种香气物质。这就是古井贡酒香醇浓厚独特的原因。因窖池的窖底泥活性的强弱与产品质量有直接关系，为保持和强化窖底泥的发酵活性，对窖底泥必须进行经常的保养与培养。

(2)制曲工艺。其主要的工艺流程如下：

小麦—润料—粉碎—加水拌料—踩坯—晾干—安坯—培菌—翻坯打拢—出曲—入库贮存。

其技术要求为：润麦"外软内硬"，粉碎"烂心不烂皮"，拌料"成团而不散"，踩坯"光滑而不致密"，安坯"宽窄适宜"，培菌"前缓、中挺、后缓落"，翻坯"时机适度"，自然积温，自然风干等曲药制作技艺。

(3)酿酒工艺。配料要严格按粮醅比、粮辅料比进行，一般要求糠粮比为0.2∶1～0.28∶1；粮醅比为1∶4～1∶4.5；曲粮比为0.2∶1～0.5∶1。粮、糠、醅、曲数量准确，掺拌均匀，无疙瘩。配料、拌料除了稳和准，还要各甑分清，按甑次分成堆，并撒一层稻壳拍紧。装甑要做到"轻、松、匀、薄、准、平"，见潮撒料，不跑汽，不压汽，使甑内蒸汽均匀上升。蒸汽压力不超过0.2P，用行话说就是用汽"两小一大"、醅料要求"两干一湿"、醅在甑内保持"边高中低"。装甑完毕，立即盖严甑盖进行蒸馏。流酒前必须放尽冷凝器中的尾酒或水酒，然后缓火蒸馏，接取酒头0.5～2.0千克，再行量质摘酒。以"花酒"断尾，大汽追尾。流酒时，蒸汽压力应控制在0.05～0.1帕，流酒温度在25～35℃，入库酒的酒精含量在63%以上。待酒将淌完时，即开大汽门，进行蒸煮糊化和排酸。要掌握好糊化时间，要求蒸熟蒸透，达到熟而不腻，内无生心。糊化好的醅子出甑后，要迅速在鼓风晾糟机(帘)上摊平，并立即加入洁净的70～80℃热水泼浆，使淀粉颗粒充分吸收水分。醅子加入热水泼浆后，立即翻醅，并趁热用扫帚、木锨消除疙瘩，然后开鼓风机降温。在降温中，要勤翻醅子，消除疙瘩，以免影响发酵。待醅温达到工艺要求时，即可加入曲粉和水，加曲粉要

图4-23 过去用的蒸酒器

求撒匀，加水量要准。然后收堆，圆堆后再入窖。入窖醅应新鲜、疏松、柔而不黏，水曲均匀，温度适宜。醅子入池时，必须各甑分清，分层入池，糟糁平整，入池完毕后要摊平，并用少量稻壳分隔，用泥封窖。入池的四大生化条件（水分、酸度、淀粉、温度）根据季节不同按工艺要求掌握在最佳状态进行操作。封窖后，应有专人管理窖池。注意窖池内温度变化，温度变化能反映池内发酵是否正常。

（4）摘酒工艺。在蒸馏取酒过程中，由于乙醇与水表面张力不同，不同酒精浓度呈现出不同液珠样态，俗称酒花。技术熟练工人根据酒花大小、停留时间长短判断酒精度数，以掌握取酒时间。而摘酒采取掐头去尾做法。

（5）尝评工艺。尝评即是通过感官方式，从色泽、香气、味道和风格四方面判断酒质的方法。酒体中"酸、甜、苦、辣、涩、咸、鲜"物质，因为含量高低不同，会呈现不同特征。

（6）勾兑工艺。白酒酿造在一定程度上依靠自然界的环境和酿造中的操作经验，不同季节、不同轮次、新窖与老窖、新酒与老酒会呈现出不同风味。勾兑是通过对不同酒质白酒调配，以保证产品风味质量基本一致。这要靠技师对白酒微量成分作综合品评后，进行细致、复杂的勾兑、调配。

（7）陈酿工艺。新蒸馏出来的原酒，酒体呈刺激、燥辣等味道，传统酿造技艺往往将新酒装入陶制酒坛，贮存于山洞和地窖中，至少五年。通过漫长陈酿过程，在相对恒温状态下，进一步削弱新酒燥辣之气，使酒体趋平和、细腻、柔顺和协调，醇香与陈香渐渐显露。

古井贡酒的酿造是采用独特的传统生产工艺，即"泥窖发酵、混蒸续糁、老五甑法"操作，并以小麦、大麦、豌豆为原料制成中高温曲作糖化发酵剂；以纯小麦为原料制成高温曲作发酵增香增味增绵剂，其中中高温曲和高温曲按9∶1比例使用。工艺特点做到"三高一低"，即入池水分高、入池酸度高、入池淀粉高和入池温度低。且要求以部分下层醅作留醅发酵。所谓留醅发酵，即是在窖池的一边将已发酵一轮的酒醅按原状态不变，按一定量体积留下，与新入糟醅再次共同发酵。通过留醅发酵，可生产"幽雅型酒"。再以部分中下层醅作回醅发酵。所谓回醅发酵，即在出池时，将部分中下层醅取出单放，待池内醅出净后，再将这部分单放酒醅入池内（一边或一角），与新入糟醅共同发酵的操作。通过回醅发酵生产出"醇香型"酒；通过正常发酵醅，生产出"醇甜净爽型"酒。在传统生产工艺中，一个"续"字，使糟醅体系中，存在大量香味物质前驱，确保母糟独特的"质"，再经传统生产工艺与现代微生物技术和所处的特殊地理环境，酝酿出基础酒。再经分层出池，小火馏酒，量质摘酒，分级贮存，从而摘出三种典型酒，即窖香郁雅型、醇香型及醇甜净爽型。基础酒与调味酒的生产是根据发酵周期不同及特定工艺而生产。基础酒发酵期为60～120天，调味酒发酵期为120～180天。经特殊甑桶蒸馏、量质摘酒，掐头去尾，分级分典型体入陶坛贮存。基础酒经贮存5年以上，调味酒贮存10年以上，再精心反复勾兑、品评、调味，最后定型。

参考文献

[1]包启安，周嘉华.中国传统工艺全集：酿造卷[M].郑州：大象出版社，2007.

[2]赵匡华，周嘉华.中国科学技术史：化学卷[M].北京：科学出版社，1998.

[3]李约瑟.中国科学技术史：第六卷生物学及相关技术[M].北京：科学出版社，2008.

[4]周嘉华，赵匡华.中国化学史：古代卷[M].南宁：广西教育出版社，2003.

[5]周嘉华，张黎，苏永能.世界化学史[M].长春：吉林教育出版社，2009

[6]周嘉华.中国传统酿造：酒醋酱[M].贵阳：贵州民族出版社，2014.

[7]贾思勰.齐民要术[M].缪启愉校释.北京：农业出版社，1982.

[8]朱肱.北山酒经[M].上海：上海古籍出版社，1988.

[9]陈騊声.中国微生物工业发展史[M].北京：轻工业出版社，1979.

[10]布林顿·麦·米勒，沃伦·利茨基.工业微生物学[M].居乃琥，米庆裴，雷肇祖译.北京：轻工业出版社，1986.

索　引

（按汉语拼音顺序排列）

G

葛洪：中国东晋时期的炼丹家。58、61、125、189

固态发酵：发酵在物质呈固态下进行。69、106、111、161、215、217、
　　228、230、234

果酒：以水果为原料酿制之酒。11、13、14、15、34、42、112、118、
　　119、124、150、156、170

H

河姆渡文化：在浙江余姚河姆渡发现的新石器文化遗址。32、39、199

糊化：淀粉糖化中一个化学变化的阶段。17、19、20、69、111、211、
　　214、219、237、238、239

《黄帝内经·素问》：中国最早的医学著作之一。6

黄酒：中国以谷物为原料的发酵原汁酒。3、21、51、54、65、66、70、
　　73、77-80、82-84、98、99、104、106、109、110、111、115、
　　117、119、121、124、125、137、148-150、156-161、164、165、
　　192、199、201、202、204-209、214

J

基因工程：利用DNA重组技术，定向地改变或改良物种的过程。31

浆人：周朝宫廷掌管饮料之官员。49

九酝春酒法：东汉流行于淮北的一种先进酿酒技艺。58-61、110

《酒诰》：西周初年颁布关于禁酒的政令。8、130、131、174-176、
　　182、188、189

Q

青霉素：能杀灭某些病菌而有医疗功能的抗菌素制品。29、31

清醠之美，始于耒耜：此言出于《淮南子·说林训》。32

酉：从文字的演变看酒的社会地位。38、54、55

榷酒：西汉之后实行的一种酒政，主要是官酿官卖。84、132、133、
　　134、140、141、145

《齐民要术》：后魏时期的农学名著。15、25、50、54、61-70、72、
　　73、74、77、79、103、122、133、188、204

《癸辛杂识》：宋代学者周密所著录的杂文集。10、118

《狂夫酒语》：明代学者周履靖所写的一本关于酒和饮酒的文集。9

R

若作酒醴，尔惟曲糵：先秦时《尚书·商书·说命》中的名言。26、40、
　　52

S

三酒：先秦时期的事酒、昔酒、清酒的总称。32、40、47-49、50、52、
　　174

散曲：酒曲中的一类，呈散粒状。25、26、53、56、57、58、65、71

烧酒：又名火酒、酒露，是对蒸馏酒的俗称。83-88、91、92、96、97、
　　99、104、116、117、148、149、150、192、205、206、217、222

神曲：魏晋时期泛指那些发酵力较高的酒曲，唐宋时期变为入药之酒曲。
　　62-66、188

《饮膳正要》：元代学者忽思慧为蒙古统治者写的营养食品参考书。85、86、116、189

Z

咂酒：流行于西南地区少数民族一种饮用酒。70、180

甑：古代用于蒸煮食物的器具，有陶制、青铜制。74、77、85、86、87、88、89、90、91、92

蒸馏酒：原料经过糖化和酒精发酵后，再经蒸馏而得之酒。21、24、58、69、84、85-93、97、98、104、106-108、110、111、116、119、121、125、148-151、156、161、163、166、167、192、208、209、224、227、236

酎：用酒代水酿造两遍而成之酒。38、40、47、58-60、69、86、123、182、204

朱元璋：明朝的开国皇帝。98、147、148